Visual FoxPro 数据库程序设计教程

主　编　章　伟　杨正武
副主编　梁　敏　伍永锋
　　　　周　海　廖文婧

科 学 出 版 社
北　京

内 容 简 介

本书结合作者多年数据库应用课程的教学经验，并且兼顾“全国计算机等级考试二级 Visual FoxPro 数据库程序设计考试大纲(2013 版)”的要求编写而成。

本书以 Visual FoxPro 6.0 为基础，介绍关系数据库管理系统的基础理论及系统开发技术。主要内容包括关系数据库管理系统的基本概念、Visual FoxPro 基础知识、数据库基础操作、结构化查询语言 SQL、查询与视图、报表设计与应用、结构化程序设计、表单设计与应用、菜单设计与应用等。各章实例均参照全国计算机等级考试相关题目设计，另有《Visual FoxPro 数据库程序设计实践与题解》(主编梁敏)辅助配套教材。

本书可作为普通高等院校各专业计算机公共课教材，也可作为全国计算机等级考试(二级 Visual FoxPro)的培训教材，还可作为数据库应用系统开发人员的参考书。

图书在版编目(CIP)数据

Visual FoxPro 数据库程序设计教程/章伟，杨正武主编. —北京：科学出版社，2014.8

ISBN 978-7-03-041443-4

Ⅰ. ①V… Ⅱ. ①章… ②杨… Ⅲ. ①关系数据库系统–程序设计–教材 Ⅳ. ①TP311.138

中国版本图书馆 CIP 数据核字(2014)第 167262 号

责任编辑：李 清 张丽花 / 责任校对：郭瑞芝
责任印制：徐晓晨 / 封面设计：迷底书装

科学出版社出版
北京东黄城根北街 16 号
邮政编码：100717
http://www.sciencep.com
北京科印技术咨询服务公司印刷
科学出版社发行 各地新华书店经销
*
2014 年 8 月第 一 版 开本：787×1092 1/16
2016 年 8 月第六次印刷 印张：13
字数：341 000
定价：30.00 元
(如有印装质量问题，我社负责调换)

前　言

Visual FoxPro 是 Microsoft 公司推出的面向对象的数据库管理系统。它具有丰富的开发工具、较高的处理速度、友好的交互界面、完备的兼容性及面向对象等特点。Visual FoxPro 采用可视化的面向对象的程序设计方法，大大简化应用程序的开发过程，从而得到了广泛的应用，成为中小型数据库应用系统的典型程序开发工具，适合中小型企业用于管理信息系统的开发。

本书以 Visual FoxPro 6.0 为基础，覆盖全国计算机等级考试二级考试大纲(Visual FoxPro 程序设计)，并结合高等学校本科教学的实际要求，力求全面细致地讲述 Visual FoxPro 的基础知识和应用程序设计方法。本书除了在内容上全面覆盖全国计算机等级考试二级考试(Visual FoxPro 程序设计)外，考虑到学生参加全国计算机等级考试的实际需要，在例题和习题的选择上尽可能地贴近全国计算机等级考试二级考试真题，以期对学生有所帮助。

本书共分 9 章内容：概述、Visual FoxPro 基础知识、数据库基础操作、结构化查询语言 SQL、查询与视图、报表设计与应用、结构化程序设计、表单设计与应用、菜单设计与应用。基本涵盖高等院校“Visual FoxPro 数据库及应用”课程的教学大纲和《全国计算机等级考试二级考试大纲(Visual FoxPro 程序设计)》的要求。本书提供的大量例题和实验是“积木式”结构，作者强调实践环节和培养学生的应用能力，例题和习题均是在计算机二级考试中总结、精选得到的有代表性的题目。

本书编写人员分工为：章伟(第 4、7 章)、梁敏(第 1、2 章)、伍永锋(第 8 章)、周海(第 3 章)、廖文婧(第 5、6、9 章)，全书由章伟老师统稿。

在本书的编写过程中，始终得到贵州财经大学教务处领导、信息学院领导及计算机基础教研室全体老师大力支持，在此表示衷心感谢。

由于时间仓促，水平有限，书中可能存在疏漏之处，恳请广大读者提出宝贵意见。

编　者

2014 年 6 月

目　录

第 1 章　概　　述

信息资源已经成为各个部门的重要财富和资源。数据库能够有效、合理地存储各种数据，为有关应用准确、快速地提供有用的信息，是数据处理的重要工具，是管理信息系统(MIS)、办公信息系统(OIS)和决策支持系统(DSS)等应用系统的核心部分。数据库技术是计算机领域中最重要的技术之一，其应用已渗透到人类社会各个领域，并正在改变着人们的生活方式和工作方式。因此，我们有必要学习和掌握数据库系统的原理和技术，用以解决各种计算机应用中的实际问题。

1.1　数据库系统的基本概念

在系统介绍数据库的基本概念之前，首先介绍一些数据库最常用的术语和基本概念。

1.1.1　数据、数据库、数据库管理系统和数据库系统

1. 数据

信息与数据是两个既有区别又有联系的概念。归纳起来，信息、数据及其联系可以这样来定义。

1) 信息

信息(Information)是指现实世界事物的存在方式或运动状态的反映。通俗地讲，信息是经过加工并对人类社会实践和生产以及经营活动产生决策影响的数据。

2) 数据

描述事物的符号记录称为数据(Data)。描述事物的符号可以是数字，也可以是文字、图形、图像、声音、语言等，数据有多种表现形式，它们都可以经过数字化后存入计算机。

3) 信息与数据的关系

不是所有数据都能成为信息，只有经过提炼和浓缩之后，具有新知识的数据才能成为信息。不经过加工处理的数据只是一堆死材料，对人类活动产生不了决策作用。数据经过加工处理之后所得到的信息，仍然以数据的形式出现，此时的数据是信息的载体；而信息是数据的内涵，是数据的语义解释。

2. 数据库

数据库(DataBase，DB)是长期存储在计算机内的、有组织的、可共享的数据集合。数据库中的数据按一定的数据模型组织、描述和存储，具有较小的冗余度、较高的数据独立性和易扩展性，并可为各种用户共享。

3. 数据库管理系统

数据库管理系统(DataBase Management System，DBMS)是数据库系统中专门用于数据管理的软件，是用户与数据库的接口。它的主要功能包括以下几个方面。

1)数据库定义功能

数据库管理系统提供数据描述语言(Data Defined Language，DDL)及其翻译程序，用于定义数据库结构(模式及模式间映射)、数据完整性和保密性约束等。

2)数据库操纵功能

数据库管理系统提供数据操纵语言(Data Manipulation Language，DML)及其翻译程序，用于实现对数据库数据的查询、插入、更新和删除等操作。

3)数据库运行和控制功能

包括数据安全性控制、数据完整性控制、多用户环境的并发控制等。

4)数据库维护功能

包括数据库数据的载入、转储和恢复，数据库的维护和数据库的功能及性能分析和监测等。

4. 数据库系统

数据库系统(DataBase System，DBS)是指在计算机系统中引入数据库后的系统，一般由数据库、数据库管理系统(及其开发工具)、应用系统、数据库管理员和用户构成。应当指出的是，数据库的建立、使用和维护等工作只靠一个 DBMS 远远不够，还要有专门的人员来完成，这些人员被称为数据库管理员(DataBase Administrator，DBA)。

1.1.2 数据管理技术的发展

数据管理技术是指对数据进行分类、组织、编码、存储、检索和维护的技术。在计算机环境下，数据管理技术经历了从低级到高级的三个发展阶段。

1. 人工管理阶段(20 世纪 50 年代中期以前)

在人工管理阶段，数据处理的主要任务是数据量很少的科学计算，没有专门的软件对数据进行管理，在程序设计中，既要考虑程序的处理过程，又要考虑数据的定义和组织，程序和数据总是联系在一起的。

人工管理阶段的特点：数据不保存，程序运行结束后数据就丢失；数据由应用程序自己管理，没有相应的软件系统负责数据的管理工作；数据不能共享，程序和数据是一个整体，一个程序中的数据无法被其他程序共享；数据不具有独立性，一旦修改了数据的存储结构，则其程序也必须修改。

2. 文件系统管理阶段(20 世纪 50 年代后期至 60 年代中期)

在文件系统阶段，数据处理的主要任务是科学计算和简单的数据管理，有了专门管理数据的软件，即文件系统。数据已经从程序中分离出来，组成相互独立的数据文件并能保存，程序和数据之间具备一定的独立性。

文件系统的特点：数据能长期保存，能反复地进行查询、修改、插入、删除操作；

由文件系统进行数据管理，程序和数据之间由软件提供的存取方法，如函数调用等方式进行转换，使数据和程序之间有了一定的独立性。文件系统存在的不足：数据的冗余度大，不同的应用程序使用相同的数据时，就要建立不同的数据文件，而内容却是相同的；数据的独立性差，数据的组织形式依赖于应用程序，相互有影响，不利于系统移植、系统扩充、系统维护等工作；缺乏对数据的统一控制管理，数据的完整性和数据的安全性很难得到保证，各个数据文件需要有管理软件实施统一控制管理；不支持对文件的并发访问。

3. 数据库系统管理阶段(20世纪60年代后期开始)

在数据库系统阶段，数据处理的主要任务是各种科学计算和大量的、复杂的数据管理，有了统一管理数据的专门软件系统，即数据库管理系统。数据与程序已经完全独立，大大降低了数据的冗余度，实现了多用户、多应用的数据共享。

1.1.3 数据库的特点

数据库系统的出现，是计算机数据处理技术的重大进步，它具有以下基本特点。

1. 数据结构化

在数据库系统中，数据是按照特定的模型进行组织的，数据文件中记录的内容，不仅能描述数据本身，而且能表示数据之间的联系。数据库系统实现整体数据的结构化，这种特征能够反映现实世界的数据联系，能适应大批量数据管理的客观需要。

2. 数据共享、冗余度低

数据共享是数据库系统的目的，也是它的重要特点。在数据库系统中，数据是面向整个系统的，可为所有访问系统的用户共享。数据冗余是指各数据文件中有相互重复的数据。从理论上讲，可以消除冗余，但实际上，常常允许部分冗余存在，以提高检索速度。

3. 数据独立性高

在数据库系统中，数据库的建立独立于程序，数据库系统通过三级模式和两种映像功能，使数据具有物理独立性和逻辑独立性。物理独立性是指当数据的存储结构(也称存储模式或内模式)改变时，通过映像，数据的逻辑结构(也称逻辑模式或模式)不变，从而不必修改应用程序。逻辑独立性是指当数据的逻辑结构改变时，通过映像，数据的用户模式(也称子模式或外模式)不变，从而也不必修改应用程序。

4. 数据库管理系统(DBMS)统一管理和控制

通过DBMS软件包统一管理数据，实现多用户的数据共享和并发操作，并确保数据的安全性和数据的完整性，包括数据库恢复的功能。

1.1.4 数据库系统体系结构

数据库的体系结构是数据库系统的一个总框架。尽管实际数据库软件产品种类繁多，使用的数据库语言各异，基础操作系统不同，采用的数据结构模型相差甚大，但是绝大多数数据库系统在总体结构上都具有三级模式的结构特征。数据库的三级模式结构由外模式、模式和内模式组成，如图 1-1 所示。

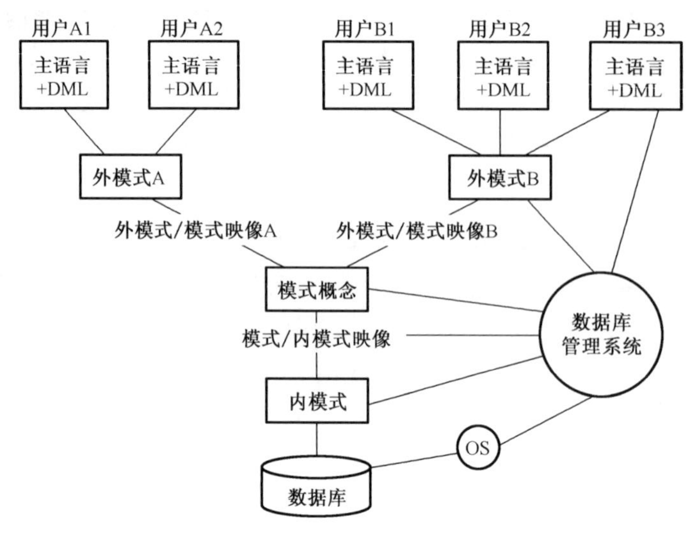

图 1-1　数据库系统的体系结构

(1) 外模式：又称子模式或用户模式，是模式的子集，是数据的局部逻辑结构，也是数据库用户看到的数据视图。

(2) 模式：又称逻辑模式或概念模式，是数据库中全体数据的全局逻辑结构和特性的描述，也是所有用户的公共数据视图。

(3) 内模式：又称存储模式，是数据在数据库系统中的内部表示，即数据的物理结构和存储方式的描述。

数据库系统的三级模式是对数据的三级抽象。为了实现三个抽象层次的转换，数据库系统在三级模式中提供了两次映像：外模式/模式映像和模式/内模式映像。所谓映像，就是存在某种对应关系。

外模式到模式的映像，定义了外模式与模式之间的对应关系。模式到内模式的映像，定义了数据的逻辑结构和物理结构之间的对应关系。正是由于这两级映像，使数据库管理的数据具有两个层次的独立性：物理独立性和逻辑独立性。

1.2　数 据 模 型

模型是对现实世界某个事物特征的模拟和抽象。由于用计算机来研究处理现实世界的具体事物时，必须先把具体事物转换为抽象的模型，再转换为计算机可以处理的数据模型。所以，数据模型是抽象、表示、处理现实世界中事物的基本工具。

1. 信息的三个世界

信息的三个世界是指现实世界、信息世界和计算机世界。现实世界是指客观存在的事物，它是信息之源，是设计和建立数据库的出发点，也是使用数据库的最终归宿。信息世界，又称观念世界，是现实世界中的客观事物在人头脑中的反映，客观事物在信息世界中称为实体，而反映事务间关系的称为实体模型或概念模型。计算机世界是指信息世界中的信息数据转化成能被计算机处理的数据，又称数据世界。实体模型在数据世界中以数据模型描述。现实世界、信息世界和计算机世界这 3 个领域是由客观到认识、由认识到使用管理的 3 个不同层次，后一领域是前一领域的抽象描述。现实世界的事物及联系，通过抽象成为信息世界的概念模型，而概念模型经过数据化处理转换为数据模型，其变化关系如图 1-2 所示。

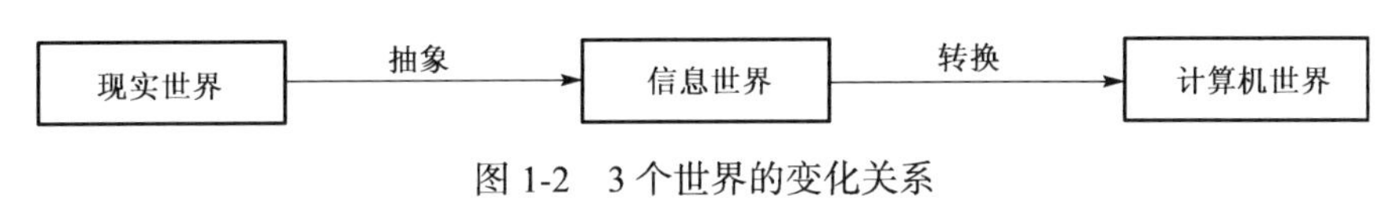

图 1-2 3 个世界的变化关系

2. 概念模型

概念模型是数据库设计人员在认识现实世界中的实体及实体间联系后进行的一种抽象，是用户与数据库设计人员之间进行交流的语言。它独立于任何数据库管理系统，但是又很容易向数据库管理系统支持的逻辑数据模型转换，数据模型是借助概念模型(或信息模型)转化而来的。概念模型中涉及以下概念。

(1) 实体：客观存在并且可以相互区分的事物称为实体。它可以指人，如一名教师、一个学生等；也可以指物，如一本书、一张桌子、一块黑板等；也可以指抽象的事件，如借书、奖励、交通法规等。它还可以指事物与事物之间的联系，如学生选课、客户订货、顾客购物等。

(2) 属性与属性值：用于描述实体的特性称为实体的属性，如职工实体用职工号、姓名、性别、出生日期等若干个属性描述。属性的具体取值称为属性值，用于刻画一个实体，如属性值的组合(10023,张红芳,女,1965-10-24)就描述了一个具体的职工。每个属性的特定取值范围称为值域，如性别的值域为(男,女)。

(3) 实体型与实体值：由上可见，属性值所组成的集合表征一个实体，相应的这些属性的集合表征了一种实体的类型，称为实体型，如(职工号,姓名,性别,出生日期)表征职工实体的实体型。实体值是指某个具体实体的取值，如(10023,张红芳,女,1965-10-24)就是一个实体值。

(4) 实体集：同种类型实体的集合称为实体集。例如，全体记者就组成一个实体集。在 Visual FoxPro 中，用“表”表示同一类实体，即实体集，用“记录”表示一个具体的实体，用“字段”表示实体的属性，表的结构对应于实体型。

(5) 码：在众多属性中能够唯一标识或确定一个实体的属性或属性组称为实体的码，如学生实体的码应当是“学号”。

(6) 联系：联系是指反映现实世界事物之间的相互关系。一个实体内部各属性之间的相互联系称为实体的内部联系。各实体集之间的相互联系称为实体的外部联系。这些联系可以分为一对一、一对多、多对多 3 种类型。

① 一对一联系(记作 1∶1)：一个实体集中的每一个实体，在另一个实体集中最多只

能找到一个可以与它相对应的实体；反之亦然，称这两个实体集之间存在着一对一联系。比如，一个企业只有一位总经理，并且一位总经理只能管理一个企业，所以企业实体集和总经理实体集之间就是一对一联系。

② 一对多联系(记作 $1:n$)：一个实体集 X 中的每一个实体，在另一个实体集 Y 中能够找到多个可以与它相对应的实体；反之，在另一个实体集 Y 中的每一个实体，却只能在实体集 X 中找到一个可以与它相对应的实体，称这两个实体集之间存在着一对多联系。比如，一个企业有许多职工，但每一个职工只能工作(含人事关系)在一个企业，所以企业实体集和职工实体集之间就是一对多联系。

③ 多对多联系(记作 $m:n$)：一个实体集 X 中的每一个实体，在另一个实体集 Y 中能够找到多个可以与它相对应的实体；反之，在另一个实体集 Y 中的每一个实体，也能在实体集 X 中找到多个可以与它相对应的实体，称这两个实体集之间存在着多对多联系。比如，一个学生可以选修多门课程，而每一门课程可以被多个学生选修，所以学生实体集和课程实体集之间就是多对多联系。

描述概念模型的方法很多，其中最常用的是实体-联系方法(Entity-Relationship Approach)，简称 E-R 方法。E-R 方法的规则是：用长方形表示实体，并在框内写上实体名；用椭圆表示实体属性，并用无向边（即直线）把实体与其属性连接起来；用菱形表示实体间的联系，菱形框内写上联系名；用无向边把菱形分别与相关的实体相连接，在无向边旁标上联系的类型($1:1$、$1:n$、$m:n$)。若实体之间的联系也具有属性，则把属性和菱形也用无向边连接上。上述 3 种联系的简单 E-R 方法表示如图 1-3 所示。

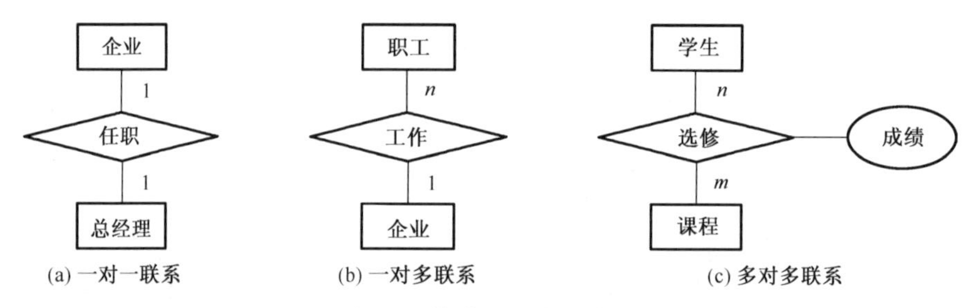

图 1-3　简单 E-R 方法表示

3. 逻辑数据模型

逻辑数据模型是数据库系统的核心和基础，它描述了数据库中数据的整体结构。逻辑数据模型通常由数据结构、数据操作、数据完整性约束 3 部分组成，其中数据结构是对系统静态特性的描述，是逻辑数据模型中最重要的部分，因此人们一般以逻辑数据结构的类型来命名该数据模型。由于采用的数据模型不同，相应的数据库管理系统也就完全不同。在数据库系统中，常用的数据模型包括层次模型、网状模型和关系模型。

(1) 层次模型：层次模型是用倒置的树形结构来表示实体及其之间的联系。在这种模型中，数据结构从树根开始向树枝、树叶逐层展开，树中的每一个结点代表一个实体，连线则表示它们之间的关系。层次模型的特点是：有一个结点没有父结点，这个结点称为根结点；其他结点有且仅有一个父结点。

(2) 网状模型：网状模型是用实体为结点的图来表示各实体及其之间的联系，它可以表示数据间的纵向关系和横向关系，呈现出一种交叉联系的网络结构。网状模型的特点是：可以有一个以上的结点无父结点；至少有一个结点有多个父结点。

(3) 关系模型：关系模型是用二维表格来表示实体及其相互之间的联系。在关系模型中，把实体集看成一张二维表，通过相同关键字段实现表格间的数据联系。每一张二维表称为一个关系，每个关系均有一个名称即关系名。关系模型是目前比较流行的一种数据模型，如学生的课程学分情况如表 1-1 所示。

表 1-1　课程学分情况

课程号	课程名	学时数	学分
0001	大学英语	80	4
0002	日语	60	3
0003	计算机应用基础	64	3
0004	C 语言程序设计	80	4
0005	数据库系统	80	4
0006	高等数学	80	4
0007	概率论	40	2
0008	会计学	80	4
0009	西方经济学	80	4
0010	人力资源管理基础	80	4

4. 物理数据模型

物理数据模型用来描述数据的物理存储结构和存储方法，它与计算机存储器和操作系统密切相关，一般用户在数据库设计时不需要过多地考虑物理结构，数据库管理系统会自动进行处理。

1.3　关系数据理论基础

在数据库中，如果数据结构按照层次模型定义，则该数据库为层次数据库；如果数据结构按照网状模型定义，则该数据库为网状数据库；如果数据结构按照关系模型定义，则该数据库为关系数据库。Visual FoxPro 数据库管理系统是一种关系数据库管理系统，它能让用户以最有效的方式管理和处理大量的数据，实现数据的增加、修改、查询、删除操作，制作报表和标签，快速自行开发一个简单的应用系统。

1.3.1　基本的关系术语

1. 关系模型的数据结构

关系数据库系统是由许多不同的关系构成，其中的每一个关系就是一个实体，可以用一张二维表来表示。

2. 关系模型的基本术语

(1) 关系：关系是指一张二维表，由行和列组成。每个关系都有一个关系名，并以表文件的形式保存，其扩展名为.dbf。

(2)属性：属性是指一张二维表中的每一列，属性有属性名和属性值。在 Visual FoxPro 中，一个属性对应表文件中的一个字段，属性名对应字段名，属性值对应表文件中各个记录的字段值。

(3)元组：元组是指一张二维表中的每一行的属性值。在 Visual FoxPro 中，一个元组对应表文件中的一条记录(记录值)。

(4)框架：框架是指由属性名组成的表头。在 Visual FoxPro 中，框架对应表文件中的表的结构。

(5)域：域是指每个属性的取值范围。

(6)关键字：关键字是指具有唯一确定一个元组的属性或属性组。比如，学生的“学号”属性。一个关系中可以有多个关键字。

(7)主关键字：主关键字是指当前被指定的那个关键字，并且其属性值不能取“空值”。

(8)外部关键字：外部关键字是指一张二维表中的某个属性或属性组虽然不是所在表的关键字，但却是另一张二维表的关键字。

(9)关系模式：关系模式是指对关系的描述，可表示成：关系名(属性1,属性 2,属性 3,…,属性 n)。比如，课程(课程号,课程名,学时数,学分)。

3. 关系的基本特点

在关系模型中，每个关系都必须满足一定的要求，其基本特点是：关系必须规范化，属性不可再分割；在同一关系中不允许出现相同的属性名；在同一关系中不允许有完全相同的元组；在同一关系中各行、各列的顺序是任意的；每一列必须具有相同的数据类型。

1.3.2 关系模型的完整性约束条件

关系模式是通过关系数据描述语言描述关系后所生成的关系框架。

作为关系 DBMS，为了维护数据库的完整性，一般对关系模式提供了以下三类完整性约束机制。

1. 实体完整性约束规则

指关系中的“主键”不允许取“空值”(Null)。因为关系中的每一条记录都代表一个实体，而任何实体都是可标识的，如果主键值为空，就意味着存在不可标识的实体。

2. 引用完整性约束规则

亦称参照完整性约束规则。对一个关系上的外键，其值只允许两种可能：一是空值；二是等于外键对应的关系的主键值。这是由于不同关系之间的联系是通过“外键”实现的，当一个关系通过外键引用另一关系中的记录时，它必须能在引用的关系中找到这个记录，否则无法实现联系。

3. 用户定义的完整性约束

这是针对某一应用环境的完整性约束条件，它反映了某一具体应用所涉及的数据应满足的要求，往往是对关系模式中的数据类型、长度、取值范围的约束。BDMS 提供定义和检验这类完整性规则的机制，其目的是用统一的方式由系统来处理它们，不再由应用程序来完成这项工作。

1.3.3 关系数据操纵

关系型数据库管理系统提供关系操纵语言来实现数据操纵。

1. 关系数据操纵语言的特点

关系数据语言建立在关系代数基础上，具有以下特点：

(1) 以关系为单位进行数据操作，操作的结果也是关系。

(2) 非过程性强，很多操作只需指出做什么，而不需引导怎么去做。

(3) 以关系代数为基础，借助于传统的集合运算和专门的关系运算，使关系数据语言具有很强的数据操纵能力。

2. 关系代数

关系代数通过对关系的运算来表达查询。关系代数的运算包括传统的集合操作和专门的关系操作两类。

1) 传统的集合操作

这类操作将关系看成元组的集合。其操作是从关系的水平方向，即是对关系的行来进行的。

设关系 R 和关系 S 具有相同数目的属性列（*n* 列属性）并且相应的属性取自同一域，则可定义以下四种集合运算：

(1) 并（Union）：关系 R 与关系 S 的并，记为 R∪S。它是属于 R 或属于 S 的元组组成的集合，结果为 *n* 列属性的关系。

(2) 交（Intersection）：关系 R 与关系 S 的交，记为 R∩S。它是既属于 R 又属于 S 的元组组成的集合，结果为 *n* 列属性的关系。

(3) 差（Difference）：关系 R 与关系 S 的差，记为 R–S。它是属于 R 而不属于 S 的元组组成的集合，结果为 *n* 列属性的关系。

(4) 广义笛卡儿积（Extended Cartesian Product）：关系 R（假设为 *n* 列）和关系 S（假设为 *m* 列）的广义笛卡儿积，是一个（*m*+*n*）列元组的集合，每一个元组的前 *n* 列是来自 R 的一个元组，后 *m* 列是来自关系 S 的一个元组。若 R 有 k1 个元组，S 有 k2 个元组，则关系 R 和关系 S 的广义笛卡儿积有 k1*k2 个元组。

2) 专门的关系运算

关系数据模型的理论基础是集合论，从集合的角度讲，可以进行集合的并、交、差运算；从关系（表）的角度讲，关系的基本运算有选择、投影和连接。

(1) 选择：选择运算是指从关系表中查找出符合指定条件的元组。它是对表的一种横向操作，其运算结果是关系中的部分元组并构成关系的一个子集，其关系模式不变。比如，从课程表中选取学时数是 80 的记录。

(2) 投影：投影运算是指从关系表中选取若干个属性，从而形成一个新的关系表。新关系表是原关系表的子集，投影是对表的一种纵向操作。例如，从课程表中对课程号、课程名、学分 3 个属性进行投影。

(3) 连接：连接运算是指从两个关系表中找出满足连接条件的所有元组，并且拼接成一个新的关系表。在 Visual FoxPro 中，连接运算是通过 JOIN 和 SELECT 等 SQL 命令来实现的。

第 2 章　Visual FoxPro 基础知识

2.1　Visual FoxPro 简介

Visual FoxPro 简称 VFP，是 Microsoft 公司推出的数据库开发软件，用它来开发数据库，既简单又方便。Visual FoxPro 源于美国Fox Software 公司推出的数据库产品 FoxBase，在 DOS 上运行，与 xBase 系列相容。FoxPro 原来是 FoxBase 的加强版，最高版本曾出过 2.6。Fox Software 被微软收购后，可以在 Windows 上运行，并且更名为 Visual FoxPro。目前最新版本为 Visual FoxPro 9.0，而在学校教学和教育部门考证中还依然用经典版的 Visual FoxPro 6.0，它不仅提供了很多好的设计器、向导、生成器及新类，并且使得客户/服务器结构数据库应用程序的设计更加方便简捷。VFP6 以其强健的工具和面向对象的以数据为中心的语言，将客户/服务器和网络功能集成于现代化的、多链接的应用程序中，充分发挥了面向对象编程技术与事件驱动方式的优势。

2.1.1　Visual FoxPro 集成环境的使用

Visual FoxPro 启动后，屏幕上显示系统集成环境窗口，如图 2-1 所示。它主要由菜单栏、工具栏、状态栏、主窗口、命令窗口和项目管理器等部分组成。

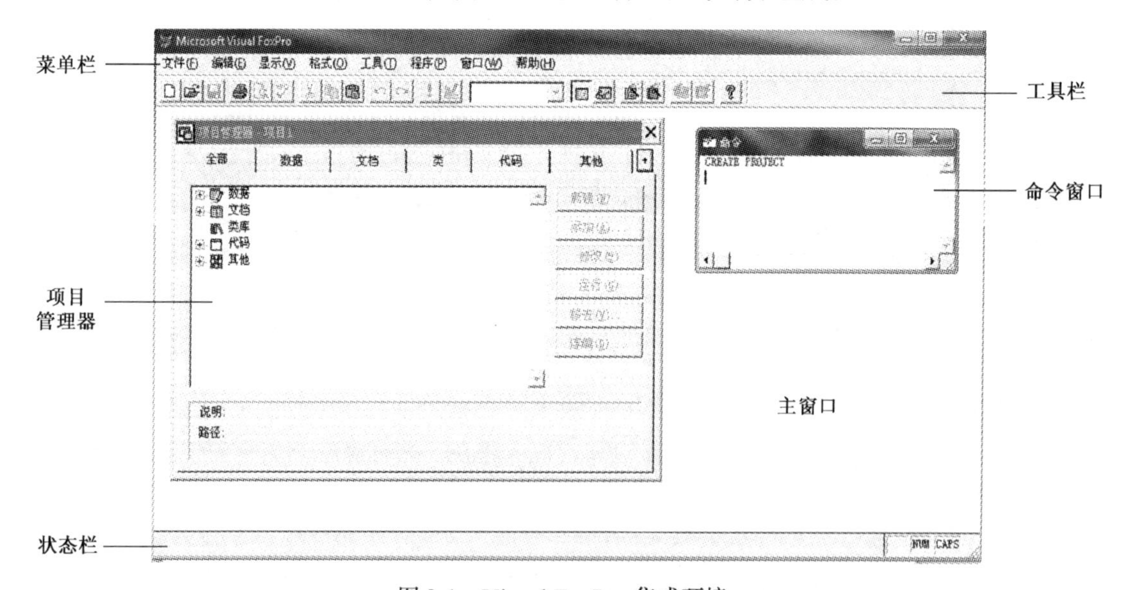

图 2-1　Visual FoxPro 集成环境

1. 菜单栏

菜单栏是使用 VFP 的主要工具之一，通过它可以执行系统的所有功能。菜单栏和 Windows 环境下一般程序菜单的使用方法是一样的，共有 8 个菜单项：

(1) “文件”菜单包括创建、打开、保存和其他对文件进行操作的菜单项。在这个菜单中可以设置打印机信息、打印文件或退出 VFP。单击“文件”菜单会弹出相应的下拉子菜单。

(2) “编辑”菜单包含编辑、查找和操作文本与控制等命令。

(3) “显示”菜单显示报表、标签和表单等设计器及工具栏。

(4) “格式”菜单包括字体、间距、对齐方式和对象位置等选项。

(5) “工具”菜单包含一些命令，可以设置系统选项、运行向导、创建宏优化代码、运行代码管理器，以及跟踪和调试源代码。

(6) “程序”菜单用于运行和测试 VFP 的源代码，它包括运行、取消、继续执行、挂起和编译等命令。

(7) “窗口”菜单是 VFP 的窗口控制中心，可用以重排、显示和隐藏窗口。

(8) “帮助”菜单是向用户提供技术帮助以及显示用户计算机配置的信息。

2. 工具栏

工具栏包含 VFP 最常用的一些命令按钮，如新建、打开、保存、打印、执行等，还有打开数据库、命令窗口、数据工作区窗口、表单、报表等按钮。使用工具栏中的按钮，不必打开多级菜单或记忆组合键，即可快速地执行各种操作。

3. 状态栏

状态栏在屏幕的底部，一般显示当前操作的状态，各种菜单、控制键的功能说明。

4. 主窗口

显示输入、输出数据及程序执行结果。

5. 命令窗口

在命令窗口键入需要的命令，然后按 Enter 键即可执行相应的操作。它是 VFP 的一种系统窗口，可通过单击“关闭”按钮，打开或关闭命令窗口。当选择菜单命令时，相应的 VFP 语句自动反映在命令窗口中。

命令窗口是一个可以编辑的窗口，例如，可以通过选择“格式”→“字体”菜单改变编辑窗口字体的大小，可以用光标或滚动条在整个窗口中上下移动，从而在命令窗口中进行插入、删除、复制等操作。在命令窗口输入一条较长的命令时，可以用分号结尾再换到下一行，系统仍作为一条指令来执行。

6. 项目管理器

项目管理器是一个处理数据和对象的工具。通过“项目管理器”可以方便地实现数据表、表单、数据库、报表、查询以及相关文件的管理。

2.1.2 文件类型与创建

1. VFP 中的文件类型

Visual FoxPro 6.0 系统中包含多种类型的文件，如项目、数据库、表、视图、查询、表单、报表、标签、程序、菜单和类等文件，各自以不同的文件类型进行存储和管理，并用系统默认的扩展名(文件类型名)加以区分和识别。VFP 的文件类型较多，常用的如表 2-1 所示。

表 2-1 常用的文件扩展名及其所代表的文件类型

文件扩展名	文件类型	文件扩展名	文件类型
.app	应用程序	.bak	备份文件
.cdx	复合索引	.dbc	数据库
.dbf	表	.dct	数据库备注
.dcx	数据库索引	.err	编译错误
.exe	可执行程序	.fmt	格式文件
.fpt	表备注	.frt	报表备注
.frx	报表	.fxp	编译后的程序
.idx	单索引	.lbt	标签备注
.lbx	标签	.mem	内存变量存储
.mnt	菜单备注	.mnx	菜单
.mpr	生成的菜单程序	.mpx	编译后的菜单程序
.pjt	项目备注	.pjx	项目
.prg	程序	.prx	编译后的格式文件
.qpr	生成的查询程序	.qpx	编译后的查询程序
.sct	表单备注	.scx	表单
.txt	文本文件	.tmp	临时文件
.vct	可视类库备注	.vcx	可视类库

2. 文件的创建

绝大部分常用文件类型可通过选择“文件”→“新建”命令，或者单击工具栏上的“新建”按钮，或使用快捷键 Ctrl+N，打开“新建”对话框进行创建。

1) VFP 设计器

VFP 提供了功能繁多的设计器，作为管理数据的工具。这些设计器能够使用户轻松地创建并修改表、查询、数据库、报表和表单等，而且还可以把设计器创建的项组装到一个应用程序中。

2) VFP 向导

向导是一个交互式程序，可以帮助用户快速完成一般性的任务。例如，创建表单、编排报表的格式以及建立查询等。用户只需在一系列向导对话框中回答问题或选项，向导就可以生成相应的文件或者执行相应的任务。表 2-2 列出了新建文件时可用的设计器和向导。

表 2-2　新建文件可用的设计器和向导

文件类型	设计器	向　导
项目		应用程序向导
数据库	数据库设计器	
表	表设计器	表向导
查询	查询设计器	交叉表向导、查询向导
连接	连接设计器	
视图	视图设计器	本地视图向导
远程视图	视图设计器	远程视图向导
表单	表单设计器	表单向导、一对多表单向导
报表	报表设计器	报表向导、一对多报表向导、分组/总计报表向导
标签	标签设计器	标签向导
类	类设计器	
菜单	菜单及快捷菜单设计器	

2.1.3 Visual FoxPro 系统环境的配置

Visual FoxPro 6.0 系统的环境配置决定了系统的操作运行环境和工作方式，配置是否合理、适当，直接影响系统的操作运行效率和操作的方便性。环境配置包括主窗口标题、默认目录、项目、编辑器、调试器及表单工具选项、临时文件存储、拖放字段对应的控件和其他选项。用户可以根据自己的需要，随时更新和修改系统默认的环境配置。例如，用户可以建立 Visual FoxPro 6.0 所用文件的默认位置，指定如何在编辑窗口中显示源代码以及日期与时间的格式等。对 Visual FoxPro 6.0 配置所做的更改既可以是临时的(只在当前工作期有效)，也可以是永久的(它们变为下次启动 Visual FoxPro 时的默认配置值)。如果是临时的，那么它们保存在内存中并在退出 Visual FoxPro 时释放；如果是永久的，那么它们将保存在 Windows 注册表中。

配置 Visual FoxPro 6.0 系统环境既可以用交互式方法，也可以用编程的方法，甚至可以使 Visual FoxPro 6.0 启动时调用用户自建的配置文件 CONFIG.FPW。配置文件是一个文本文件，用户可以在其中存储配置设置值来覆盖保存在注册表中的默认值。当启动 Visual FoxPro 6.0 时，系统先读取 Windows 注册表中的配置信息并根据它们进行配置。读取注册表之后，Visual FoxPro 6.0 还会查找一个配置文件，若找到配置文件，则启用配置文件中的配置信息。在系统启动以后，用户还可以使用“选项”对话框或 SET 命令进行附加的配置设定。

1. 使用“选项”对话框

在 Visual FoxPro 6.0 系统菜单栏中，选择“工具”→“选项”命令，弹出“选项”对话框，如图 2-2 所示。

在“选项”对话框中，有 12 个不同类别的选项卡，每一个选项卡都有自己特定的参数设置窗口，分别对应不同的环境配置。各选项卡的功能如表 2-3 所示。

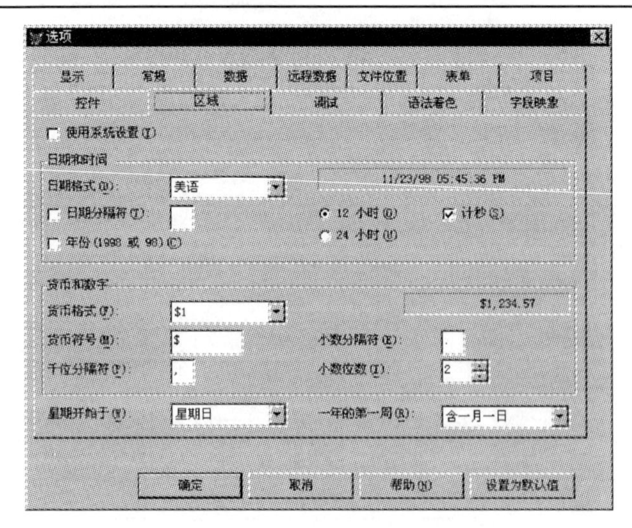

图 2-2 “选项”对话框

表 2-3 选项卡及功能

选项卡名称	选项卡功能
显示	界面选项，如是否显示状态栏、时钟、命令结果或系统信息
常规	数据输入与编程选项，如设置警告声音，是否记录编译错误，是否自动填充新记录，使用什么定位键，调色板使用什么颜色以及改写文件之前是否警告等
数据	表选项，如是否使用 Rushmore 优化，是否使用索引强制唯一性，备注块大小，查找的记录计数器间隔以及使用什么锁定选项
远程数据	远程数据访问选项，如连接超时限定值，一次拾取记录数目以及如何使用 SQL 更新
文件位置	Visual FoxPro 默认目录位置，帮助文件存储在何处以及辅助文件存储在哪里
表单	表单设计器选项，如网格面积，所用刻度单位，最大设计区域以及使用何种类型模板
项目	项目管理器选项，如是否提示使用向导，双击时运行或修改文件以及源代码管理选项
控件	在“表单控件”工具栏中的“查看类”按钮所提供的有关可视类库和 ActiveX 控件选项
区域	日期、时间、货币及数字格式
调试	调试器显示及跟踪选项，如使用什么字体与颜色
语法着色	区分程序元素所用的字体及颜色，如注释与关键字
字段映像	从数据环境设计器、数据库设计器或项目管理器中向表单拖动表或字段时创建何种控件

当用户完成对各选项卡的参数设置后，如果直接单击“确定”按钮关闭“选项”对话框，则系统认为这是临时更新，更新参数将保存在内存中。如果先单击“设置为默认值”按钮，再单击“确定”按钮，则本次参数更新将作为永久性更新。

2. 使用 SET 命令

系统环境参数的配置，除了使用“选项”对话框外，还可以通过 SET 命令来设置。例如，用户可以通过 SET DATE TO 命令改变日期的显示方式，用 SET CLOCK ON 命令使系统启动时在状态栏中显示一个时钟，用 SET DEFAULT TO 命令改变系统默认目录。使用 SET 命令设置环境变量时，仅在该次运行中有效，当退出系统时，设置全部丢失。当然，用户也可以通过每次启动时自动运行这些 SET 命令，按照自己的意愿配置系统环境。

3. 目录的配置

Visual FoxPro 6.0 系统进行数据库操作时，表、索引和程序等各种文件的存储位置都在系统安装时默认的目录下，该目录是 C:\programs files\microsoft visual studio\vfp98。如果用户要更改文件存放的位置，可以对目录重新配置。用 SET 命令设置时，其命令格式是：SET DEFAULT TO 目录。也可以用“选项”对话框进行设置，其方法是：在“选项”对话框中，切换到“文件位置”选项卡，如图 2-3 所示。在“文件类型”列表框中选择“默认目录”选项，单击“修改”按钮，弹出“更改文件位置”对话框，如图 2-4 所示。在“更改文件位置”对话框中，选中“使用默认目录”复选框，然后在文本框中输入要保存文件的文件夹(即目录)或者单击旁边的“浏览”按钮，选择目录位置，单击“确定”按钮，这样就更改了文件的保存位置。

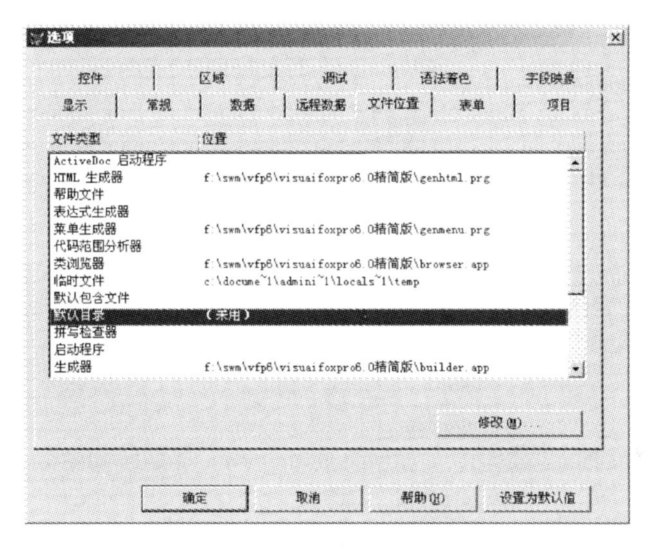

图 2-3　“文件位置”选项卡

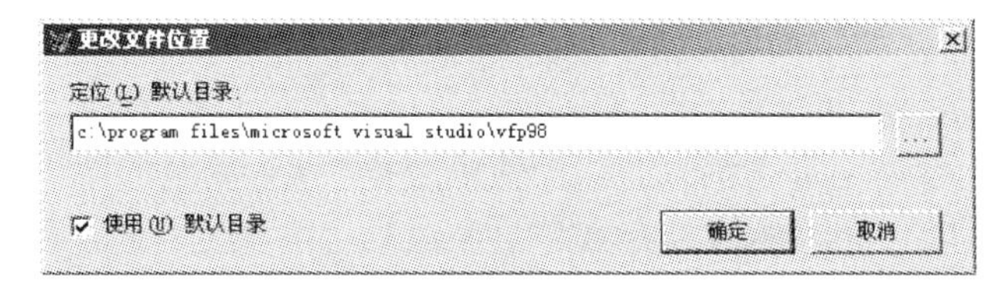

图 2-4　“更改文件位置”对话框

2.2　Visual FoxPro 的数据类型

Visual FoxPro 6.0 的所有数据都有一个特定的数据类型，它定义了各种数据的允许值和这些值的范围及大小。在定义了数据类型后，Visual FoxPro 6.0 就可有效地存储和操作该数据。通常，Visual FoxPro 6.0 提供了 14 种数据类型。其中，可用于内存变量和数组的数据类型有数值型、字符型、日期型、日期时间型、逻辑型、货币型和对象型共 7 种；用于数据库表文件字段中的数据类型有数值型、字符型、日期型、日期时间型、逻辑型、货币型、浮点型、整型、双精度型、备注型、通用型、二进制字符型、二进制备注型和对象型共 14 种。

1. 数值型

数值型(Numeric)数据用来表示数量并可以进行算术运算的数据，如工资、奖金、成绩等。它可由数字 0～9、可选符号(+或-)、字母 E 和小数点(.)组成。数值型数据的长度为 1～20 位，精度 16 位，多于 16 位的可能丢失。数值型数据占 8 字节，其取值范围为：-0.999 999 999 9E+19～0.999 999 999 9E+20。数值型数据用 N 表示。

2. 字符型

字符型(Character)数据一般用来表示不能进行算术运算的文本信息，如姓名、家庭地址等。它由字母、汉字、数字、空格、符号和标点组成。字符数据的最大长度为 254 位，每个字符占 1 字节，每个汉字占 2 字节。字符型数据用 C 表示。

注意：如果要表示不用于数学计算的文本信息，如学号、电话号码和邮政编码，尽管它们主要包含的是数字，但实际上最好还是表示为字符值。

3. 日期型

日期型(Date)数据用来表示日期数据，如出生年月等。日期型数据的显示格式有多种，它受系统日期格式设置的影响。日期的默认格式是{mm/dd/yy}，mm 表示月份，dd 表示日期，yy 表示年份。日期型数据的长度固定为 8 字节，用 D 表示。

4. 日期时间型

日期时间型(DateTime)数据用来表示日期和时间。日期时间的默认格式是{mm/dd/yy hh:mm:ss}。mm、dd 和 yy 的意义与日期型数据相同，hh 表示小时，mm 表示分钟，ss 表示秒钟。日期时间型数据固定长度为 8 字节(其中前 4 字节保存日期，后 4 字节保存时间)。日期时间型数据用 T 表示。

5. 逻辑型

逻辑型(Logical)数据用来表示只有两个值的数据，保存判断的结果是“真”还是“假”。如性别、是否为团员等。存入的值只有真(.T.)和假(.F.)两个值，固定长度为 1 字节。逻辑型数据用 L 表示。

6. 货币型

货币型(Currency)数据用来表示货币值或精确金融计算，如金额等。货币型数据只保留 4 位小数，超过 4 位时，Visual FoxPro 6.0 将四舍五入到 4 位。每个货币型数据占 8 字节。其取值的范围为-922 337 203 685 477.580 8～922 337 203 685 477.580 7，并在数据前加上一个美元符号“$”。货币型数据用 Y 表示。

7. 浮点型

浮点型(Float)数据的功能等同于数值型数据，提供浮点型数据主要是为了保持与其他开发软件和系统的兼容性。浮点型数据只能用于数据库表文件中字段的定义，其长度为 1～20 位，精度 16 位。浮点型数据在内存中占 8 字节，用 F 表示。

8. 整型

整型(Integer)数据用来表示不包含小数部分的数值型数据，以二进制形式存储，占用 4 字节。其取值范围为：–2 147 483 647～2 147 483 646。整型数据用 I 表示。

9. 双精度型

双精度型(Double)数据用来表示具有更高精度的数值型数据。它采用固定长度浮点格式存储，占用 8 字节，其取值范围为：± 4.940 656 458 412 47E–324～ ± 1.797 693 134 862 32E+308。双精度型数据用 B 表示。

10. 备注型

备注型(Memo)数据用来存储内容较多的文本信息，如个人简历、产品说明等。它只能用于数据表中字段的定义。长度固定为 4 字节，并用这 4 字节引用备注的实际内容。备注型数据存放在与表文件同名的备注文件(.fpt)中，长度根据数据的内容而定。备注型数据用 M 表示。

11. 通用型

通用型(General)数据用来存放 OLE(对象链接与嵌入)对象的数据，如电子表格、文档、图片或声音等。它只能用于数据表中字段的定义。长度固定为 4 字节，并用这 4 字节指向真正内容。

OLE 对象的实际内容、类型和数据量取决于链接或嵌入 OLE 对象的操作方式。如果采用链接 OLE 对象方式，则表中只包含对 OLE 对象的引用说明，以及对创建该 OLE 对象的应用程序的引用说明；如果采用嵌入 OLE 对象方式，则表中除包含对创建该 OLE 对象的应用程序的引用说明，还包含 OLE 对象中的实际数据。这时，通用字段存储 OLE 对象的大小仅受磁盘空间的限制。通用型数据用 G 表示。

12. 二进制字符型

二进制字符型(Character binary)数据的使用方法与字符型数据类似，只是这种数据可直接以二进制将字符存储在文件中，最多可存 254 个字符。二进制字符型数据用 C 表示。

13. 二进制备注型

二进制备注型(Memo binary)数据的使用方法与备注型数据类似，只是这种数据可直接以二进制将字符存储在备注文件中，占 4 字节。二进制备注型数据用 M 表示。

14. 对象型

对象型数据是 Windows 应用程序中生成的对象，用 O 表示。例如，Visual FoxPro 6.0 的主窗口对象为_SCREEN。

2.3 常量与变量

在 Visual FoxPro 6.0 中，常量和变量是数据运算和处理的基本对象。本节介绍各种类型常量的表示，各种变量的命名、赋值以及其他操作。

2.3.1 常量

在操作过程中，始终保持不变的数据称为常量。常量在命令或程序中可以直接引用。常量一旦定义，其值就不再改变。由于数据类型多种多样，Visual FoxPro 6.0 提供了 6 种类型的常量：数值型、字符型、逻辑型、日期型、日期时间型和货币型。

1. 数值型常量

数值型常量也就是常数，用来表示数量的大小，由数字 0～9、正负号、字母 E 和小数点组成。数值型常量可以是整数或实数，如 9、-300、6.325 等。在 Visual FoxPro 6.0 中，数值型常量有两种表示方法：一种是小数形式，如-10.6、36.6；另一种是指数形式，即科学记数法，如-6.21E-5 表示-6.21×10^{-5}，3.56E6 表示 3.56×10^{6}。

数值型常量的长度包括正负号、整数位数、小数位数和小数点，如-3.2561 长度为 7 位。

2. 字符型常量

字符型常量也称为字符串，用半角西文单引号(' ')、双引号(" ")或方括号([ ])定界符括起来的字符串。例如，'Visual FoxPro 6.0'、"计算机"、[3.1415926]。Visual FoxPro 6.0 字符串的最大长度为 254 个字符。

定界符必须成对出现，并且在英文状态下输入。当定界符本身作为字符型常量的一部分时，必须用另一种定界符括起来。例如，"That’s right! "或[That’s right!]。

注意：不包括任何字符的字符串称为空串("")。空串与包含空格的字符串(" ")不同，前者长度为 0，后者长度为空格的个数。

3. 逻辑型常量

逻辑型常量表示逻辑判断的结果，只有逻辑真和逻辑假两个值。逻辑真常量用.T.、.t.、.Y.、.y.表示；逻辑假常量用.F.、.f.、.N.、.n.表示。注意字母前后的圆点不能缺少，否则为变量。

4. 日期型常量

日期型常量用来表示日期值。必须用花括号({})括起来，花括号内包括年、月、日三部分内容，每部分内容之间可用分隔符(“/”、“-”、“.” 或空格等)分隔。Visual FoxPro 6.0 的默认日期格式是{mm/dd/yy}，如{05/20/07}和{05/20/2007}都表示 2007 年 5 月 20 日这一日期常量值；{}或{/}表示一个空日期。

5. 日期时间型常量

日期时间型常量用来表示一个具体的日期与时间。其写法与日期型常量类似，也必须用花括号括起来，只是在“月/日/年”后面加上“小时:分钟:秒钟”即可。例如，{05/20/07 10:30:23 AM}表示 2007 年 5 月 20 日上午 10 时 30 分 23 秒。

日期值和日期时间值的输入格式与输出格式并不完全相同，特别是输出格式受系统环境设置的影响，用户可根据应用需要进行相应的调整和设置。下面介绍 Visual FoxPro 6.0 系统中的与日期格式有关的命令和设置操作。

1) 设置日期格式中的世纪值

通常日期格式中用 2 位数表示年份。如果将年份显示为 4 位世纪值，Visual FoxPro 6.0 提供了设置命令对其进行相应的设置。

格式：`SET CENTURY ON|OFF`

功能：显示日期时是否以 4 位世纪值显示年值。

说明：

① ON：以世纪值显示日期值的年份(4 位)。日期数据显示 10 位，年份占 4 位。

② OFF：日期值年份的默认显示方式。日期数据显示 8 位，年份占 2 位。

2) 设置日期显示格式

用户可以通过 SET DATE 调整、设置日期的显示格式。

格式：`SET DATE [TO] AMERICAN|ANSI|BRITISH|FRENCH|GERMAN|ITALIAN |JAPAN|USA|MDY|DMY|YMD`

功能：指定日期的显示格式。

日期格式的默认设置是 AMERICAN。SET DATE 命令只在当前数据工作期有效，即下一次系统启动时又恢复默认设置。SET DATE 的设置值及日期格式如表 2-4 所示。

表 2-4 SET DATE 的设置值及日期格式

设置值	日期格式	设置值	日期格式
AMERICAN	mm/dd/yy	ANSI	yy.mm.dd
BRITISH/FRENCH	dd/mm/yy	GERMAN	dd.mm.yy
ITALIAN	dd-mm-yy	JAPAN	yy/mm/dd
USA	mm-dd-yy	MDY	mm/dd/yy
DMY	dd/mm/yy	YMD	yy/mm/dd

3) 设置日期分隔符

格式：`SET MARK TO <字符>`

功能：设置显示日期时使用的分隔符，如“/”、“-”、“.”等。如没有指定任何分隔符，系统默认的分隔符为斜杠(/)。

4) 设置严格的日期格式

通常，日期型和日期时间型数据的结果与 SET DATE 命令和 SET CENTURY 命令的设置状态及当前系统时间有关。同一数据的结果可能会因系统时间与相应设置的不同有不同的解释。如日期值{08/06/10}可以解释为 1910 年 8 月 6 日、2010 年 8 月 6 日、1910 年 6 月 8 日、2010 年 6 月 8 日或者 1908 年 6 月 10 日等。这显然会导致系统混乱，甚至造成 2000 年兼容性错误，影响系统正常运行。

为了避免上述问题，Visual FoxPro 6.0 增加了一种所谓严格的日期格式。不论哪种设置，按严格日期格式表示的日期型和日期时间型数据，都具有相同的值和表示形式。严格的日期格式是：

```
{^yyyy-mm-dd[,][hh[:mm[:ss]][a|p]]}
```

其中，“^”符号表明该格式是严格的日期格式，并按照 YMD 的格式解释日期型和日期时间型数据，它是严格日期格式的标志，不可缺少。有效的日期型和日期时间型数据分隔符为：“/”、“-”、“.”和空格。如{^2007-5-10}、{^2007-5-10 9:10:45 a}，分别表示 2007 年 5 月 10 日及该日上午 9 时 10 分 45 秒。

Visaul FoxPro 6.0 默认采用严格的日期格式，并以此检测所有日期型和日期时间型数据的格式是否规范、合法。

格式：`SET STRICTDATE TO [0|1|2]`

功能：设置是否对日期格式进行检测。

说明：

① 0：表示不进行严格的日期格式检测。

② 1：表示进行严格的日期格式检测(默认值)，要求所有日期型和日期时间型数据均按严格的格式表示。

③ 2：表示进行严格的日期格式检测，且对 CTOD( )和 CTOT( )的格式也有效。

④ 若省略可选项，等价于 SET STRICTDATE TO 1。

实际上，日期型和日期时间型数据的各种格式，包括世纪值的年份格式、显示格式、分隔符及严格的日期格式除了可用命令方式实现外，还可以用菜单方式实现：选择“工具”→“选项”命令，弹出“选项”对话框，切换到“区域”选项卡，在日期和时间区域对话框中选择显示日期时是否显示世纪、输出格式及分隔符。选择“工具”→“选项”命令，弹出“选项”对话框，切换到“常规”选项卡，在“2000 年兼容性”选项区域的“严格的日期级别”下拉列表框中选择其中某个设置项，然后单击“确定”按钮确认此格式设置。

6. 货币型常量

货币型常量用来表示货币值，其书写格式与数值型常量类似，只要在前面加上符号“$”即可。例如，货币型常量$30.5，表示 30.5 元。

货币型常量在存储和计算时，系统自动四舍五入到小数点后第 4 位。例如，$35.567 85，计算结果为$35.567 9。

2.3.2 变量

变量是在命令操作及程序运行过程中可以改变其值的数据对象。在 Visual FoxPro 6.0 中变量通常分为内存变量、字段变量和系统变量 3 种。实际上，Visual FoxPro 6.0 作为面向对象的程序设计语言引入了对象的概念。在面向对象程序设计中，还有一种对象型变量，它主要用来在程序中定义、存取各种对象信息，是一种组合变量。变量的分类如图 2-5 所示。

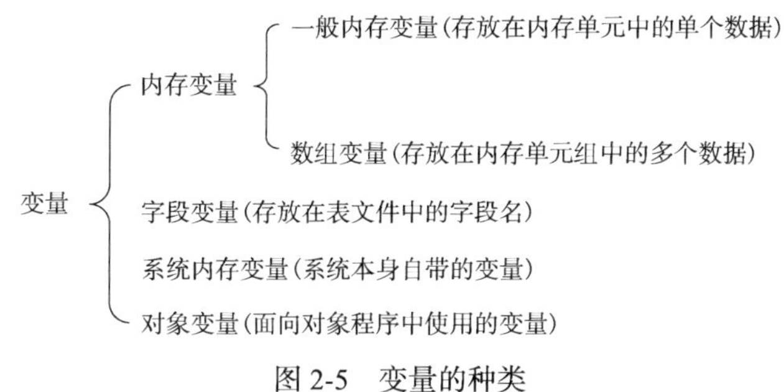

图 2-5 变量的种类

1. 命名规则

变量必须先定义后使用。每个变量都有一个名称，称为变量名，Visual FoxPro 6.0 通过相应的变量名来引用变量的值。在 Visual FoxPro 6.0 中所有操作对象均需命名以便相互区别，Visual FoxPro 6.0 的命名规则如下：

(1) 由字母、汉字、下划线和数字组成。

(2) 必须以字母、汉字或下划线开头。除自由表中字段名、索引的 TAG 标识名最多只能有 10 个字符外，其他的命名可使用 1～128 个字符。

(3) 为减少误解、混淆，避免使用 Visual FoxPro 6.0 中的系统保留字。系统保留字是指在 Visual FoxPro 6.0 中使用的命令名、函数名等。例如，USE 命令就是一个系统保留字。

2. 内存变量

内存变量实际上是内存中的一个存储区域，用来存储数据。用户在使用它时，需定义内存变量的名称并给内存变量赋初值。用变量名对变量进行标识和引用，变量的值就存放在这个存储区域中。内存变量的类型有：字符型、数值型、货币型、逻辑型、日期型和日期时间型等。内存变量的类型与其中存放的数据类型密切相关。

使用内存变量应注意：

(1) 内存变量建立后，其所存储的信息就一直留在内存中，直到用户释放该内存变量，断电或离开变量的作用域，信息才丢失。

(2) 变量是按名访问的，如果当前表中的字段名与内存变量同名，在访问内存变量时，必须按如下格式访问内存变量：

```
M.<内存变量名>或 M-><内存变量名>
```

否则系统将优先访问同名的字段变量。

(3) 每个内存变量由变量名、变量属性、变量类型及变量值 4 部分组成，如图 2-6 所示。

变量名	变量属性	变量类型	变量值		
A	Pub	N	3.5	(	3.50000000)
B	Pub	L	.T.		
C	Pub	C	"杭州"		

图 2-6 内存变量的组成

1) 内存变量的建立

内存变量的建立就是给内存变量赋值，有两种赋值格式：

格式 1：<内存变量>=<表达式>

格式 2：STORE <表达式> TO <内存变量表>

功能：这两条命令的功能都是先计算表达式的值，然后将其值赋给指定的内存变量。

说明：

(1) 格式 1 与格式 2 的区别：格式 1 每次只能给一个变量赋值，其中“=”称为赋值号，没有等号的含义。格式 2 每次可以将表示的值依次赋值给 TO 后面的多个变量。

(2) 内存变量的类型由所赋数据的类型决定。

(3) 当多次给同一个变量赋值时，变量的值及其类型以最后一次赋的值为准。

(4) <表达式>的内容可以是常量、变量或用运算符连接起来的有意义的式子。

(5) 格式 1 和格式 2 有计算和赋值的双重功能。

2) 表达式值的显示

表达式值的显示就是将变量中存放的表达式的值显示在屏幕上。表达式是指由常量、变量及函数构成的一个式子。

格式：?|??<表达式表>[AT <列号>]

功能：计算表达式的值，并将计算的值显示在屏幕上。

说明：

(1) “?”表示从下一行的第一列开始显示结果。

(2) “??”表示从当前行的当前列开始显示结果。

(3) <表达式表>表示可以是常量、变量或用运算符连接起来的式子。当为多个表达式时，表达式之间要用半角西文标点逗号“,”分隔，命令执行时，遇到逗号空一格。

(4) “AT <列号>”为可选项，<列号>表示从指定列开始显示结果。

3) 内存变量的显示

将变量中存放的表达式的值显示在屏幕上、打印机上或保存到磁盘文件中，以查看定义内存变量的情况，包括变量名、变量属性、变量类型和变量值。

格式 1：DISPLAY MEMORY [LIKE <通配符>][TO PRINTER|TO FILE <文件名>]

格式 2：LIST MEMORY [LIKE <通配符>][TO PRINTER|TO FILE <文件名>]

功能：显示内存变量的当前信息，包括变量名、变量属性、变量类型和变量值。

说明：

(1) 使用 LIKE 子句，只显示与通配符相匹配的内存变量。通配符包括“*”和“?”。“*”表示任意多个字符，“?”表示任意一个字符。

(2) DISPLAY MEMORY 命令分屏显示内存变量，一屏显示不下会暂停显示，用户按任意键后再继续显示下一屏。

(3) LIST MEMORY 命令显示所有与通配符相匹配的内存变量，一屏显示不下会自动翻屏。

(4) 使用 TO PRINTER 或 TO FILE <文件名>子句，则在显示内存变量的同时送到打印机打印或指定的文本文件中进行保存。

4) 内存变量的保存

将定义的内存变量的各种信息全部保存到一个文件中，该文件称为内存变量文件。其默认的扩展名为.mem。建立内存变量文件的命令格式为：

格式：SAVE TO <内存变量文件名> [ALL LIKE|EXCEPT<通配符>]

功能：将选择的内存变量保存到内存变量文件中。

5) 内存变量的恢复

内存变量的恢复是指将已存入内存变量文件中的内存变量从文件中读出，装入内存中。

格式：RESTORE FROM <内存变量文件名>[ADDITIVE]

功能：将指定的内存变量文件中的内存变量恢复到内存中去。

说明：可选项[ADDITIVE]表示不清除内存中现有的内存变量，而将内存变量文件中的内存变量追加到内存中去；否则，先清除内存中的内存变量，再将内存变量文件中的内存变量恢复到内存中去。

6) 内存变量的清除

内存变量的清除就是把不需要的内存变量从计算机内存中清除，释放内存空间。

格式 1：CLEAR MEMORY

格式 2：RELEASE <内存变量名表>|ALL [EXTENDED][LIKE <通配符>|EXCEPT <通配符>]

功能：清除内存变量，释放内存空间。

说明：

(1) 格式 1 清除所有内存变量，格式 2 清除指定的内存变量。

(2) 对于格式 2，如果要在程序中清除包括公共内存变量在内的所有内存变量，需要加上 EXTENDED 子句。

(3) 使用 LIKE 子句表示清除与通配符匹配的内存变量。

(4) 使用 EXCEPT 子句表示清除与通配符不匹配的内存变量。

3. 数组

前面介绍的内存变量属于简单变量，如 X、L、A1 等，可以给简单内存变量赋一个值，也可以一次给多个变量赋一个相同的值。但在实际中存在这样的情况，如对学生成绩进行统计处理，要求求出平均成绩。例如，有 40 个学生，把 40 个学生的成绩相加，然后再求出平均成绩(总成绩除以 40)。如果用 *N* 个变量存放成绩，可以用简单变量解决此问题。若学生很多时，就太烦琐了。为使问题变得简单，Visual FoxPro 和其他高级语言一样，可以使用数组。数组是一种内存变量，实际上是按一定顺序排列的一组内存变量，用一个名称代表。如 A1，A2，…，A40 表示从编号 1 顺序排列到 40，用字母 A 表示数组变量的变量名。其中，A2 表示 A 数组中的第 2 个学生的成绩。

通过上面的讲解，可得出数组的定义。

1) 数组的定义

数组是用一个统一的名称来代表按一定顺序排列的一组内存变量。数组中的每一个变量被称为数组元素，并用下标进行标识。数组必须先定义后使用。定义数组包括定义数据名、维数和大小。

格式 1：DIMENSION <数组名 1 >（<数值表达式 1 >[,<数值表达式 2>]）[,<数组名 2>(<数值表达式 3>[,<数值表达式 4>])…

格式 2：DECLARE <数组名 1 >（<数值表达式 1 >[,<数值表达式 2>]）[,<数组名 2>(<数值表达式 3>[,<数值表达式 4>])…

功能：格式 1 和格式 2 的功能完全相同，用来定义一个或多个一维或二维数组。

说明：

(1) Visual FoxPro 6.0 只能定义一维和二维数组，数组中的成员称为数组元素或下标变量。下标变量由数组名和其后用小括号括起来的下标组成，如 A(6)、B(8)等。下标可以是常数、变量或表达式。如 A(8)、A(I)、A(I+3)(若下标为变量或表达式中有变量时，应事先赋值)。

(2) 数组大小由下标值的上下限决定，下标值必须大于 0，即 Visual FoxPro 6.0 规定各下标的下界为 1，上限在定义数组时由数值表达式给出。如果定义数组时给出两个数值表达式，则定义的数组是二维数组。

(3) 定义数组时可用圆括号或方括号。

(4) 下标若为非整数时，系统自动取其整数。

(5) 下标变量可以像简单变量一样进行赋值。

(6) 数组中的数组元素可以存放不同类型的数据，数据的类型由最后一次赋值决定。(即同一数组的不同元素，数据类型可以不一致)。

(7) 数组一经定义，数组中元素的值自动取逻辑值.F.。

(8) 一维数组中的元素按下标的次序顺序存放，如表 2-5 所示。二维数组按行次序存放，如表 2-6 所示。因此，Visual FoxPro 6.0 允许二维数组当作一维数组存取。

表 2-5　A 数组

A (1)	A (2)	A (3)

表 2-6　S 数组

S (1,1)	S (1,2)	S (2,1)	S (2,2)

(9) 理论上 Visual FoxPro 6.0 最多可定义 65000 个数组，且每个数组最多可包含 65000 个元素，实际上最大数受计算机内存的制约。

2) 数组的赋值

数组元素的赋值与内存变量赋值命令相同，可使用命令“STORE”或“=”。

4. 字段变量

字段变量就是表中的字段名，它是表中最基本的数据单元。字段变量是一种多值变量，一个表有多少条记录，那么该表的每一字段就有多少个值。当用某一字段名作变量时，它的值就是表记录指针所指的那条记录对应字段的值。字段变量的类型可以是 Visual FoxPro 6.0 的任意数据类型。字段变量的名称、类型、长度等在定义表结构时定义。如表 2-7 所示，学生表中的字段：学号、姓名、性别、出生日期等都是字段变量，它们在不同的记录内取值不完全相同。

表 2-7　学生表

学号	姓名	性别	出生日期	奖学金	籍贯
200534521001	刘莉	.F.	1987-2-2	800	浙江杭州
200534521010	苏文文	.F.	1986-9-4	0	浙江温州
200534521101	胡丽萍	.F.	1987-8-9	0	河北邯郸
200534521103	杨丹	.F.	1986-3-4	0	江苏盐城
200534521106	于子干	.T.	1987-9-19	0	浙江宁波
200534523008	赵宏峰	.T.	1988-11-5	1000	北京
200534523013	罗江	.T.	1988-7-29	0	天津
200534523020	代龙	.T.	1987-8-8	0	湖南长沙
200534524001	刘霞	.F.	1986-1-5	500	浙江龙游

5. 系统变量

系统变量是 Visual FoxPro 6.0 特有的内存变量，由 Visual FoxPro 6.0 预先定义，其数据类型固定不变。系统变量名都是以下划线开始，它与一般内存变量有相同的使用方法。用户在定义内存变量和数组变量名时，不要以下划线开始，以免与系统变量名冲突。

系统内存变量有 5 种类型：数值型、字符型、日期型、逻辑型和对象型。

2.4　运算符与表达式

运算是对数据进行加工的过程，描述各种不同运算的符号称为运算符，而参与运算的数据称为操作数，操作数可以是常量、变量和函数。表达式是用运算符将各操作数连接起来的式子。

单独一个常量、变量或函数是表达式的特例。命令格式中的<表达式>，往往泛指常量、变量、函数或表达式。

表达式中每一个运算符都占用一个字符，其中的运算符、标点符号和圆括号都必须使用西文半角符号。

表达式可用来执行运算、操作字符或测试数据，每个表达式都产生唯一的值。表达式的类型由运算符的类型决定。

Visual FoxPro 6.0 有 5 种类型的运算符和表达式，它们分别是：数值运算符和数值表达式、字符运算符和字符表达式、日期运算符和日期表达式、关系运算符和关系表达式以及逻辑运算符和逻辑表达式。

2.4.1　数值运算符与数值表达式

用算术运算符将数值型常量、变量、函数连接起来的式子为数值表达式。其运算结果是数值型数据。

算术运算符有（按优先级从高到低的顺序排列）：()（括号）、**或^（乘方）、*（乘）、/（除）、%（求余数）、+（加）、-（减）。

说明：

(1)对于优先级相同的运算符，按从左到右的顺序进行运算。有圆括号时圆括号内先计算，若有圆括号嵌套则按先内后外的次序处理。

(2)每个符号占 1 位，所有符号都必须一个一个并排写在同一横线上，不能在右上角或右下角写方次或下标。例如，4^5 要写成 4^5 或 4**5，X_1+Y_1 要写成 X1+Y1。

(3)原来在数学表达式中省略的运算符必须重新写上。例如，$2X$ 要写成 2*X。

(4)所有括号都用小括号( )，且括号必须成对出现。例如，$4[X+10(Y+3Z)]$必须写成 4*(X+10*(Y+3*Z))。

(5)在 Visual FoxPro 6.0 表达式中不能出现非 Visual FoxPro 6.0 的符号。例如，π 等。

2.4.2 字符运算符与字符表达式

字符表达式是用字符运算符将字符型常量、变量、函数连接起来的式子，其运算结果是字符型数据或逻辑型数据。Visual FoxPro 6.0 字符运算有两类：连接运算和包含运算。

1. 连接运算

连接运算符有完全连接运算符“+”和不完全连接运算符“-”两种，其优先级相同。

(1)“+”将前后两个字符串连接起来形成一个新的字符串。

(2)“-”去掉前面字符串尾部的空格，然后将前后两个字符串连接起来，并把前字符串末尾的空格放到后面字符串的末尾。

2. 包含运算

包含运算的结果是逻辑值。

格式：<字符串 1>$<字符串 2>

功能：若<字符串 1>包含在<字符串 2>中，其表达式值为.T.，否则为.F.。

2.4.3 日期、日期时间运算符与日期、日期时间表达式

日期和日期时间表达式分别是用其运算符将日期型和日期时间型常量、变量、函数连接起来的式子，运算的结果为数值型、日期型或日期时间型数据。

运算符：+、-。

它们之间的运算有 6 种格式，如表 2-8 所示。

表 2-8 日期型、日期时间型表达式的格式

格　式	结　果	类　型
<日期型数据>+<天数>	将来的某个日期	日期型
<日期型数据>-<天数>	过去的某个日期	日期型
<日期型数据 1>-<日期型数据 2>	两个日期之间相差的天数	数值型
<日期时间型数据>+<秒数>	若干秒后的某个日期时间	日期时间型
<日期时间型数据>-<秒数>	若干秒前的某个日期时间	日期时间型
<日期时间型数据 1>-<日期时间型数据 2>	两个日期时间之间相差的秒数	数值型

2.4.4 关系运算符与关系表达式

关系运算符用于数值、字符、日期和逻辑值之间的比较。关系运算符两边的表达式必须属于同一类型。运算对象为：N、C、D、L 等类型。关系表达式是由关系运算符将两个同类型的数据连接起来的式子，其运算结果是逻辑型数据。

关系运算符有 7 种，如表 2-9 所示。

表 2-9 关系运算符及功能说明

运算符	功能	运算符	功能
>	大于	<	小于
=	等于	<>或#或!=	不等于
>=	大于等于	<=	小于等于
==	精确等于(仅适用于字符型数据)		

它们的运算优先级相同。关系表达式一般形式为：

<表达式 1><关系运算符><表达式 2>

其中，<表达式 1>和<表达式 2>可以同为数值表达式、字符表达式、日期表达式或逻辑表达式。关系表达式表示一个条件，条件成立时值为.T.，否则值为.F.。

各种类型数据的比较规则如下：

(1) 数值型和货币型数据根据其代数值的大小直接进行比较。

(2) 日期型和日期时间型数据进行比较时，离当前日期或时间越近的日期或时间越大。

(3) 逻辑型数据比较时，.T.比.F.大。

(4) 对于字符型数据，字母按 ASCII 码值的大小比较，汉字按其机内码值的大小比较。两个字符串比较时，系统对它们的字符从左向右逐个进行比较，对应字符不同时，根据两个字符的 ASCII 码值决定两个字符串的大小。如，"abc"<"abd"，结果为 .T.。“=”为不精确比较，表达式 1 尾部的空格不参加比较，表达式 2 尾部的空格参加比较。“==”为精确比较，表达式 1 与表达式 2 必须完全一致，结果才为真值。

对于字符串是否精确比较，可用命令进行设置。

格式：`SET EXACT ON|OFF`　　　　&&系统默认为 OFF

功能：设置精确或不精确比较。

说明：

(1) 若在 SET EXACT OFF 状态下，“=”为不精确比较，表达式 2 只要等于表达式 1 左边开始的一部分就为真。“==”为精确比较，表达式 2 与表达式 1 必须一致才为真。

(2) 若在 SET EXACT ON 状态下，“=”为精确比较，但尾部空格不参加比较。“==”为精确比较，但尾部空格参加比较。

2.4.5 逻辑运算符与逻辑表达式

逻辑表达式是由逻辑运算符将逻辑型常量、变量、函数和关系表达式连接起来的式子。其运算结果为逻辑。

逻辑运算符有 3 种，如表 2-10 所示。

表 2-10　逻辑运算符

运算符	功能	优先级
.NOT.或!	逻辑非	1
.AND.	逻辑与	2
.OR.	逻辑或	3

逻辑运算符优先级关系依次为：( )→.NOT.→.AND.→.OR.。逻辑运算符的运算规则如表 2-11 所示，表中的 A 和 B 是两个逻辑型数据。

表 2-11　逻辑运算规则表

运算对象的值		逻辑运算结果		
A	B	.NOT.A	A.AND.B	A.OR.B
.T.	.T.	.F.	.T.	.T.
.T.	.F.	.F.	.F.	.T.
.F.	.T.	.T.	.F.	.T.
.F.	.F.	.T.	.F.	.F.

参与逻辑运算的表达式的结果均为逻辑值，可以根据表达式的结果得到逻辑运算的最终结果。逻辑运算的运算规则可简单归纳如下。

(1) 逻辑非：真则假，假则真。

(2) 逻辑与：全真则真，有假则假。全真是指“与”运算符两边表达式的值都为真，有假是指“与”运算符两边表达式的值至少有一个为假。

(3) 逻辑或：全假则假，有真则真。全假是指“或”运算符两边表达式的值都为假，有真是指“或”运算符两边表达式的值至少有一个为真。

前面介绍了各种运算符和表达式。在每一类运算符中，各个运算符有一定的运算优先级。不同类型的运算符也可能出现在同一个表达式中，因此，必须确定各类运算符之间的优先级。

运算符的优先级(5 种数据类型的运算符同时出现在同一表达式中时)为：括号→数值运算符、字符串运算符或日期运算符→关系运算符→逻辑运算符。

注意：所有同级运算符按从左到右进行运算。括号内的运算符优先执行，最里层括号的运算先执行，再由内向外。

2.5　函　　数

Visual FoxPro 6.0 除了常量、变量之外，还提供了另一种数据——函数。函数实际是用户可以直接调用预先编写好的具有某种操作功能的小程序。

Visual FoxPro 6.0 提供了 500 多个函数，可以实现 500 多个特定的功能。按照函数的提供方式，可分为系统函数(又叫标准函数)和用户自定义函数。标准函数是系统预先编写好的并存储在系统的函数库里，通过函数名进行调用的函数。用户自定义函数则是用户根据特殊问题的要求，自己编写一段程序实现某种功能，并把这段程序定义为一个函数。本节只介绍标准函数。

按照函数运算、处理对象及运算结果的数据类型的差异，Visual FoxPro 6.0 的标准函数可以分为：数值函数、字符函数、日期和时间函数、数据类型转换函数、数据库与表函数及其他函数。

函数的一般形式为：函数名([<参数名表>])

函数由函数名、参数名表及函数值 3 个要素组成。

说明：

(1) 函数名起标识作用，表明该函数的功能。

(2) 参数名表用来提供调用函数时所需的数据。不同的函数其参数的个数与类型不同。参数的个数可以没有或有一个或多个，多个参数之间用逗号间隔；参数的类型可以是常量、变量、表达式或函数。

(3) 函数值是调用函数后得到的返回值，它是函数执行后的结果。函数值的类型决定了该函数的类型。

2.5.1 数值函数

数值函数是指函数值一般为数值型数据的函数，其参数名表和函数值通常都是数值型数据。

1. 绝对值函数

格式：ABS(<数值表达式>)

功能：返回数值表达式的绝对值。

【例 2.1】绝对值函数示例。

```
?ABS(123.456+100),ABS(-123.456-23)
223.456   146.456                  &&显示结果
```

2. 取整函数

格式 1：INT(<数值表达式>)

格式 2：CEILING(<数值表达式>)

格式 3：FLOOR(<数值表达式>)

功能：

格式 1 取数值表达式的整数部分。

格式 2 取大于或等于数值表达式的最小整数。

格式 3 取小于或等于数值表达式的最大整数。

【例 2.2】取整函数应用示例。

```
x=2.32
y=2*x
?INT(16.8),INT(-y),CEILING(y),CEILING(-y),FLOOR(x),FLOOR(-y)
   16  -4   5    -4      2    -5        &&显示结果
```

3. 最大、最小值函数

格式：MAX|MIN(<表达式 1>,<表达式 2>[,<表达式 3>…])

功能：返回若干个表达式中的最大值(MAX)或最小值(MIN)。<表达式>可以是 N 型、

C 型或 D 型等，但在同一个函数中的各个表达式的数据类型必须一致。

【例 2.3】最大值及最小值函数应用示例。

```
?MAX('教授', '讲师', '副教授'),MIN('教授', '讲师', '副教授')
教授副教授              &&显示结果
```

4. 平方根函数

格式：SQRT(<数值表达式>)

功能：求数值表达式的算术平方根，<数值表达式>的值应大于等于零。

【例 2.4】平方根函数应用示例。

```
?SQRT(ABS(-16)),SQRT(INT(8*8.1))
    4.00   8.00       &&显示结果
```

5. 指数函数

格式：EXP(<数值表达式>)

功能：将数值表达式的值作为指数 x，求出 e^x 的值。

6. 对数函数

格式 1：LOG(<数值表达式>)

格式 2：LOG10(<数值表达式>)

功能：格式 1 求数值表达式的自然对数，格式 2 求数值表达式的常用对数，数值表达式的值必须大于零。

【例 2.5】指数、对数函数应用示例。

```
?EXP(2),LOG(4),LOG10(4)
    7.39  1.39  0.60              &&显示结果
```

7. 余数函数

格式：MOD(<数值表达式 1>,<数值表达式 2>)

功能：求<数值表达式 1>除以<数值达式 2>所得的余数。

说明：

(1) 所得余数的符号和数值表达式 2 的符号相同。

(2) 如果被除数与除数同号，则函数值即为两数相除的余数，与“%”运算符功能相同。

(3) 如果被除数与除数异号，则函数值为两数相除的余数再加上除数的表达式的值。

【例 2.6】余数函数应用示例。

```
?MOD(25,7),MOD(25,-7),MOD(-25,7),MOD(-25,-7),-25%-7
    4  -3   3  -4   -4            &&显示结果
```

【例 2.7】将数值数据 654 倒置输出，即为数值数据 456。

```
x=654
x1=INT(x/100)
x2=INT(MOD(x,100)/10)
x3=MOD(x,10)
```

```
?x1+10*x2+100*x3
   456                          &&显示结果。显然 x1、x2、x3 分别为 x 的百、十、个位数字
```

8. 四舍五入函数

格式：ROUND(<数值表达式 1>,<数值表达式 2>)
功能：对<数值表达式 1>进行四舍五入，保留的小数位数由<数值表达式 2>的值决定。
说明：

(1) 如果<数值表达式 2>大于等于零，从小数点向右数，在第<数值表达式 2>+1 位上进行四舍五入。

(2) 如果<数值表达式 2>小于零，从小数点向左数，在第<数值表达式 2>位上进行四舍五入。

(3) 如果<数值表达式 2>的值为非整数，先对其取整再进行计算。

【例 2.8】四舍五入函数应用示例。

```
?ROUND(10.45689,3),ROUND(10.45689,-1), ROUND(10.45689,3.5)
   10.457   10    10.457          &&显示结果
```

9. π 函数

格式：PI()
功能：返回圆周率 π 的近似值。

10. 符号函数

格式：SIGN(<数值表达式>)
功能：返回数值表达式的符号。<数值表达式>为正数、负数、零，分别返回 1、-1、0。

【例 2.9】符号函数应用示例。

```
?SIGN(25+26),SIGN(-5*2.3),SIGN(56*0)
   1   -1   0                     &&显示结果
```

11. 正弦、余弦函数

格式：SIN|COS(<数值表达式>)
功能：求<数值表达式>的正弦(SIN)、余弦(COS)值。
说明：<数值表达式>必须为弧度值。

【例 2.10】正弦、余弦函数应用示例。

```
?SIN(30*PI()/180),COS(60*PI()/180)
   0.50    0.50                   &&显示结果
```

12. 反正弦、余弦函数

格式：ASIN|ACOS(<数值表达式>)
功能：求<数值表达式>的反正弦(ASIN)、反余弦(ACOS)值。
说明：

(1) <数值表达式>大于等于-1 且小于等于 1。

(2)反正弦函数的返回值为大于等于$-\pi/2$且小于等于$\pi/2$，且为弧度值。

【例 2.11】反正弦、余弦函数应用示例。

```
?ASIN(0),ACOS(0.5)
   0.0    1.05                 &&显示结果。结果为弧度值
```

13. 随机函数

格式：RAND([<数值表达式>])

功能：返回一个 0 ~ 1 之间的随机数。<数值表达式>称为随机种子，可省略。当<数值表达式>为负数时，由系统产生一个“种子”。当<数值表达式>为正数时，由该数代替“种子”。当<数值表达式>为相同的正数，则产生的随机数相同。

【例 2.12】随机函数应用示例。

```
?RAND(),RAND(-1),RAND(10),RAND(10)
0.85   0.30  0.21  0.21        &&显示结果，RAND(-1)每次运行结果可能不一样。
```

2.5.2 字符函数

字符函数是处理字符型数据的函数，其参数名表或函数值中至少有一个是字符型数据。

1. 宏代换函数

格式：&<字符型内存变量>[.<字符表达式>]

功能：用字符内存变量的“值”去替换内存变量的“名”。

说明：

(1)若<字符型内存变量>与后面的字符无空格分界，则“&”函数后的必须有“.”。“.”符号表示变量结束。

(2)宏代换函数相当于把字符型内存变量的定界符去掉，再取其中的变量值，即为宏代换函数的返回值。

(3)若字符型内存变量的定界符去掉后是数值型数据，则此数值即为宏代换函数的返回值。

【例 2.13】宏替换函数的应用示例。

```
x="10+20"
y="30"
x12="Hello"
Hello=SQRT(64)
?&x,&y*&x12,x12
   30  240.0  Hello                    &&显示结果
```

2. 字符串长度函数

格式：LEN(字符表达式)

功能：返回<字符表达式>的长度，即包含的字符个数。若是空串，则长度为 0。一个汉字为两个字符长度。函数值为数值型数据。

【例 2.14】求字符串长度函数的应用示例。

```
C1="Visual FoxPro 程序设计"
C2="中国杭州"
?LEN(C1),LEN(C2)
   22   9                       &&显示结果
```

3. 生成字符串函数

格式 1：SPACE(<数值表达式>)

格式 2：REPLICATE(<字符表达式>,<数值表达式>)

功能：格式 1 生成若干个空格，空格的个数由<数值表达式>的值决定。格式 2 返回<字符表达式>复制多次后形成的字符串，复制次数由<数值表达式>的值决定。

【例 2.15】生成字符串函数应用示例。

```
A=REPLICATE("Fox",2)+SPACE(4)+REPLICATE("Fox",2)
?A,LEN(A)
   FoxFox    FoxFox      16            &&显示结果
```

4. 左子串函数

格式：LEFT(<字符表达式>,<数值表达式>)

功能：从<字符表达式>中左边第一个字符开始取子串，共取<数值表达式>个字符。若<数值表达式>大于<字符表达式>的长度，则返回整个<字符表达式>；若<数值表达式>小于等于 0，则返回一个空串。

【例 2.16】取左子串函数的应用示例。

```
?LEFT("Visual FoxPro 6.0 程序设计",17),LEFT("嘉兴学院",4)
Visual FoxPro 6.0    嘉兴              &&显示结果
```

5. 右子串函数

格式：RIGHT(<字符表达式>,<数值表达式>)

功能：从<字符表达式>中右边第一个字符开始向左取子串，共取<数值表达式>个字符。若<数值表达式>大于<字符表达式>的长度，则返回整个<字符表达式>；若<数值表达式>小于等于 0，则返回一个空串。

【例 2.17】取右子串函数的应用示例。

```
?RIGHT("Visual FoxPro 6.0 程序设计",8),RIGHT("嘉兴学院",4)
程序设计学院                       &&显示结果
```

6. 取子串函数

格式：SUBSTR(<字符表达式>,<数值表达式 1>[,<数值表达式 2>])

功能：从<字符表达式>左边第一个字符算起，第<数值表达式 1>个字符开始取子串，共取<数值表达式 2>个字符。

说明：

(1) 当<数值表达式 2>大于可取子串长度时，与省略此项等效，即取到<字符表达式>的最后一个字符结束。

(2) 当<数值表达式 1>大于<字符表达式>长度或<数值表达式 1>的值为 0 时，返回空串。

【例 2.18】取子串函数的应用示例。

```
STR1="Computer System：计算机系统"
?SUBSTR(STR1,10,6),LEFT(STR1,8),RIGHT(STR1,10)
   System   Computer   计算机系统        &&显示结果
```

7. 删除前后空格函数

格式 1：LTRIM(<字符表达式>)

格式 2：RTRIM|TRIM(<字符表达式>)

格式 3：ALLTRIM(<字符表达式>)

功能：格式 1 删除字符串的前导空格；格式 2 删除字符串的尾部空格；格式 3 删除字符串中的前导和尾部空格。

【例 2.19】删除字符串的尾部、首部和首尾空格函数的应用示例。

```
str1="  计算机"                         &&首部有 2 个空格
str2="等级考试  "                       &&尾部有 2 个空格
?["]+str1+str2+["]
   "  计算机等级考试  "                  &&显示结果
?["]+LTRIM(str1)+TRIM(str2)+["]
   "计算机等级考试"                      &&显示结果
?["]+ALLTRIM(str1+str2)+["]
   "计算机等级考试"                      &&显示结果
```

8. 子串位置函数

格式 1：AT(<字符表达式 1>,<字符表达式 2>[,<数值表达式>])

格式 2：ATC(<字符表达式 1>,<字符表达式 2>[,<数值表达式>])

功能：如果<字符表达式 1>是<字符表达式 2>的子串，则返回<字符表达式 1>在<字符表达式 2>中第<数值表达式>次出现的位置，否则返回 0。<数值表达式>为搜索次数，默认值为 1。函数值为数值型。

说明：格式 1 和格式 2 的区别在于格式 2 在子串比较时不区分字母大小写。

【例 2.20】求子串位置的应用示例。

```
str1="Computer System：计算机系统"
?AT("PUT",str1),AT("put",str1)
   0    4                     &&显示结果，AT()区分字母大小写
?ATC("PUT",str1),ATC("put",str1)
   4    4                     &&显示结果，ATC()不区分字母大小写
?AT("系统",str1)
   24                         &&显示结果，一个汉字占用两个字符位置
?AT("m",str1,2)
   15                         &&显示结果,显示子串 m 在 str1 中第二次出现的位置
```

9. 大小写字母转换函数

格式 1：LOWER(<字符表达式>)

格式 2：UPPER(<字符表达式>)

功能：格式 1 将字符串中的大写字母转换成小写字母，其他字符不变；格式 2 将字符串中的小写字母转换成大写字母，其他字符不变。

【例 2.21】大小写字母转换函数的应用示例。

```
str1="Computer System"
?LOWER(str1),UPPER(str1)
   computer system COMPUTER SYSTEM      &&显示结果
```

10. 字符替换函数

格式：CHRTRAN(<字符表达式 1>,<字符表达式 2>,<字符表达式 3>)

功能：当<字符表达式 1>中的一个或多个字符与<字符表达式 2>中的相应字符相匹配时，就用<字符表达式 3>中相同位置的字符替换掉这些字符。

说明：

(1) 如果<字符表达式 3>中的字符比<字符表达式 2>中的字符少，则<字符表达式 1>中匹配的其余字符将被删除。

(2) 如果<字符表达式 3>中的字符比<字符表达式 2>中的字符多，则多余的字符被忽略。

【例 2.22】字符置换函数示例。

```
str1="computer system：计算机系统"
?CHRTRAN(str1,"cs 系统","CS")
   Computer SyStem：计算机          &&显示结果
```

11. 字符串替换函数

格式：STUFF(<字符表达式 1>,<数值表达式 1>,<数值表达式 2>,<字符表达式 2>)

功能：对<字符表达式 1>从左边算起，第<数值表达式 1>开始，用<字符表达式 2>替换<字符表达式 1>中的<数值表达式 2>个字符。起始位置和字符个数分别由<数值表达式 1>和<数值表达式 2>指定。如果<字符表达式 2>的值是空串，则<字符表达式 1>中由起始位置开始所指定的若干个字符被删除。

【例 2.23】字符串替换函数示例。

```
str1="Computer：计算机"
?STUFF(str1,9,0," System")
   Computer System：计算机            &&显示结果
?STUFF(STUFF(str1,9,0," System"),18,6,"计算机系统")
   Computer System：计算机系统        &&显示结果
```

2.5.3 日期和时间函数

日期和时间函数是处理日期型或日期时间型数据的函数。

1. 系统日期函数

格式：DATE()

功能：返回当前系统的日期。日期的格式与设置有关。返回值为日期型。

2. 系统时间函数

格式：TIME()

功能：返回当前系统的时间，形式为时、分、秒(hh:mm:ss)24 小时制。返回值为字符型数据。

3. 系统日期时间函数

格式：DATETIME()

功能：返回当前系统的日期和时间，函数值为日期时间型数据。

【例 2.24】系统日期和时间函数应用示例，假设系统的当前日期为 2007 年 10 月 25 日，时间为 18 时 25 分 25 秒。

```
?DATE(),TIME(),DATETIME()
   10/25/07    18:25:25   10/25/07 6:25:25 PM    &&显示结果
date1=DATE()+10
?date1
   11/4/07                                       &&显示结果
```

4. 年份函数

格式：YEAR(<日期表达式>|<日期时间表达式>)

功能：返回<日期表达式>或<日期时间表达式>所对应的 4 位年份值。函数值为数值型。

5. 月份函数

格式 1：MONTH(<日期表达式>|<日期时间表达式>)

格式 2：CMONTH(<日期表达式>|<日期时间表达式>)

功能：格式 1 返回<日期表达式>或<日期时间表达式>所对应的月份值，函数值为数值型格式 2 返回月份的英文名，函数值为字符型。

6. 日期函数

格式：DAY(<日期表达式>|<日期时间表达式>)

功能：返回<日期表达式>或<日期时间表达式>的日期。函数值为数值型。

【例 2.25】日期、月份、年份函数的应用示例。

```
d={^2007-06-05}
?YEAR(d),MONTH(d),DAY(d)
   2007  6  5                   &&显示结果
```

7. 时、分和秒函数

格式 1：HOUR(<日期时间表达式>)

格式 2：MINUTE(<日期时间表达式>)

格式 3：SEC(<日期时间表达式>)

功能：格式 1 返回日期时间表达式所对应的小时部分(按 24 小时制)；格式 2 返回日期时间表达式所对应的分钟部分；格式 3 返回日期时间表达式所对应的秒数部分。函数值均为数值型。

【例 2.26】时、分和秒函数的应用实例。

```
d={^2007-06-05,4:45:52 PM}
?HOUR(d),MINUTE(d),SEC(d)
   16  45  52              &&显示结果
```

8. 星期函数

格式 1：DOW(<日期表达式>)

格式 2：CDOW(<日期表达式>)

功能：格式 1 返回日期表达式中星期的数值，用 1～7 表示星期日至星期六，函数值为数值型；格式 2 返回日期表达式中星期的英文名称，函数值为字符型。

【例 2.27】星期函数的应用实例。

```
?DOW({^2007-10-12}),CDOW({^2007-10-12})
6  Friday                  &&显示结果
```

2.5.4 数据类型转换函数

在数据库应用过程中，经常要将不同数据类型的数据进行相应转换，以满足实际应用的需要。Visual FoxPro 提供了若干个转换函数，较好地解决了数据类型转换的问题。

1. 字符转换成 ASCII 码函数

格式：ASC(<字符表达式>)

功能：返回<字符表达式>中首字符的 ASCII 码值，函数值为数值型。

2. ASCII 码转换成字符函数

格式：CHR(<数值表达式>)

功能：返回 ASCII 码为<数值表达式>值的字符，函数值为字符型。

【例 2.28】ASC ( ) 和 CHR ( ) 的应用实例。

```
?ASC("ABCD"),CHR(65)
   65   A                  &&显示结果
```

3. 数值转换成字符函数

格式：STR(<数值表达式 1>[,<数值表达式 2>[,<数值表达式 3>]])

功能：将<数值表达式 1>的值转换成字符串，转换时根据需要进行四舍五入处理。

说明：

(1) <数值表达式 2>指转换后数据的总长度，其中包括符号位、小数点及小数位数。

(2) <数值表达式 3>表示转换后的数据的小数位数。若省略，则表示忽略数据中的小数位，并四舍五入。

(3) 缺省<数值表达式 2>、<数值表达式 3>，系统默认字符串长度为 10，小数位数为 0。

(4) 若<数值表达式 2>、<数值表达式 3>有小数部分，小数部分无效(不用四舍五入)。

(5) 如果<数值表达式 2>值超过<数值表达式 1>的数据位数(整数位数加小数位数加 1 位小数点)，字符串前自动添加适量的空格。

(6) 如果<数值表达式 2>值小于<数值表达式 1>的整数部分位数，则结果显示一串星号(*)。

(7) 如果<数值表达式 2>值大于<数值表达式 1>的整数部分位数，则优先处理整数部分并自动调整小数位数。

【例 2.29】数值转换成字符函数的应用示例。

```
n=-1234.567
?STR(n,10,2), STR(n,7,2), STR(n,7), STR(n,3), STR(n)
   -1234.57   -1234.6   -1235     ***    -1235       &&显示结果
```

4. 字符串转换成数值函数

格式：VAL (<字符表达式>)

功能：将由数字、正负号、小数点组成的字符串转换为相应的数值型数据。

说明：

(1) 转换时逐个字符转换，直到遇到非数字、非正负号、非小数点的字符为止。

(2) 若字符串的首字符为非数字字符(可以是空格)，则返回数值 0。

【例 2.30】字符串转换成数值函数的应用示例

```
?VAL([123.456]),VAL([A123.45]),VAL([12A3.45]),VAL([ 123.45])
   123.46      0.00      12.00    123.45            &&显示结果
```

5. 字符转换成日期或日期时间函数

格式 1：CTOD(<字符表达式>)

格式 2：CTOT(<字符表达式>)

功能：将字符型数据转换成日期型或日期时间型数据。

说明：

(1) 格式 1 将字符型数据转换成日期型数据。

(2) 格式 2 将字符型数据转换成日期时间型数据。

(3) <字符表达式>必须符合系统设置的日期或日期时间格式。

【例 2.31】字符串转换成日期或日期时间函数示例。

```
SET STRICTDATE TO 0                          &&设置通常使用日期格式
SET DATE TO YMD                              &&设置日期为 YMD 格式
SET CENTURY ON                               &&设置日期年份值带有世纪值
?CTOD("2007/10/10"),CTOT("2007/10/10"+","+TIME())
   2007/10/10   2007/10/10 09:40:10 AM     &&显示结果
```

6. 日期或日期时间转换成字符函数

格式 1：DTOC(<日期表达式>|<日期时间表达式>[,1])

格式 2：DTOS(<日期表达式>|<日期时间表达式>)

格式 3：TTOC(<日期时间表达式>[,1])

功能：格式 1 和格式 2 分别将日期数据或日期时间数据的日期部分转换成字符串；格式 3 将日期时间数据转换成字符串。

说明：

(1) 对于 DTOC ( ) 和 TTOC ( ) 返回的字符串，其中日期和时间部分的格式与系统设置的日期和时间格式有关。

(2) DTOS ( ) 返回字符串为固定格式 YYYYMMDD，与系统设置无关。

(3) 如果 DTOC ( ) 使用参数 1，则返回字符串格式 YYYYMMDD。

(4) 如果 TTOC ( ) 使用参数 1，则返回字符串格式 YYYYMMDDHHMMSS，采用 24 小时制。

【例 2.32】日期或日期时间换成字符串函数的应用示例，设当前系统的日期时间为 2007 年 10 月 10 日，上午 10 时 25 分 40 秒。

```
SET STRICTDATE TO 1           &&设置严格日期格式
SET DATE TO MDY               &&设置日期为 YMD 格式
SET CENTURY OFF               &&设置日期年份值不带有世纪值
time1=DATETIME()              &&将当前日期时间赋值给变量 timer1
?DTOC(time1),DTOC(time1,1),DTOS(time1),TTOC(time1),TTOC(time1,1)
10/10/07 20071010 20071010 10/10/07 10:25:40 AM 20071010102540 &&显示结果
```

2.5.5 数据库与表函数

在数据库操作过程中，用户需要了解数据对象的类型、状态等属性，Visual FoxPro 6.0 提供了相关的操作函数，使用户能够准确地对数据库及表进行操作。

1. 字段数函数

格式：FCOUNT([<工作区号>|<别名>])

功能：返回指定工作区中表的字段数。若没有打开表，则返回 0。返回值为数值型。

2. 字段名函数

格式：FIELDS(<数值表达式> [,<工作区号>|<别名>])

功能：返回指定工作区中第<数值表达式>个字段名。返回值为字符型。

3. 字段长度函数

格式：FSIZE(<字段名> [,<工作区号>|<别名>])

功能：返回指定工作区中指定<字段名>的长度。返回值为数值型。

【例 2.33】 FCOUNT、FIELDS 和 FSIZE 函数的应用示例。

```
use 学生
?FCOUNT()                     &&求学生表中的字段数
?FIELDS(1)                    &&求学生表中第一个字段的名称
?FSIZE("姓名")                &&求学生表中姓名字段的长度
```

4. 表头测试函数

格式：BOF([<工作区号>|<别名>])

功能：测试指定或当前工作区的记录指针是否指向表文件的首记录之前(表头)，若是，

则返回值为.T.，否则为.F.。返回值为逻辑型。[<工作区号>|<别名>]用于指定工作区，缺省时为当前工作区。

说明：表头是指首记录之前的位置。

5. 表尾测试函数

格式：EOF([<工作区号>|<别名>])

功能：测试指定或当前工作区的记录指针是否指向表文件的末记录之后(表尾)，若是，则返回值为.T.，否则为.F.。返回值为逻辑型。[<工作区号>|<别名>]用于指定工作区，缺省时为当前工作区。

说明：表尾是指末记录之后的位置。

6. 记录号测试函数

格式：RECNO([<工作区号>|<别名>])

功能：返回指定或当前工作区中表的当前记录的记录号，函数值为数值型。

说明：

(1)若指定工作区中没有打开的表文件，则函数值为 0。

(2)若是空表，则 RECNO( )=1，BOF( )=.T.，EOF( )=.T.。

(3)若记录指针移到表最后一条记录后，则得到比总记录数大 1 的值。

(4)若记录指针移到表的第一条记录前，则函数值与第一条记录的记录号相同。

【例 2.34】EOF( )、BOF( )、RECNO( )的应用示例，假设表文件中的记录数为 10。

```
GO TOP
?RECNO(),BOF()                  &&结果分别为 1, .F.
SKIP -1
?RECNO(),BOF()                  &&结果分别为 1, .T.
GO BOTTOM
?RECNO(),EOF()                  &&结果为 10, .F.
SKIP 1
?RECNO(),EOF()                  &&结果为 11, .T.
```

7. 记录个数测试函数

格式：RECCOUNT([<工作区号>|<别名>])

功能：返回当前或指定表中记录的个数，包括已作删除标记的记录。若指定的工作区没有打开的表文件，返回值为 0。函数值为数值型。

8. 查找是否成功测试函数

格式：FOUND([<工作区号>|<别名>])

功能：在当前或指定表中，检测是否找到所需的数据。若找到所需的数据记录，函数值为.T.，否则为.F.。返回值为逻辑型。查找所需的数据通常用命令 LOCATE、CONTINUE、SEEK 或 FIND 来实现。

9. 记录删除测试函数

格式：DELETED([<工作区号>|<别名>])

功能：测试当前或指定表中记录指针所指的当前记录是否被逻辑删除。若是则为.T.，否则为.F.。

2.5.6 其他函数

Visual FoxPro 还提供了其他函数，以供用户进行特殊的操作。

1. 数据类型测试函数

1) 表达式类型测试函数

格式：TYPE("<表达式>")或 TYPE('<表达式>')或 TYPE([<表达式>])

功能：该函数返回用定界符括起来的<表达式>值的数据类型。数据类型如表 2-12 所示。

表 2-12　TYPE()返回值

返回值	数据类型	返回值	数据类型
C	字符型	L	逻辑型
N	数值型(整型、浮点型、双精度型)	M	备注型
Y	货币型	G	通用型
D	日期型	O	OLE 对象
T	日期时间型	U	未定义

【例 2.35】表达式类型测试函数的应用实例。

```
?TYPE("10+8"), TYPE(".F."), TYPE("date()")
   N    L    D                        &&显示结果
?TYPE('datetime()'), TYPE("'ABC123'"), TYPE("ABC123")
   T    C    U                        &&显示结果
```

2) 数据类型测试函数

格式：VARTYPE(<表达式> [,<逻辑表达式>])

功能：测试表达式的数据类型，返回用字母代表的数据类型。函数值为字符型。

说明：

(1) 该函数与 TYPE()相似，只是有几种数据类型返回不同的值。C 对应的是字符型或备注型，X 对应为空值。

(2) 未定义或错误的表达式返回字母 U。

(3) 若表达式是一个数组，则根据第一个数组元素的类型返回字符串。

(4) 若表达式的运算结果是 NULL 值，则根据函数中逻辑表达式的值决定是否返回表达式的类型。如果逻辑表达式为.T.，则返回表达式的原数据类型。如果逻辑表达式为.F.或省略，则返回 X，表明表达式的运算结果是 NULL 值。

【例 2.36】数据类型测试函数的应用示例。

```
a=DATE()
a=NULL
?VARTYPE(456),VARTYPE([Good]),VARTYPE(a,.T.),VARTYPE(a)
   N    C    D    X                    &&显示结果
```

2. 空值、空测试函数

1) 空值(NULL)测试函数

格式：ISNULL(<表达式>)

功能：测试<表达式>的运算结果是否为 NULL 值，返回逻辑真或逻辑假。

说明：Visual FoxPro 6.0 支持 NULL(空)值，NULL 值可使 Visual FoxPro 6.0 对未知数据的处理变得容易一些，并且能够与其他包含空值的数据库系统(如 Access 或 SQL)进行互操作。空值的特点如下：

(1) NULL 等价于没有任何值。

(2) NULL 与 0、空字符串("")、空格不同。

(3) 排序时，NULL 优先于其他任何数据。

(4) 在计算中或大多数函数中都可使用 NULL 值。编程时以.NULL.标记赋空值，在交互方式时用 Ctrl+0 组合键赋给一个空值。

(5) NULL 可以出现在任何使用表达式的地方，会影响命令、函数和逻辑表达式值等参数的行为。

(6) 空值不是数据类型，所以当用户为一个字段变量或内存变量指定空值时，虽然它的值变为空值，但它的数据类型保持不变。

【例 2.37】 ISNULL 函数的应用示例。

```
STORE .NULL. TO mNull                  &&将.NULL.赋值给 mNULL
STORE 0 TO n1                          &&将数字 0 赋值给 n1
STORE "" TO str1                       &&将空串赋值给 str1
?mNull,ISNULL(mNull),TYPE("mNull")
.NULL..T.     L                        &&显示结果
?ISNULL(n1),TYPE("n1"),ISNULL(str1),TYPE("str1")
.F.    N      .F.    C                 &&显示结果
```

2) “空”测试函数

格式：EMPTY(<表达式>)

功能：根据<表达式>的值是否为“空”，返回逻辑真或逻辑假。<表达式>可以是任意类型。

说明：“空”值和空值(NULL)是不同的。对不同的数据类型，Visual FoxPro 6.0 对“空”值有不同的规定：如字符型的空格、空串、制表符、回车符、换行符、数值型、整型的 0，逻辑型的.F.等，如表 2-13 所示，而空值 NULL 表示未知。

表 2-13 <表达式>的值为空的定义

数据类型	<表达式>的值为空的定义	数据类型	<表达式>的值为空的定义
C	空格、空串、制表符、回车符、换行符或任意组合	D	空日期(日期型数据中不存在任何日期)
N	0	M	空白(备注字段中不存在任何内容)
L	逻辑假.F.	G	空白(通用字段中不存在 OLE 对象)

【例 2.38】 EMPTY 函数的应用示例。

```
STORE .NULL. TO mNull                  &&将.NULL.赋值给 mNULL
```

```
STORE 0 TO n1                          &&将数字 0 赋值给 n1
STORE "" TO str1                       &&将空串赋值给 str1
?mNull,ISNULL(mNull),EMPTY(mNull),TYPE("mNull")
.NULL..T..F.    L                      &&显示结果
?ISNULL(n1), EMPTY(n1), TYPE("n1")
.F..T.    N                            &&显示结果
?ISNULL(str1), EMPTY(str1), TYPE("str1")
.F..T.    C                            &&显示结果
n1=.NULL.
?ISNULL(n1), EMPTY(n1), TYPE("n1")
.T..F.    N                            &&显示结果，NULL 值不改变数据类型
```

3. 输入键测试函数

格式：INKEY([<数值表达式>][,<字符表达式>])

功能：该函数在程序执行的过程中，根据用户按键的 ASCII 值，返回一个 0～255 的整数值。若没有按下任何键，则函数值为 0。如果键盘缓冲区中已有几个键值，则函数返回第一个进入键盘缓冲区中的键值。输出值的类型为数值型。

说明：

(1) 选项<数值表达式>表示键盘输入等待时间。若缺省或为 0，则一直等待到有键按下。

(2) 选项<字符表达式>可取如表 2-14 所示的值。

表 2-14　<字符表达式>的取值及含义

取字符	含义	取字符	含义
S	等待显示光标，缺省相当 S	H	等待时隐含光标
M	检测按键和鼠标击键	E	检测键盘宏，取组合键首字符

M 可与 H、S 组合使用。E 为键盘宏，若重复使用，可依次获得功能键或组合键所有字符。

【例 2.39】 INKEY 函数的应用实例。

```
?INKEY(10, "hm")          &&等待 10 秒，等待时隐含光标，检测按键和鼠标击键
```

4. 字符串匹配函数

格式：LIKE(<字符表达式 1>,<字符表达式 2>)

功能：比较两个字符串对应位置上的字符，若所有对应字符都匹配，则函数返回逻辑真，否则返回逻辑假。<字符表达式 1>中可以包含通配符“*”和“?”。“*”代表任意多个字符，“?”代表任意一个字符。

【例 2.40】 字符串匹配函数的应用示例。

```
str1="Computer System: 计算机系统"
?LIKE("系统",str1),LIKE("*系统",str1)
.F..T.        &&显示结果
?LIKE("computer*",str1),LIKE("Computer*",str1)
.F..T.        &&显示结果，LIKE()区分字母大小写
```

5. 之内、之间测试函数

1) 之内测试函数

格式：INLIST(<表达式 1>,<表达式 2>[,<表达式 3>]…)

功能：测试<表达式 1>的值是否在其他表达式中出现，若是，则返回逻辑.T.；否则返回逻辑.F.。

2) 之间测试函数

格式：BETWEEN(<被测试表达式>,<下限表达式>,<上限表达式>)

功能：判断表达式的值是否介于相同数据类型的另外两个表达式值之间。若是，返回.T.值，否则返回.F.。

【例 2.41】之内、之间函数的应用示例。

```
sr=1500
?INLIST("秋","春","夏","秋","冬"),BETWEEN(sr,1200,1800)
.T..T.        &&显示结果
```

6. 条件测试函数

格式：IIF(<逻辑型表达式>,<表达式 1>,<表达式 2>)

功能：如果逻辑表达式的值为.T.，则函数值为<表达式 1>的值，否则为<表达式 2>的值。

【例 2.42】条件函数的应用示例。

```
xb="男"
?IIF(xb=[男],1,IIF(xb=[女],2,3))
   1                     &&显示结果
```

7. 文件是否存在测试函数

格式：FILE(<文件名>)

功能：检测指定的文件是否存在。若文件存在，函数值为.T.，否则函数值为.F.。

8. 显示信息函数

格式：MESSAGEBOX(<提示信息>[,<对话框类型>[,<对话框标题>]])

功能：以窗口形式显示信息。函数根据用户选择的按钮不同返回一个数字。

说明：

(1)<提示信息>为必选项，最大长度为 1024 个字符。如果<提示信息>超过一行，可以在每一行之间用回车符(CHR (13))、换行符(CHR (10))或回车符与换行符的组合(CHR (10))&(CHR (10))进行分行。

(2)<对话框类型>为可选项，其值通常由 3 部分相加而得到的一个整型值：默认按钮，如表 2-15 所示；使用的图标样式，如表 2-16 所示；用于指定信息框中命令按钮的数目及形式，如表 2-17 所示。

表 2-15　默认按钮

对话类型值	按钮	对话类型值	按钮
0	第 1 个按钮	512	第 3 个按钮
256	第 2 个按钮	768	第 4 个按钮

表 2-16　图标样式

对话类型值	图标	对话类型值	图标
16	“终止”图标	48	“感叹号”图标
32	“问号”图标	64	“信息”图标

表 2-17　对话框类型及含义

对话框类型	对话框按钮	对话框类型	对话框按钮
0	“确定”按钮	3	“是”、“否”和“取消”按钮
1	“确定”和“取消”按钮	4	“是”和“否”按钮
2	“终止”、“重试”和“忽略”按钮	5	“重试”和“取消”按钮

(3) <对话框标题>为可选项，默认值为 Microsoft Visual FoxPro。

(4) 根据选择的按钮，该函数有不同的返回值，如表 2-18 所示。

表 2-18　返回值含义

返回值	选择按钮	返回值	选择按钮
1	“确定”按钮	5	“忽略”按钮
2	“取消”按钮	6	“是”按钮
3	“终止”按钮	7	“否”按钮
4	“重试”按钮		

【**例 2.43**】显示信息函数的示例。

```
Num=MESSAGEBOX("大家好,欢迎使用VFP 6.0!",0+0+0,"VFP")
                              &&弹出如图 2-7 所示对话框
?Num                          &&显示返回值，单击“确定”按钮，得到的返回值 1
str1='这里有两个按钮并带有信息图标'+chr(13)+chr(10);
+'默认按钮是"是",请您单击"否"吧!'
Num1=MESSAGEBOX(str1,4+64+0,"提示信息")        &&弹出如图 2-8 所示对话框
?Num1                         &&显示返回值，如果单击“是”按钮返回 6，单击“否”返回 7
```

图 2-7　对话框 1

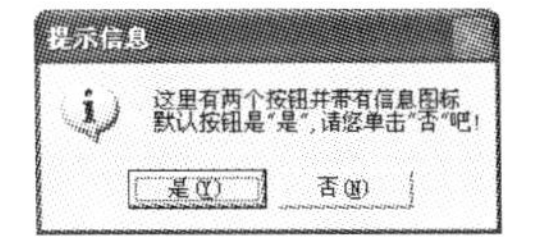

图 2-8　对话框 2

第 3 章　数据库基础操作

3.1　Visual FoxPro 项目管理器

当使用 Visual FoxPro 开发程序时，往往生成许多文件，这些文件类型不一，为了管理这些文件，Visual FoxPro 提供了“项目管理器”这一高效工具。项目管理器是 Visual FoxPro 中处理数据和对象的主要组织工具，是 Visual FoxPro 的“控制中心”。建立一个项目文件以便于用户组织文件和数据，后续章节中涉及的表、数据库、查询、视图、报表、表单和程序等都可归于其管理。

3.1.1　项目文件的建立

项目是文件、数据、文档及其他 Visual FoxPro 对象的集合，要建立一个项目就必须先创建一个项目文件，项目文件的扩展名为.pjx.

用户可以用以下两种方法创建项目。

1. 在“新建”对话框中建立项目

单击“文件”→“新建”菜单，或单击工具栏上的“新建”按钮，弹出“新建”对话框，如图 3-1 所示。

在弹出的“新建”对话框中选择“项目”，然后单击左边的“新建文件”按钮，出现“创建”对话框，在“项目文件”文本框中输入项目文件名，单击“保存“按钮，即可创建项目。此时会获得扩展名为.pjx(项目文件)和.pjt(项目备注文件)两个文件。关闭项目管理器时，如果项目没有加入任何内容，则系统会提示是否删除已创建的项目文件。

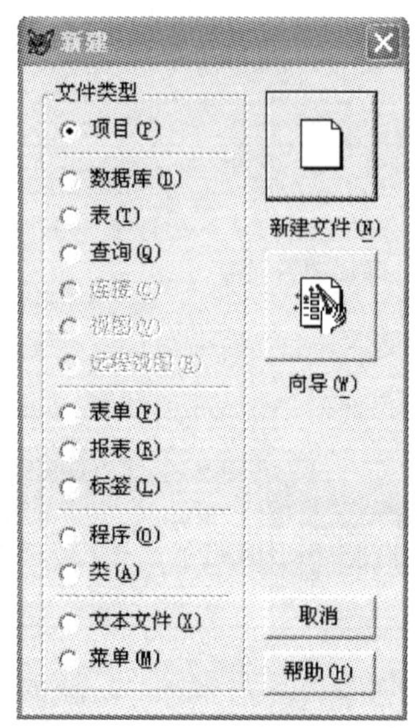

图 3-1　“新建”对话框

2. 使用命令建立项目

在命令窗口输入命令：Create Project 项目名，按 Enter 键即可。

3.1.2　项目管理器的界面

项目管理器显示的是一个组织良好的分层结构视图。如果项目中具有一个某一类型的项，其类型符号旁边会出现一个“+”号。单击“+”可以展开，显示项目中该类型项的内容。

项目管理器一共有 6 张选项卡，分别是“全部”、“数据”、“文档”、“类”、“代码”和“其他”，“全部”选项卡包括了后面 5 个选项卡的全部内容，如图 3-2 所示。“数据”选项卡包含数据库、自由表和查询；“文档”选项卡包含表单、报表和标签；“代码”选项卡包含程序、API 库和应用程序；“其他”选项卡包含菜单、文本文件和其他文件。

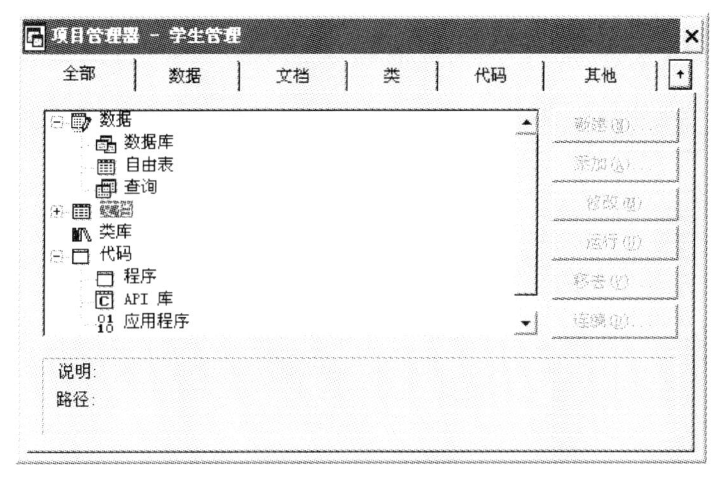

图 3-2　项目管理器

1. 折叠项目管理器

项目管理器的右上角有一个向上的箭头，如图 3-2 所示，单击这个箭头，可将项目管理器折叠。折叠后，原箭头变为向下，再次单击，可还原原来的大小。

2. 拖开选项卡

折叠“项目管理器”后，可以拖开选项卡，该选项卡成为浮动状态，可根据需要重新安排它们的位置，如图 3-3 所示。拖下某一选项卡后，它可以在 Visual FoxPro 的主窗口中独立移动，如果想将选项卡移回项目管理器，可将该选项卡拖回其项目管理器中的原来位置。

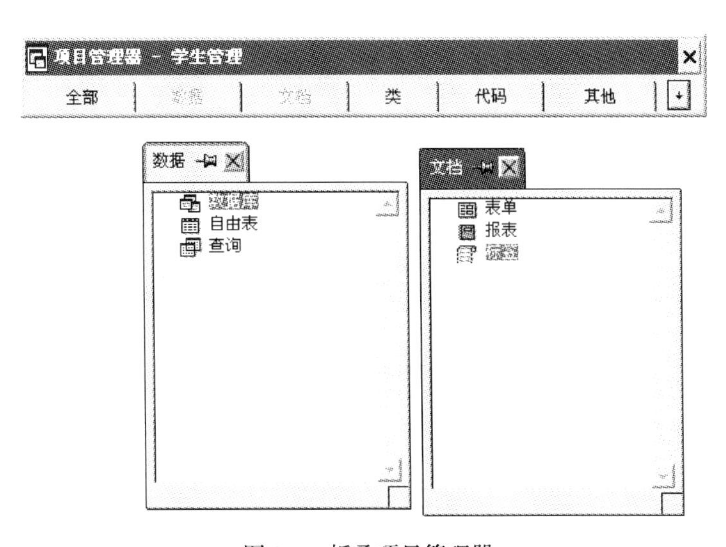

图 3-3　折叠项目管理器

3.1.3　项目管理器的使用

1. 新建项目管理器

【例 3.1】新建一个名为“学生管理”的项目文件。

(1)使用菜单创建：

① 选择“文件”→“新建”菜单；

② 在弹出的“新建”对话框中，选择“项目”，单击“新建文件”按钮；

③ 出现“创建”对话框，在“项目文件”文本框中输入项目文件名“学生管理”，单击“保存”按钮，即可创建项目。

(2)使用命令创建：

① 在命令窗口中输入命令：

Create Project 学生管理

② 按 Enter 键，即可创建项目。

2. 在项目管理器中添加文件

【例 3.2】将“学生”数据库加入到例 3.1 新建的项目文件中。

① 在项目管理器中选择“数据”→“数据库”菜单；

② 单击“添加”按钮；

③ 在弹出的“打开”对话框中选择“学生.dbc”文件。

④ 单击“确定”按钮；

⑤ 展开“数据”→“数据库”前的+号，即可看见添加的“学生”数据库。

3. 在项目管理器中创建文件

【例 3.3】在项目管理器中创建 one.txt 文本文件。

① 在项目管理器中选择“其他”→“文本文件”菜单；

② 出现文本文件的编辑窗口，随意输入任何内容，然后单击工具栏中的“保存”按钮；

③ 出现“另存为”对话框，输入文件名“one.txt”，单击“保存”按钮。

④ 展开“其他”→“文本文件”前的+号，即可看见创建的 one 文件。

4. 将文件移出项目管理器

【例 3.4】将文本文件 one.txt 移出项目。

① 在项目管理器中选择“其他”→“文本文件”菜单；

② 单击+号展开，选择 one，单击“选择”按钮，系统出现如图 3-4 所示对话框；

图 3-4　删除表对话框

③ 单击“移去”按钮，则文件被移出项目。

如果要从磁盘中删除文件，则选择“删除”按钮。

5. 连编项目，建立应用程序文件

【例 3.5】连编项目，生成“学生管理.exe”可执行程序

① 建立主程序；

② 单击“连编”按钮，出现“连编选项”对话框，如图 3-5 所示；

③ 选择“连编可执行文件”和“重新编译全部文件”；

④ 单击“确定”按钮，出现“另存为”对话框，输入文件名“学生管理”并单击“确定”按钮，则生成“学生管理.exe”可执行程序；

如果在“连编选项”选择“连编应用程序”，则会生成“学生管理.app”应用程序。

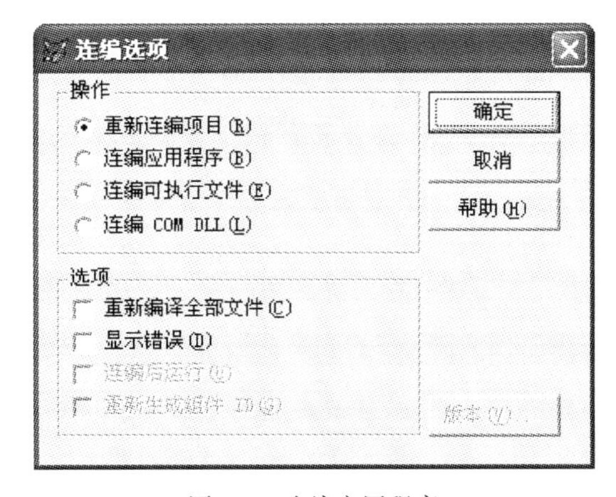

图 3-5　连编应用程序

3.2　Visual FoxPro 数据库

3.2.1　基本概念

在 Visual FoxPro 中数据库与表是两个不同的概念，数据库是一个逻辑上的概念和手段，它通过一组系统文件将相互关联的数据库表及其相关的数据库对象同一组织和管理。表存储数据，数据库不存储数据，而存储数据库表的属性以及组织、表关联和视图等，可以管理表、查询、视图等数据实体。

建立数据库之后，对应的数据库文件扩展名是. dbc，同时还会自动建立两个相关文件，即数据库备注文件(.dct)和数据库索引文件(. dcx)。

刚建立的数据库是一个空的数据库，还没有数据，要建立表和其他数据库对象之后，才能输入数据。然后，数据库可以对表进行功能的扩展，如创建字段级和记录级规则，设置默认字段值和触发器等，还可以创建存储过程以及表之间的永久联系，访问远程数据，创建本地和远程视图。

3.2.2 建立数据库

在 Visual FoxPro 中，可以用项目管理器、“新建”对话框和命令三种方式来建立数据库。

1. 项目管理器方式

在项目管理器中，选择“数据”→“数据库”项，单击“新建”按钮，新建数据库，在出现的“创建”对话框中输入数据库名称，保存后就可以看见打开的“数据库设计器”。这时，在项目管理器中，将“数据”→“数据库”项展开就可以看见新建立的数据库。

2. “新建”对话框方式

选择“文件”→“新建”菜单，打开“新建”对话框，选择“数据库”选项，单击“新建文件”按钮，在出现的“创建”对话框中输入数据库名称，保存后就可以看见打开的“数据库设计器”。

3. 命令方式

在命令窗口中输入命令：Create database 数据库名，按 Enter 键即可创建数据库。

3.2.3 打开数据库

要使用数据库，必须先打开数据库。打开数据库的方法大致有 3 种：项目管理器、菜单、命令。

1. 在项目管理器中打开数据库

在项目管理器中，选择“数据”→“数据库”项，单击“数据库”前的+号展开，选择某个数据库并展开，数据库则自动打开。虽然没有打开文件的明显变化，但数据库已经可以使用。

2. 用菜单打开数据库

选择“文件”→“打开”菜单，或者系统工具栏上的“打开”按钮，在文件类型中选择“数据库”，如打开一般文件一样选择指定的数据库。同时出现“数据库管理器”。

3. 用命令打开数据库

在命令窗口中输入命令：Open Database 数据库名，按 Enter 键即可打开数据库。虽然没有打开文件的明显变化，但数据库已经可以使用。

打开数据库后，显示在系统工具栏中的“数据库”下拉框中，可以选择一个数据库作为当前数据库，如图 3-6 所示。

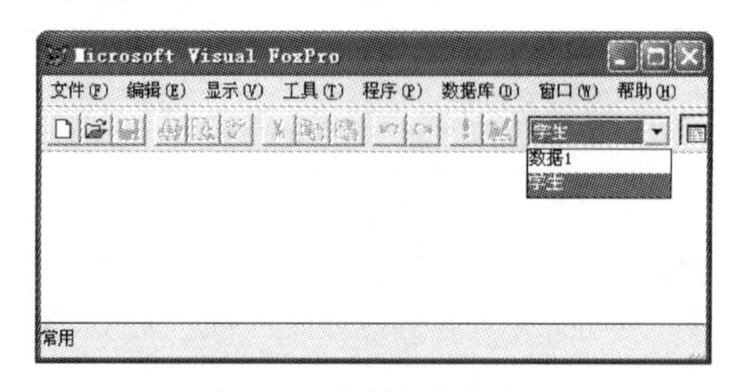

图 3-6　当前数据库的选择

3.2.4　修改数据库

在 Visual FoxPro 中，数据库的修改是通过“数据库设计器”来完成的，打开“数据库设计器”，在其中完成数据库对象的建立、修改和删除等操作。

打开“数据库设计器”的方法有 3 种：项目管理器、菜单和命令。

1. 在项目管理器中打开“数据库设计器”

在项目管理器中，选择“数据”→“数据库”项，单击“数据库”前的+号展开，选择某个数据库并单击“修改”按钮，则打开“数据库设计器”。

2. 用菜单打开“数据库设计器”

选择“文件”→“打开”菜单，或者单击系统工具栏上的“打开”按钮，在文件类型中选择“数据库”，选择指定的数据库并确定，则出现“数据库管理器”。

3. 用命令打开“数据库设计器”

在命令窗口中输入命令：Modify database 数据库名，按 Enter 键即可打开“数据库设计器”。

3.2.5　关闭数据库

为了确保数据的安全，数据库使用后，要将其关闭，可以使用 Close 命令关闭数据库。在命令窗口中输入：Close database，按 Enter 键即可关闭当前数据库。

3.2.6　删除数据库

数据库无用之后，可以将数据库删除，也可以通过项目管理器删除，其次可以用命令删除。

1. 在项目管理器中删除数据库

如果数据库存在于项目管理器中，则选择确认的数据库，单击“移去”按钮，系统则提供“移去”或“删除”选择按钮，需要删除的，单击“删除”按钮，选定的数据库即可从磁盘中清除。

2. 用命令删除数据库

在命令窗口中输入命令：delete database 数据库名，按 Enter 键即可删除数据库。

3.2.7　数据库实例操作

1. 建立数据库

【例 3.6】新建一个名为“学生”的数据库。

(1)在项目管理器中建立。

① 打开项目管理器，选择“数据”→“数据库”项；

② 单击“新建”按钮，在出现的选择按钮中单击“新建数据库”按钮；

③ 在出现的“创建”对话框中“数据库名”处输入：**学生**，并保存；

④ 出现“数据库设计器”，在项目管理器中展开“数据”→“数据库”项，就可看见“学生”数据库，只是数据库是空的，如图 3-7 所示。

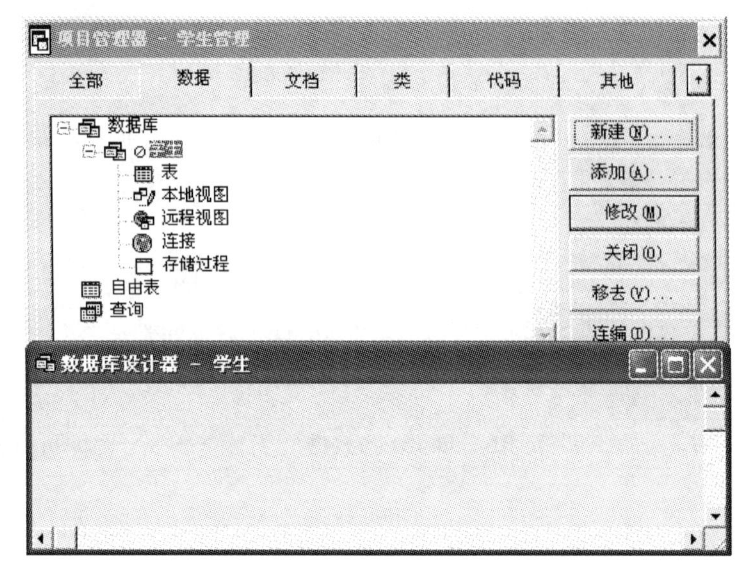

图 3-7 项目管理器

(2)用菜单创建。

① 选择“文件”→“新建”菜单，打开“新建”对话框，选择“数据库”选项；

② 单击“新建文件”按钮，在出现的“创建”的对话框中输入数据库名称：**学生**，保存后就可以看见打开的“数据库设计器”。

(3)用命令创建。

① 在命令窗口中输入命令：

```
Create database 学生
```

② 按 Enter 键即可创建数据库。

2. 关闭数据库

【**例 3.7**】关闭“学生”数据库。

① 在命令窗口中输入命令：

```
Close Data
```

② 按 Enter 键，即可关闭数据库。

3. 修改数据库

【**例 3.8**】打开并修改“学生”数据库。

(1)使用项目管理器。

① 打开项目管理器，选择“数据”→“数据库”项并展开；

② 选择“学生”，单击“修改”按钮，则出现“数据库管理器”。

(2) 使用命令。

① 在命令窗口中输入命令：Modify database 学生。

② 按 Enter 键，则出现“数据库管理器”。

3.3 表 结 构

在关系数据库中，一个关系的逻辑结构就是一个二维表。将一个二维表以文件形式存入计算机就是一个表文件，扩展名为.dbc。表是以记录和字段的形式存储数据，一个表文件则分为表结构和表记录两部分，因此创建一张表分为创建结构和输入记录两个分步操作。

根据表是否属于数据库把表分为数据库表和自由表。

3.3.1 数据库表结构的建立

有关表结构的操作一般是通过“表设计器”来进行的，如图 3-8 所示，设计表结构就是要确定表的相关属性，包括字段名、类型、宽度、小数位数以及是否允许为空等。

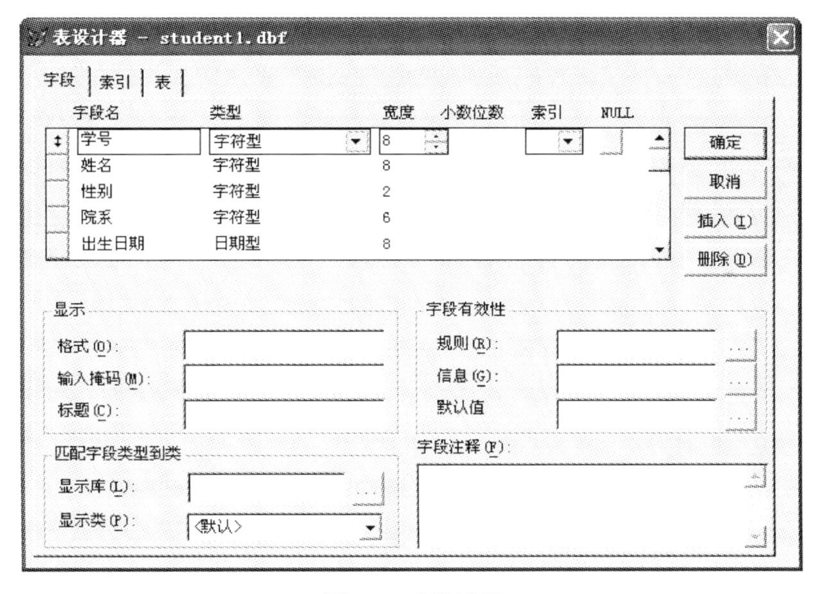

图 3-8　表设计器

字段名：表中每个字段的名称，在同一张表中，字段名唯一，不能重复，可以通过字段名直接引用表中的数据，字段名可以是字母和汉字开头的字符串，但不能接受空格。

类型：字段的类型决定字段中值的类型，在“类型”下拉框中可以选择如下类型：

· 字符型(C)：通常用来存储姓名、单位等文字数据，可以由字母、数字等组成。如果由数字构成，这种类型往往容易和数值型相混，如学号、身份证号码等，判断的准则是看能不能进行算术运算，字符型不能进行算术运算。

· 数值型(N)：表示数量，由数字构成，能进行算术运算。

· 货币型(Y)：表示货币，与数值型相类似。

· 日期型(D)：表示日期，默认格式是(月/日/年)，宽度固定 8 字节。

· 日期时间型(T)：表示日期和时间，默认格式是(月/日/年时/分/秒)

· 逻辑型(L)：表示逻辑，只有真假两个值，常用.T.和.F.表示，宽度固定 1 字节。

· 备注型(M)：如果字符较多，则将内容从字符型转存为备注型，如个人简历等；宽度固定 4 字节，实际存储于与表文件同名的备注文件.fpt 中。

· 通用型(G)：表示 OLE 对象，如图片、声音和文档等，宽度固定 4 字节，实际存储于与表文件同名的备注文件.fpt 中。

· 整型(I)：用于存储无小数的整数，宽度固定 4 字节。

· 浮点型(F)：常用于科学计算，用于要求精确的数值存储。

· 双精度型(B)：它只用于表中字段的定义，采用固定存储长度的浮点数形式，固定宽度 8 字节。

· 字符型(二进制)：同字符型，但当代码页更改时字符值不变。

· 备注型(二进制)：同备注型，但当代码页更改时备注不变。

宽度：对字段能够容纳的数据大小的限制，如姓名字段，假设设置宽度 8 字节，则记录中最大只能输入 4 个中文或 8 个西文字符。有些数据类型的宽度是固定的，不能随意调节，如逻辑型为 1 字节。

小数位数：限制小数点位数，如 12.85 有两位小数，通常数值型或浮点型字段可以设置。

NULL：表示是否允许字段为空值[NULL]，空值表示缺值或不确定值，不是 0 也不是空格。通常关键字字段不允许为空，在插入记录时，不允许什么都不输入，留下空值。

调出“表设计器”的方法有很多，常用的主要有通过项目管理器、数据库设计器、命令等来实现。

1. 在项目管理器中创建数据库表

在项目管理器中展开“数据”→“数据库”项，选择“表”，单击“新建”按钮，在弹出的按钮中选择“新建表”，输入表的名称并确定，即可出现“表设计器”。

2. 在数据库设计器中创建数据库表

打开数据库设计器，这时系统菜单中出现“数据库”菜单，右击数据库设计器空白区域也会出现“数据库”菜单，选择“新建表”菜单项，此外在数据库工具栏中也有“新建表”按钮，如图 3-9 所示。在弹出的按钮中选择“新建表”，输入表的名称并确定，即可出现“表设计器”。

3. 用命令创建数据库

在命令窗口中输入命令：Create 表名，按 Enter 键即可调出表设计器。

数据库表的建立通常是在数据库设计器中。

3.3.2 数据库表结构的修改

数据库表结构的修改一般也是通过“表设计器”来进行的，只是表已经存在，修改表和创建表，调用“表设计器”的方法有些差异。

1. 在项目管理器中修改数据库表

在项目管理器中展开“数据”→“数据库”项，展开到表，选择要修改的表，单击“修改”按钮，即可出现“表设计器”。

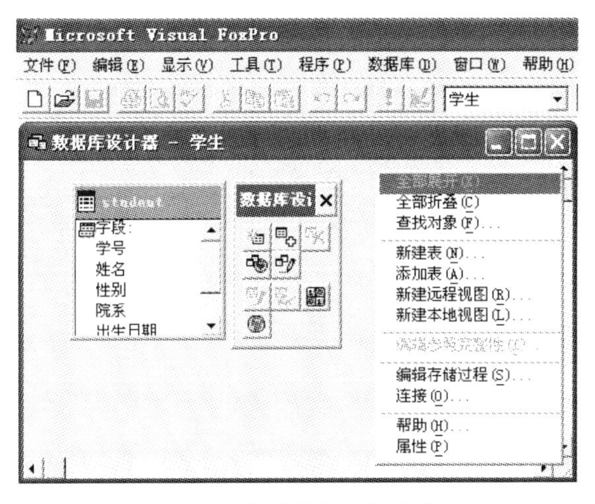

图 3-9　在数据库中新建表

2. 在数据库设计器中修改数据库表

打开数据库设计器，这时系统菜单中出现“数据库”菜单，右击数据库设计器空白区域也会出现“数据库”菜单，选择“修改”菜单项，此外在数据库工具栏中也有“修改表”按钮，如图 3-10 所示。单击该按钮，即可出现“表设计器”。

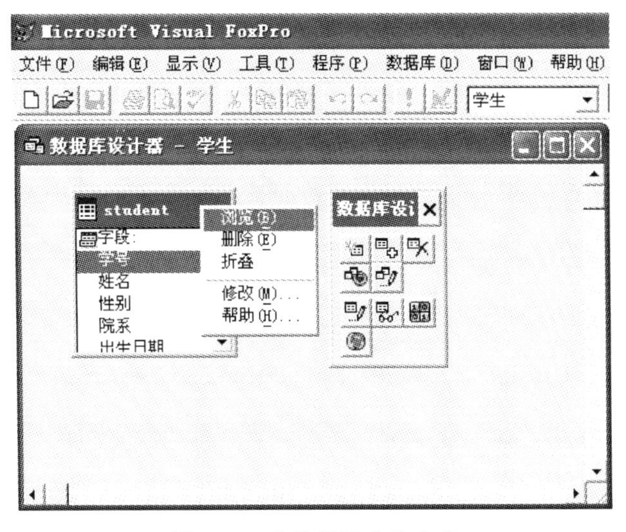

图 3-10　在数据库中修改表

3. 用命令修改数据库表

在命令窗口中输入：

```
Use 表名
Modify structure
```

调出如图 3-8 所示“表设计器”，则可以直接修改表结构各属性；如果要增加字段，则单击“插入”按钮；如果要删除字段，则选择字段后，单击“删除”按钮。

3.3.3　自由表

不属于任何数据库的表就是自由表，可以将数据库表从数据库中移出，成为自由表；相反，可以将不属于任何数据库的表加入到数据库中成为数据库表。数据库表有自由表不具有的众多特点。

(1)数据库表可以使用长表名；

(2)数据库表中的字段可以设置格式、输入掩码、标题等显示属性；

(3)数据库表中的字段可以添加字段有效性规则、信息和默认值；

(4)数据库表中的字段可以设置默认的控件类；

(5)数据库表可以规定记录有效性；

(6)数据库表支持主关键字、参照完整性和表间永久联系；

(7)数据库表支持触发器。

以上可以从数据库表(图 3-8)和自由表(图 3-11)的比较中看出。

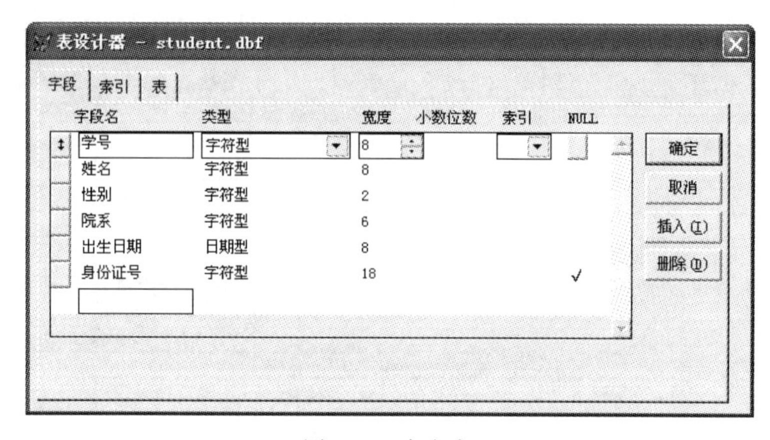

图 3-11　自由表

1. 将自由表添加到数据库

在项目管理器中，选择“数据”→“数据库”项，展开到表，选择“表”单击“添加”按钮，在出现的“打开”对话框中选择自由表，确定后即可在展开的数据库中看见新加入的表。

打开数据库设计器，这时系统菜单中出现“数据库”菜单，或者右击数据库设计器空白区域也会出现“数据库”菜单，选择“添加”菜单项，此外在数据库工具栏中也有“添加表”按钮。单击“添加表”按钮，出现“打开”对话框，选择自由表，即可在数据管理器中看见新加入的表。

也可使用“ADD TABLE 表名”将自由表添加到当前数据库中。

2. 将数据库表转为自由表

在项目管理器中，选择“数据”→“数据库”项，展开到表，选择需要移去的数据库表，单击“移去”按钮，在出现的对话框中选择“移去”按钮，这时系统会提示“长表名和长字段名将不再可以使用”，确定后，表将消失在项目管理器中。需要提醒的是，移出的表并不会转而出现在项目管理器中的“数据”→“自由表”项中，因为表已被移出项目了，但它仍然是自由表。

打开数据库设计器，右击需要删除的数据库表，在“数据库”菜单中选择“删除”菜单项，此外在数据库工具栏中也有“移去表”按钮。单击，在出现的对话框中选择“移去”按钮，这时系统会提示“长表名和长字段名将不再可以使用”，确定后，表将消失在数据库设计器中。

也可使用“REMOVE TABLE 表名”将数据库表从当前数据库中移去，转为自由表。

3.3.4　数据库表操作实例

1. 新建数据库表

【例 3.9】打开数据库“学生”，建立 student 数据库表，表结构如下：

学号	字符型	8
姓名	字符型	8
性别	字符型	2
院系	字符型	6
出生日期	日期型	8
身份证号	字符型	18

(1) 使用项目管理器创建。

① 打开“学生管理”项目管理器，展开“数据”→“数据库”→“学生”项到表；

② 选择“表”，单击“新建”按钮，在出现的对话框中选择“新建表”按钮，在出现的“创建”对话框中输入表名：student，保存；

③ 在表设计器中输入对应的字段结构，并确定，此时不需要输入记录。

(2) 使用数据库设计器创建。

① 打开“学生”数据库设计器，右击设计器任意空白处，在弹出菜单中选择“新建表”命令；

② 在出现的对话框中选择“新建表”按钮，在出现的“创建”对话框中输入表名：student，保存；

③ 在表设计器中输入对应的字段结构，并确定，此时不需要输入记录。

(3) 使用命令创建。

① 打开“学生”数据库设计器；

② 在命令窗口中输入：

```
Create student
```

③ 在表设计器中输入对应的字段结构，并确定，此时不需要输入记录。

2. 修改表结构

【例 3.10】 给 student 表增加两个个字段：入学成绩 N(5, 1)，简历 M。

(1)使用菜单修改表。

① 选择“文件”→“打开”菜单，或单击工具栏上的“打开”按钮，出现“打开”对话框。

② 在“文件类型”中选择“表”，如图 3-12 所示，然后选择 student.dbf 表文件并确定。

③ 表已经打开，这时看起来似乎没什么变化，选择“显示”→“表设计器”菜单项，即可调出表设计器，如图 3-13 所示。

图 3-12　打开表

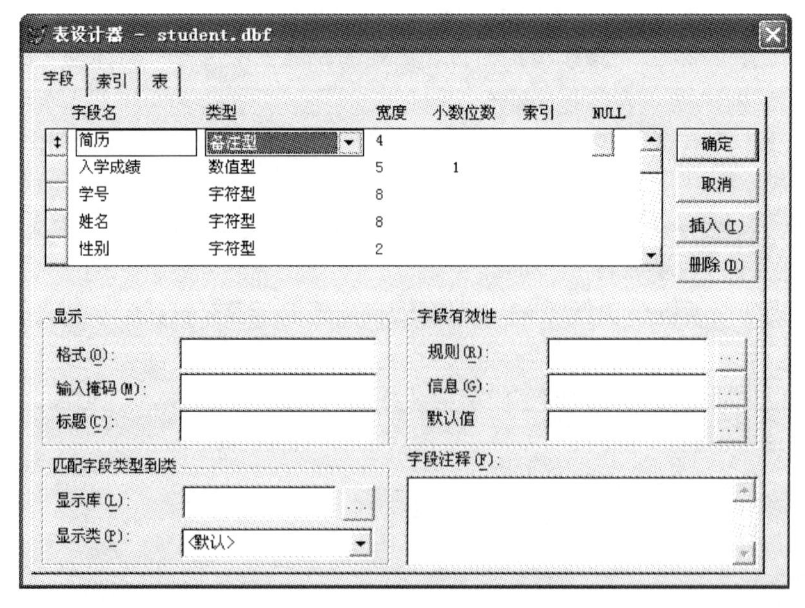

图 3-13　添加字段

④ 在表设计器中单击“插入”按钮，这时出现一个新字段，将字段名改为“入学成绩”，类型选择“数值型”，宽度设置为 5，小数位数设置为 1；再单击“插入”按钮，同样将新字段名改为“简历”，类型选择“备注型”，备注类型宽度是固定的 4，不用设置，如图 3-13 所示。保存确定后，修改完毕。

(2) 命令修改表结构。

① 在命令窗口中输入：

```
Use student
Modify structure
```

② 在表设计器中单击“插入”按钮，这时出现一个新字段，将字段名改为“入学成绩”，类型选择“数值型”，宽度设置为 5，小数位数设置为 1；再单击“插入”按钮，同样将新字段名改为“简历”，类型选择“备注型”，备注类型宽度是固定的 4，不用设置。如图 3-13 所示。保存确定后，修改完毕。

3. 数据库表转为自由表

【例 3.11】将数据库表 student 从“学生”数据库中移出，转为自由表。

(1) 使用项目管理器。

① 打开“学生管理”项目管理器，展开“数据”→“数据库”→“学生”→“表”项，选择 student；

② 按顺序单击“移去”→“移去”→“是”按钮。

(2) 使用数据库管理器。

① 打开“学生”数据库管理器，右击 student 表，弹出数据库菜单；

② 选择“删除”菜单项，接着按顺序单击“移去”→“是”按钮。

(3) 使用命令。

在命令窗口中输入：

```
Modify database 学生          &&打开数据库管理器
Remove table student          &&将表移出数据库
```

4. 新建自由表

【例 3.12】创建自由表 course:课程编号 C(4),课程名称 C(10),开课院系 C(6)。需要注意的是，在创建自由表时，要将当前数据库关闭，否则会创建出数据库表。

(1) 使用项目管理器。

① 打开“学生管理”项目管理器，选择“数据”→“自由表”项。

② 按顺序单击“新建”→“新建表”按钮，在出现的“创建”对话框中输入表名：course，保存确定。

③ 在表设计器中输入三个字段：课程编号，字符型，宽度 4；课程名称，字符型，宽度 10；开课院系，字符型，宽度 6，确定后完成设计。

(2) 使用“新建”对话框。

① 选择“文件”→“关闭”菜单将打开的数据库关闭。

② 选择“文件”→“新建”菜单，或单击工具栏上的“新建”按钮，打开“新建”对话框。

③ 选择“表”，单击“新建文件”，在“创建”对话框中输入文件名“course” 输入表名: course 保存。

④ 在表设计器中输入三个字段：课程编号，字符型，宽度 4；课程名称，字符型，宽度 10；开课院系，字符型，宽度 6。确定后完成设计。

(3) 使用命令。

① 在命令窗口中输入：

```
Close database          &&关闭当前数据库
Create course           &&创建表
```

② 在表设计器中输入三个字段：课程编号，字符型，宽度 4；课程名称，字符型，宽度 10；开课院系，字符型，宽度 6。确定后完成设计。

5. 自由表转为数据库表

【例 3.13】将 student 和 course 添加到“学生”数据库中。

(1) 使用项目管理器。

① 打开“学生管理”项目管理器，展开“数据”→“数据库”→“学生”→“表”项，选择“表”，单击“添加”按钮；

② 在“打开”对话框中选择 student.dbf，并确定，这时可以看见表出现在“学生”数据库的“表”项中；重复操作将 course 加入，如图 3-14 所示。

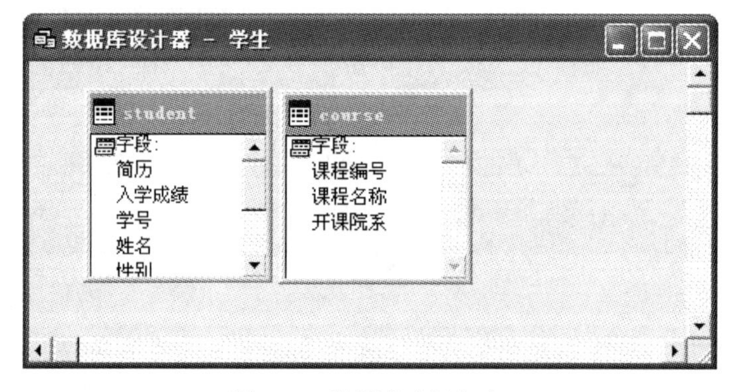

图 3-14　数据库中添加表

(2) 使用数据库设计器。

① 打开“学生”数据库设计器，右击设计器任意空白处。

② 在弹出菜单中选择“添加表”。

③ 在“打开”对话框中选择 student.dbf，并确定，这时可以看见表出现在“学生”数据库设计器中；重复操作将 course 加入。

(3) 使用命令。

在命令窗口中输入：

```
Modify database 学生        &&打开学生数据库
Add table student           &&添加 student 表
Add table course
```

3.4　表　记　录

在 3.3 节中介绍了表结构的操作，表结构建立起来后，就可以向其中添加记录了。本节将介绍对表记录的操作，这里数据库表和自由表是没有区别的，因此，本节中将不再区分数据库表和自由表，以表统称。

3.4.1　在浏览器中操作表

1. 打开表浏览器

在项目管理器中，选择“数据”项，展开至需要处理的表，选择后单击“浏览”按钮，即可展开表浏览器。

在数据库设计器中选择表，右键单击，在菜单中选择“浏览”命令，或单击系统“数据库”→“浏览”菜单，或单击数据库设计器工具栏上的“浏览表”按钮。

在命令窗口中输入命令：

```
Use 表名
Browse
```

表记录也可以显示在编辑窗口中，浏览窗口和编辑窗口可以单击“显示”→“浏览”菜单或“显示”→“编辑”菜单来转换，如图 3-15 所示。

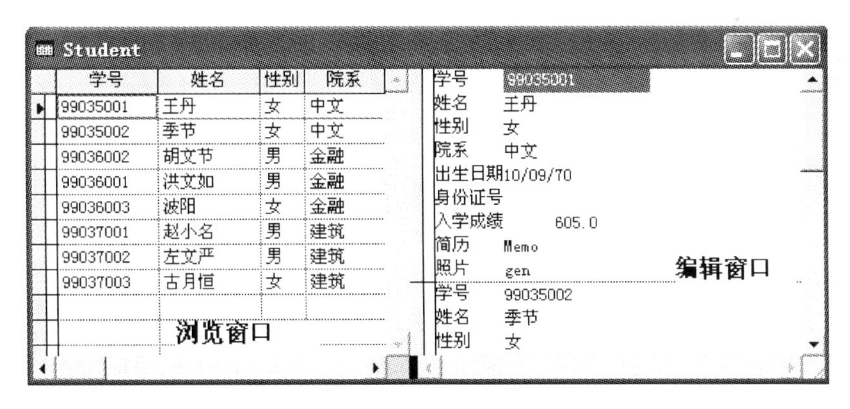

图 3-15　浏览和编辑窗口

2. 添加记录

打开表浏览器后，选择“显示”→“追加方式”菜单，可以连续追加记录；或选择“表”→“追加新记录”菜单，可以追加单条记录。

选择“表”→“追加记录”菜单可以将表结构相同的其他表的记录追加进当前表。

3. 输入备注字段和通用字段

备注字段和通用字段在浏览窗口中，可以看见已经有文字填充了，备注字段是 memo，通用字段是 gen，这是它们的标识，而不是实质数据。这两种字段的数据输入与其他类型字段不一样，不能直接输入。直接双击 memo 或 gen 标识，即可出现编辑窗口，这时就可以输入了，如图 3-16 所示。

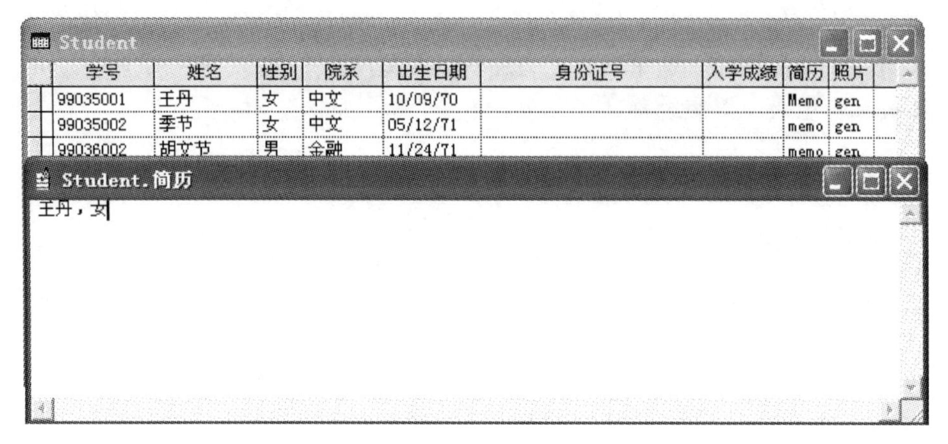

图 3-16　输入备注类型字段

输入数据的备注字段和通用字段的标识首字符就会变为大写，备注字段的 memo 变为 Memo，通用字段的 gen 变为 Gen。

4. 删除记录

记录删除有两种方法：逻辑删除和物理删除。逻辑删除是指给记录作删除标记，去除标记后即可恢复；而物理删除是将记录从磁盘上删除。

选择好记录后，单击“表”→“切换删除标记”菜单，即可看见记录前的小方框被标黑，也可以直接单击记录前的小方框，标黑之后即为逻辑删除。如图 3-17 所示。

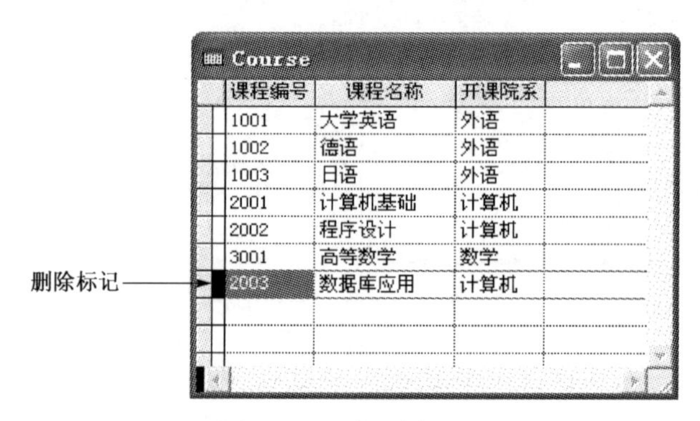

图 3-17　逻辑删除记录

选择“表”→“彻底删除”菜单，可以将所有逻辑删除的记录物理删除。注意物理删除的记录将不能恢复。

5. 恢复记录

记录被逻辑删除后，还可以恢复，选择被逻辑删除的记录，单击“表”→“切换删除标记”菜单；或者直接单击记录前的黑小方框，即可去除删除标记，恢复记录。

3.4.2 操作表的相关命令

APPEND：在表的尾部增加记录。

INSERT：在表中任意位置插入记录。

DELETE：逻辑删除记录。

RECALL：恢复被逻辑删除的记录。

PACK：物理删除有删除标记的记录。

ZAP：物理删除表中所有记录。

REPLACE：修改记录。

【例3.14】将student表中“王丹”的入学成绩设为605。

```
Use student       &&打开表
Browse            &&用浏览窗口显示表
Replace 入学成绩 with 605 for 姓名="王丹"
```

3.4.3 表记录定位

在Visual FoxPro中，每张打开的表都有一个记录指针，用于对记录的定位，而每条记录也有一个记录号，标记该条记录在整个表中所处的位置。打开表时记录指针指向第一个记录。

定位记录的相关命令和函数有：

Go (goto) Top：将指针移动到表的开头。

Go Bottom：将指针移动到表的末尾。

Go N：将指针移动到记录号为 *N* 的记录。

Skip N：当 *N* 为正整数时，指针向下移动 *N* 条记录；当 *N* 为负整数时，指针向上移动 *N* 条记录。

Locate For / Continue：查找满足条件的记录，如果找到，则执行Continue命令继续查找，直到结束。

【例3.15】student表如表3-2所示，阅读下列程序，写出程序的运行结果。

```
Clear                 &&清屏
Use student           &&打开 student 表
Go 3                  &&将记录指针移动到记录号为 3 的记录
X=姓名                &&让变量 X 的值为当前记录的"姓名"字段
Skip 1                &&指针向下移动一条
Y=姓名
Go Bottom             &&将记录指针移动表末尾
Skip -2               &&指针向上移动 2 条
Z=姓名
Locate for 姓名=X     &&查找姓名=X 的记录
```

```
Display                &&显示记录
Locate for 姓名=Y
Display
Locate for 姓名=Z
Display
Use
```

程序运行结果如图 3-18 所示。

记录号	学号	姓名	性别	院系	出生日期	身份证号	入学成绩	简历	照片
3	99036002	胡文节	男	金融	11/24/71			memo	gen

记录号	学号	姓名	性别	院系	出生日期	身份证号	入学成绩	简历	照片
4	99036001	洪文如	男	金融	12/08/70			memo	gen

记录号	学号	姓名	性别	院系	出生日期	身份证号	入学成绩	简历	照片
6	99037001	赵小名	男	建筑	11/05/71			memo	gen

图 3-18　查询记录

3.4.4　表记录实例操作

1. 追加新记录

【例 3.16】向 student 表中插入新记录“99037004, 周星星, 男, 会计, {^01/01/71}”

① 打开 student 表，单击“文件”→“打开”菜单，出现“打开”对话框，在“文件类型”中选择“表”，选择 student.dbf，并确定；

② 选择“显示”→“浏览”菜单，在浏览器中显示表记录；

③ 选择“显示”→“追加方式”菜单，在表的末尾出现新记录，输入记录。需要注意的是，记录不需要做保存操作，输入即保存。

2. 删除记录

【例 3.17】将 student 表中姓名为“周星星”的记录删除。

① 打开表，在浏览器中显示记录；

② 选择姓名为“周星星”的记录，让记录指针定位在其上，如 ▶ 99037004 周星星 ；

③ 直接在记录前的小方框上单击，如 ▶ 99037004 周星星 ，变黑后，此记录即被逻辑删除；

④ 选择“表”→“彻底删除”菜单，此记录将被从磁盘中清除。

3. 追加其他表的记录

【例 3.18】表 student1 的结构与 student 完全一样，将 student 中的记录追加到表中。

① 打开表 student1，并显示在表浏览器中；

② 选择“表”→“追加记录”菜单，出现“追加来源”对话框，如图 3-19 所示；

③ 单击“来源于”后的按钮，选择 student 表并确定，student 中的记录将全部追加到表中。

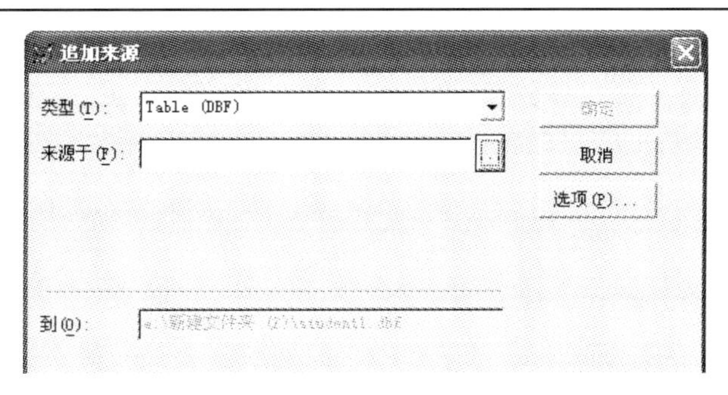

图 3-19　追加表记录

3.5　索　　引

3.5.1　基本概念

表在输入记录时，根据先后顺序获得记录号，而在查询数据时，这样的记录号顺序不一定能满足要求，需要寻找其他的排序方法。索引就是记录排序的一种方法，它用表达式的值与记录号形成对应关系，因而可以通过表达式的值排序查找记录。索引中不包括表记录的内容，只代表一种排序的顺序，因此一个重要的好处就是不占用过多的磁盘空间。

1. 索引的类型

1) 主索引

主索引一张表中只有一个，自由表中不能创建。主索引不允许出现重复的值，即用于建立索引的字段值是唯一的，没有重复，因此主索引可以起到主关键字的作用。

2) 候选索引

候选索引即主索引的候选关键字，它具有主索引的部分特征，不允许出现重复的值，即用于建立索引的字段值是唯一的，没有重复。自由表和数据库表都可以创建候选索引，一张表中也可以建立多个候选索引。

3) 唯一索引

唯一索引是为了保持与 Visual FoxPro 的早期版本兼容而设的一种索引类型。唯一不是指值的唯一，而是指索引项的唯一，索引中只保留第一次出现的索引值，其他重复的值则不包括在内。

4) 普通索引

普通索引是除上述索引之外的索引，索引关键字段和表达式允许重复值。一张表中可以建立多个普通索引。

索引可以提高查询的速度。若要控制字段中的值唯一，不重复，可以建立主索引或候选索引。而有重复值的字段可以建立普通索引。

2. 索引文件类型

索引保存在索引文件中，Visual FoxPro 提供了两种结构：独立索引文件、复合索引文件。复合索引文件分两种：结构复合索引文件、非结构复合索引文件。

1) 独立索引文件

独立索引文件只保存一个索引，扩展名.Idx，文件名不能与表文件名相同。

2) 结构复合索引文件

结构复合索引文件可以包含任意一个索引，扩展名.cdx，如果在“表设计器”中建立的索引，则索引自动保存于结构复合索引文件中，它的文件名与表名相同，与表的操作是同步的，表打开，则自动打开，表关闭，则自动关闭。

3) 非结构复合索引文件

非结构复合索引文件包含多个索引，实际是多个独立索引文件的重合，扩展名.cdx，文件名与表名不同，操作与表独立，要用命令打开才能操作。

3.5.2　索引的建立

打开表设计器，选择“索引”选项卡，如图 3-20 所示。一个索引的建立包括三个方面：索引名、类型、表达式。其中比较复杂的是表达式的建立，表达式简单的可以包括单个字段，复杂的包含一个或多个复合表达式。

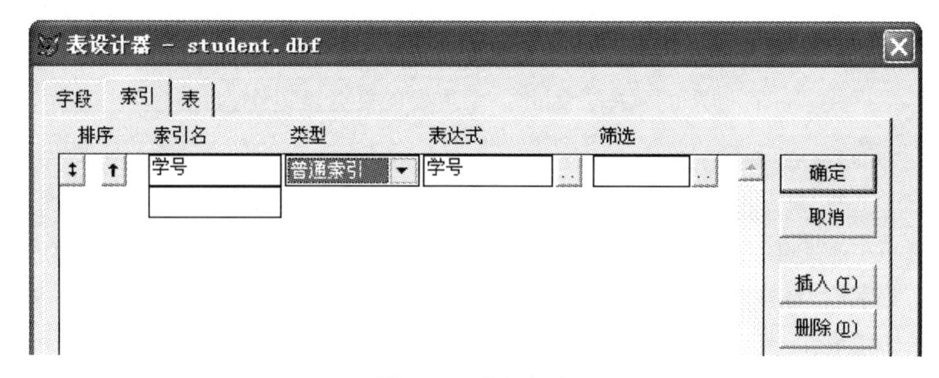

图 3-20　建立索引

【例 3.19】用“学号”字段给表 student 建立升序主索引。

① 打开 student 表设计器，选择“学号”字段，在“索引”下拉框中选择“升序”，如图 3-21 所示；

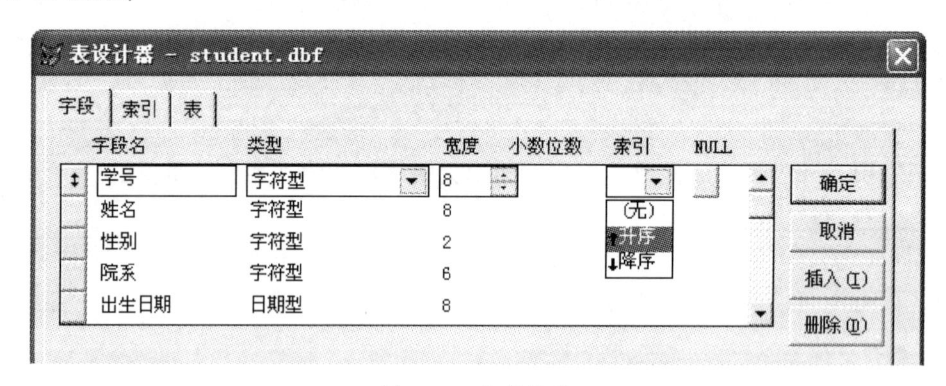

图 3-21　升序索引

② 选择“索引”选项卡，就可看见产生了一个“学号”普通索引(图 3-20)，将类型改为主索引，主索引建立后，是一个金色的钥匙 学号 。

【例 3.20】给表 score 建立候选索引：学课号，表达式：学号+课程编号。

表 score 如图 3-22 所示，单个的“学号”或“课程编号”都有重复值，而“学号”和“课程编号”合起来，就可以避免重复问题，可以作为主索引或候选索引。

① 打开 student 表设计器，选择“索引”选项卡；

② 在“索引名”输入框中输入：学课号，类型选择“候选索引”；

③ 单击“表达式”输入框后面的按钮，进入“表达式生成器”，在输入框中输入：学号+课程编号，如图 3-23 所示。连续单击“确定”按钮后，即可创建出候选索引。

Score

学号	课程编号	成绩
99035001	1001	90
99035002	1001	85
99036001	1001	66
99036002	1001	51
99036003	1001	69
99037001	1001	78
99037002	1001	88
99037003	1001	94
99035001	3001	68
99035002	3001	88
99036001	3001	81
99036002	3001	90
99036003	3001	65
99037001	3001	74
99037002	3001	64
99037003	3001	46
99035001	2001	68
99035002	2001	90
99036001	2001	85
99037001	2001	88
99037002	2001	68
99037003	2001	70
99035001	1002	60

图 3-22　索引表达式

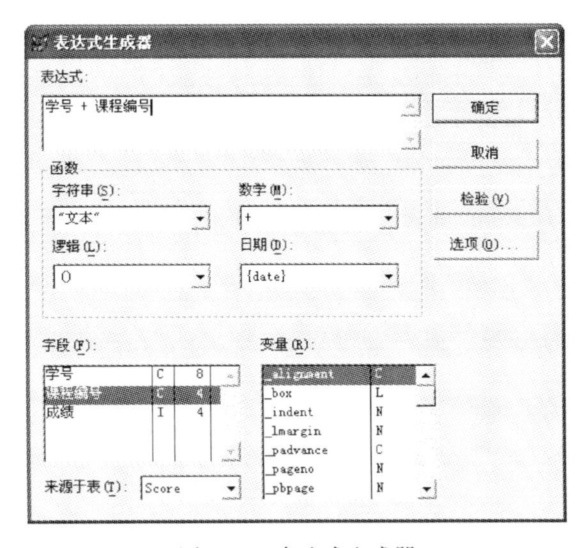

图 3-23　表达式生成器

3.5.3　索引的使用

建立好索引后，就可以用它来给表记录排序。要注意的是，同一时刻只能有一个索引决定记录的排序，此索引为主控索引。

【例 3.21】将 student 表中的“学号”索引设置为主控索引。

① 在浏览窗口中显示 student 表，选择“表”→“属性”菜单，打开“工作区属性”窗口；

② 在“索引顺序”下拉框中选择“student.学号”，如图 3-24 所示，单击“确定”按钮；

③ 单击浏览窗口，这时就可以观察到记录按学号字段排序。

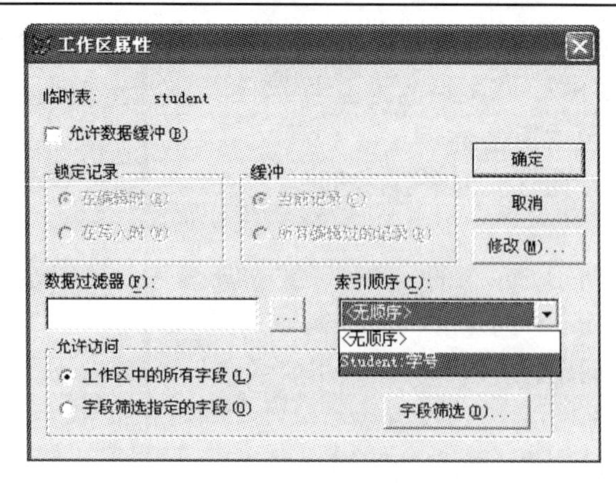

图 3-24　主控索引设置

3.5.4　索引的删除

索引的删除在表设计器中操作，进入“索引”选项卡，选中要删除的索引，单击“删除”按钮，即可删除该索引。

3.5.5　索引的相关命令

1. 创建候选索引

【例 3.22】给 student 建立“xm”候选索引，表达式：姓名。

```
Use student                               &&打开表
Index On 姓名 Tag xm Candidate            &&用姓名字段建立 xm 候选索引
Use                                       &&关闭表
```

2. 创建普通索引

【例 3.23】给 student 建立“yx”普通索引，表达式：院系。

```
Use student                               &&打开表
Index On 院系 Tag yx                      &&用院系字段建立 yx 普通索引
Use                                       &&关闭表
```

3. 设置主控索引

【例 3.24】将 student 中的“xm”索引设置为主控索引，降序排序。

```
Use student                               &&打开表
Set order to Tag xm desc                  &&按 xm 索引降序排序
Use                                       &&关闭表
```

4. 删除索引

【例 3.25】将 student 中的“xm”索引删除。

```
Use student                               &&打开表
Delete Tag xm                             &&按 xm 索引降序排序
Use                                       &&关闭表
```

3.6　数据完整性

数据完整性是指保证数据正确的特性，Visual FoxPro 数据库采用的是关系模型，它分为实体完整性、域完整性和参照完整性。

3.6.1　实体完整性

在关系数据库中一个关系对应现实世界的一个实体集，关系中的每一个元组对应一个实体。在关系中用主关键字来唯一标识一个实体，实体具有独立性，关系中的这种约束条件即为实体完整性。实体完整性规则规定：基本关系的所有主关键字对应的主属性都不能取空值，关系中的记录唯一性，也就是主键的约束。准确地说，实体完整性是指关系中的主属性值不能为 NULL，且不能有相同值。

在 Visual FoxPro 中利用主关键字或候选关键字来保证表中的记录唯一，即创建主索引或候选索引；在结构设计中关键字不允许为空，保证实体完整性。

3.6.2　数据库表高级属性及域完整性设置

域完整性是对数据表中字段属性的约束，它包括字段的值域、格式，字段的类型及字段的有效性规则等约束，它是由确定关系结构时所定义的字段的属性决定的。这些约束中，如图 3-8 所示，包括字段名、类型、宽度、小数位数等，在 3.3 节中都有介绍，下面就字段的显示属性和有效性规则作出说明。

1. 字段显示属性

1) 格式

如图 3-8 所示，显示区域的“格式”用于输入格式表达式，实际上是字段的输出掩码，它决定了字段的显示风格，确定当前字段在浏览窗口、表单或报表中显示时采用的大小写、字体和样式等。下面为常用的格式码：

A：表示只允许输出文字字符(禁止数字、空格和标点符号)。

D：表示使用当前系统设置的日期格式。

L：表示在数值前显示填充的前导零，而不是用空格字符。

T：表示禁止输入字段的前导空格字符和结尾空格字符。

!：表示把输入的小写字母转换为大写字母。

^：用科学计数法表示数值数据。

$：显示货币符号。

2) 输入掩码

输入掩码用于指定字段输入值的格式，使用输入掩码可屏蔽非法输入，减少人为的数据输入错误，提高输入工作效率，保证输入的字段数据格式统一有效。下面为常用的输入掩码：

X：表示可输入任何字符。

9: 表示可输入数字和正负符号。

#: 表示可输入数字、空格和正负符号。

$: 表示在固定位置上显示当前货币符号。

$: 表示显示当前货币符号。

*: 表示在值的左侧显示星号。

.: 表示用点分隔符指定数值的小数点位置。

,: 表示用逗号分隔小数点左边的整数部分，一般用来分隔千分位。

【例 3.26】将 student 表中的学号字段设置输入掩码，只能输入数值。

① 打开 student 表设计器，选择“学号”字段；

② 在“输入掩码”文本框中输入：99999999。

3) 标题

显示数据库的时候，每个字段都有个表头，默认是字段名。设置标题后，标题将替代字段名显示。或者说标题是给人看的，字段是给程序看的。字段使用标题后，在浏览窗口、表单或报表中显示的就不是字段名而是标题。

2. 字段有效性

字段有效性规则是用于对数据输入正确性的检验，在插入或修改字段值时被激活，输入数据不符合规则则不能插入或修改。字段有效性包括三个项目：规则、信息和默认值。

规则：是一个含有与该字段名相关的条件表达式，表达式中的各个成分应该采用符合其数据类型特征的形式表示。如字符型用" "，日期型用{}。一定要注意符号的输入必须是英文半角的符号，不能为全角或中文的。当不能确定怎样转换为英文半角的符号时，最好不要在中文状态下输入符号。

信息：指定输入不符合规则时的提示信息，信息栏只能输入字符类型的数据，往往用" "括起来，表示字符型数据。

默认值：用于指定当前字段的默认值，在增加记录时，默认值会在新记录中显示出来，而不用重复输入。默认值的数据类型与字段的数据类型相同，不同则会报错。

【例 3.27】将 student 表中的性别字段设置有效性规则，表达式：性别$"男女"；默认值：男；出错信息：只能输入“男”或“女”。

① 打开 student 表设计器，选择“性别”字段；

② 在规则处输入：性别$"男女"；

③ 在信息处输入：只能输入“男”或“女”，如图 3-25 所示；

④ 在默认值处输入：男，确定即可。在浏览中显示表，在性别字段中输入非“男”和“女”的字符，可以检测有效性的设置。

【例 3.28】将 student 表中的院系字段默认值设置为 NULL。

① 打开 student 表设计器，选择“院系”字段；

② 在是否允许为空处单击选择；

③ 在默认值处输入：.NULL.，如图 3-26 所示。

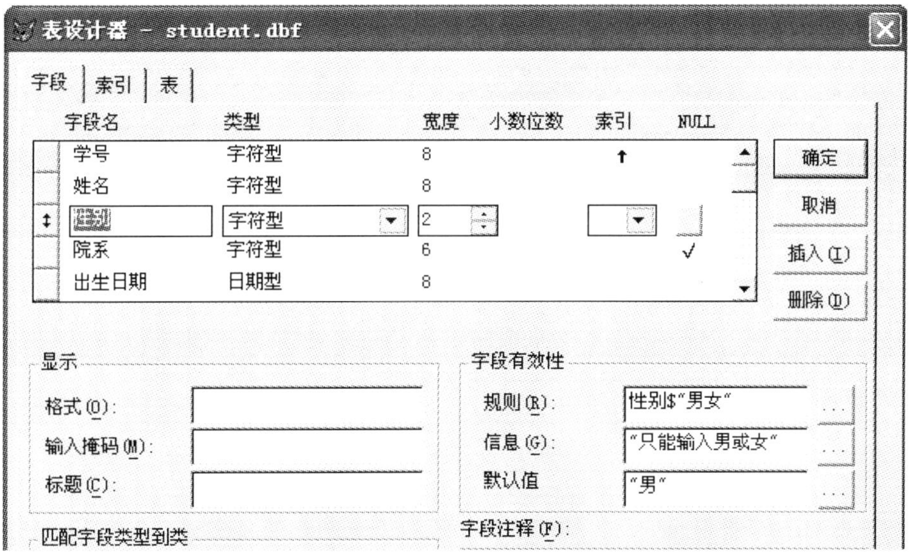

表设计器 - student.dbf
字段 索引 表
字段名 类型 宽度 小数位数 索引 NULL
学号 字符型 8
姓名 字符型 8
性别 字符型 2
院系 字符型 6
出生日期 日期型 8
确定
取消
插入(I)
删除(D)
显示
格式(O):
输入掩码(M):
标题(C):
字段有效性
规则(R): 性别$"男女"
信息(G): "只能输入男或女"
默认值 "男"
字段注释(F):
匹配字段类型到类

图 3-25 字段有效性

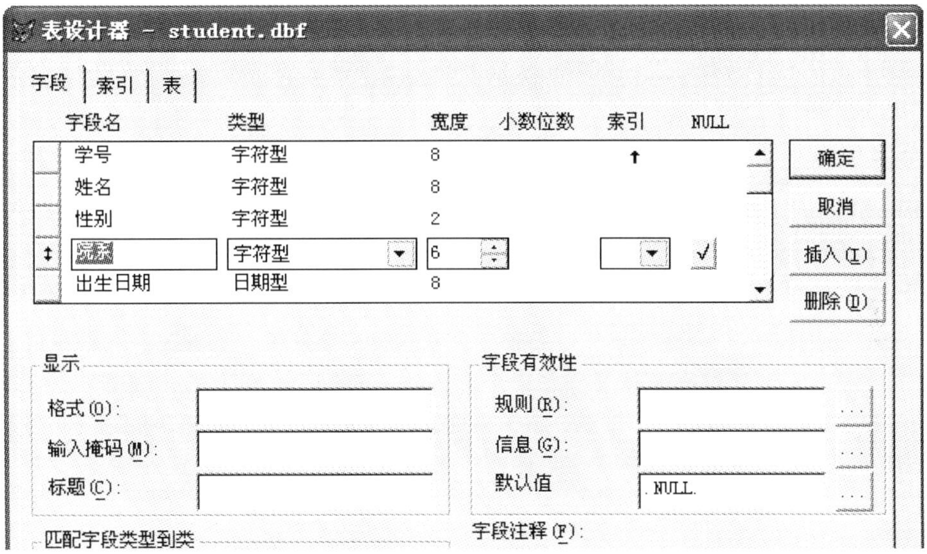

表设计器 - student.dbf
字段 索引 表
字段名 类型 宽度 小数位数 索引 NULL
学号 字符型 8
姓名 字符型 8
性别 字符型 2
院系 字符型 6
出生日期 日期型 8
确定
取消
插入(I)
删除(D)
显示
格式(O):
输入掩码(M):
标题(C):
字段有效性
规则(R):
信息(G):
默认值 .NULL.
字段注释(F):
匹配字段类型到类

图 3-26 .NULL. 默认值

3. 记录有效性

记录有效性用于对同一记录中不同字段之间的逻辑关系进行验证。在表设计器中，选择“表”选项卡，在记录有效性区域处填入规则和信息，如图 3-27 所示。

有效性规则主要限制数据的输入错误，为了控制数据的修改、删除等操作，Visual FoxPro 引入了触发器的功能。一个表中只能有三个触发器，分别是 Insert Trigger、Update Trigger、Delete Trigger，当表发生插入、更新和删除操作时就会分别触发这三个触发器。触发器在表设计器的“表”选项卡中进行设置，如图 3-27 所示。

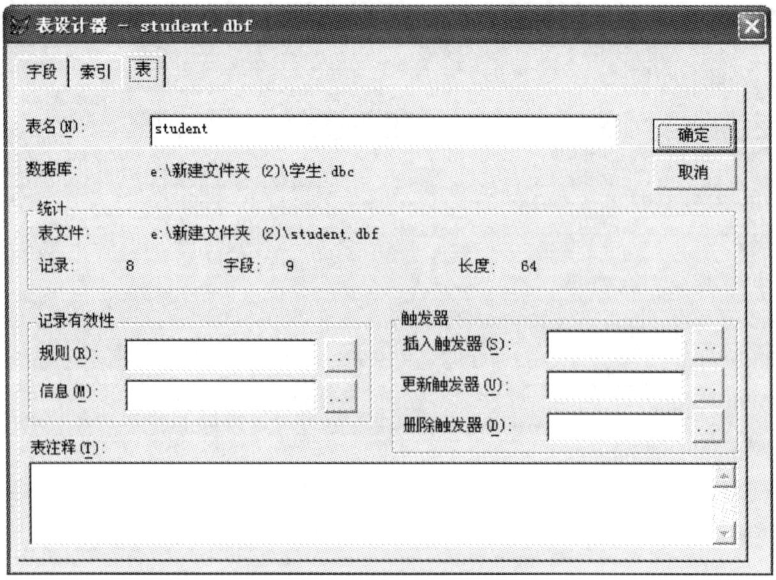

图 3-27　记录有效性

3.6.3　永久联系与参照完整性

1．永久联系

在设置参照完整性之前，还需要建立起索引和表之间的永久关联。表之间的永久关联是基于索引建立的一种永久联系，这种关系被作为数据库的一部分而保存在数据库中，在数据库设计器中显示为表索引之间的连接线。

在两张数据库表之间建立永久联系时，至少一张表中要有主索引，而根据另一张表对应的索引类型，两张表间建立起不同的联系。第一张表是父表，用于建立联系的是主索引；对应的表是子表，子表中用于建立联系的索引如果是普通索引，则两张表间的关系是一对多关系；子表中用于建立联系的索引如果是主索引或候选索引，则两张表间的关系是一对一关系。

建立联系的方法很简单，在数据库设计器中，选择父表中的主索引，将它拖动到子表中相匹配的索引上，即可建立，表现为两张表之间的连线，如图 3-28 所示。

【例 3.29】通过“学号”字段为 student 表和 score 表建立永久联系；通过“课程编号”为 course 表和 score 表建立永久联系。

① 打开“学生”数据库设计器，确保 student 表建立“学号”主索引，course 表建立“课程编号”主索引，score 表建立“学号”和“课程编号”普通索引。

② 用鼠标将 student 表的“学号”主索引拖到 score 表建立“学号”普通索引上；将 course 表的“课程编号”主索引拖到 score 表“课程编号”普通索引上，如图 3-28 所示。

如果要编辑修改已经建立的联系，可以单击关系连线，当连线变粗后，选择“数据库”→“编辑关系”菜单。或者右击连线，在弹出菜单中操作。或者双击连线，打开“编辑关系”对话框，如图 3-29 所示。

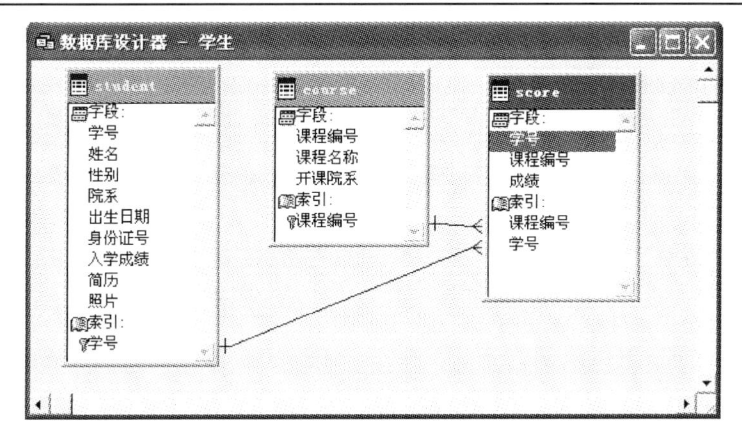

图3-28　永久联系

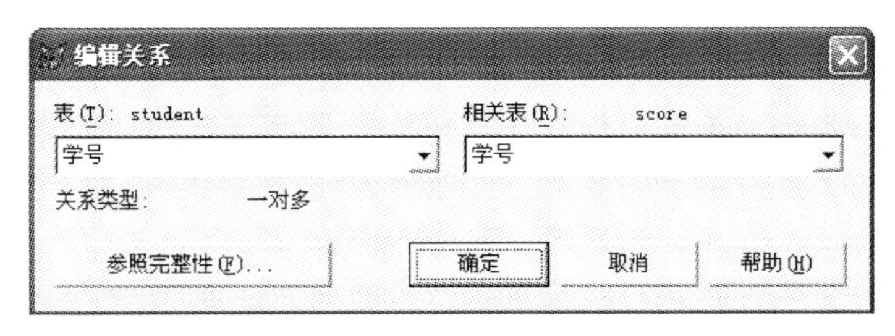

图3-29　编辑关系

2. 参照完整性

参照完整性是对关系数据库中建立关联关系的数据表间数据参照引用的约束，准确地说，当更新、删除、插入一个表中的数据时，通过参照引用相互关联的另一个表中的数据，来检查对表的数据操作是否正确。因此，如果在两个表之间建立了关联关系，则对一个关系进行的操作要影响到另一个表中的记录。

参照完整性属于表间规则，对于永久联系的相关表，在更新、插入或删除记录时，如果只改其一不改其二，就会影响数据的完整性：如修改父表中关键字值后，子表关键字值未做相应改变；删除父表的某记录后，子表的相应记录未删除，致使这些记录成为孤立记录；对于子表插入的记录，父表中没有相应关键字值的记录，等等。对于这些设计表间数据的完整性，统称为参照完整性。

参照完整性要满足三个规则：

(1) 子表的每个记录在对应的父表中都必须有一个父记录；

(2) 对子表做插入记录时，必须确保父表中存在一个父记录；

(3) 对父表做删除记录时，必须确保子表中没有子记录。

在建立参照完整性之间，需要清理数据库，选择“数据库”→“清理数据库”菜单。其实质是物理删除数据库各个表中有逻辑删除标记的记录。

参照完整性包括更新规则、删除规则和插入规则。

更新规则用于设置在父表中的连接字段的值被更改时，如何处理对应子表中的记录。

(1)级联：指定父表中的更新被反映到子表中。如果对一个关系选择了级联更新，则每当更新父表中记录时，相关子表中的记录也自动被更新。

(2)限制：防止更新子表中有相关记录的父表记录。如果对一个关系选择了限制更新，当试图更新有相关子表记录的父表记录时将产生错误。

(3)忽略：两表操作互不影响。

删除规则用于设置在父表中的连接字段的值被删除时，如何处理对应子表中的记录。

(1)级联：指定父表中的删除被反映到子表中。如果对一个关系选择了级联删除，则每当删除父表中记录时，相关子表中的记录也自动被删除。

(2)限制：防止删除子表中有相关记录的父表记录。如果对一个关系选择了限制删除，当试图删除有相关子表记录的父表记录时将产生错误。

(3)忽略：两表操作互不影响。

插入规则用于设置在子表中的连接字段插入新值时，是否进行参照完整性检查。

(1)限制：当在子表中插入某一记录时，如果父表中没有相应的记录，则禁止插入。

(2)忽略：两表操作互不影响。

参照完成性设置可以在参照完整性生成器中完成。在数据库设计器中选择表之间的连线，选择“数据库”→“编辑参照完整性”菜单；或者右击连线，执行“编辑参照完整性”命令，即可调出参照完整性生成器。

【**例 3.30**】给 student 和 score 表之间的联系设置参照完整性约束：更新规则为“级联”，删除规则为“限制”，插入规则为“限制”。

① 打开 student 数据库设计器，右击 student 和 score 表之间的连线，执行“编辑参照完整性”命令，调出参照完整性生成器；

② 分别选择更新规则、删除规则、插入规则三个选项卡进行设置。或者在表格中直接选择设置，如图 3-30 所示。

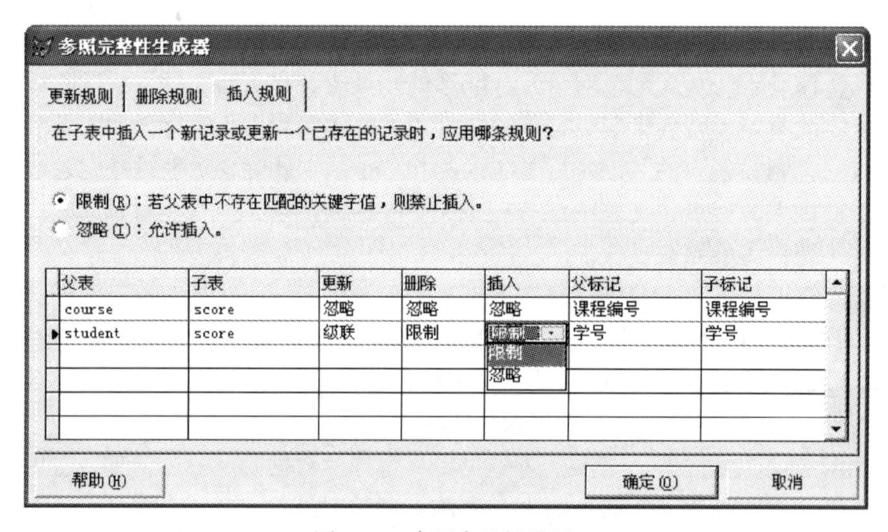

图 3-30　参照完整性设置

3.7 工 作 区

3.7.1 基本概念

在Visual FoxPro 中可以同时打开许多表，打开的每张表占一个内存空间，为管理这些空间，引入了工作区的概念。每个工作区只能容纳一张表以及与表相关的其他文件，如索引文件、查询文件等，打开多少表就使用多少工作区，若在一个工作区中打开一个新的表，则该工作区中原来的表将被关闭，这就把表的工作区紧密联系在一起了。如果要同时打开多张表，则在不同的工作区打开表就可以了。但在任何一个时刻用户只能选中一个工作区进行操作。正在操作的工作区称为当前工作区。

3.7.2 工作区操作命令

不同工作区可以用其编号或别名来加以区分，Visual FoxPro 提供了 32767 个工作区，系统以 1～32767 作为各工作区的编号。系统总是默认在第一个工作区中工作，如果没有指定工作区，都会在第一个工作区处理表。为了使用不同的工作区，需要对工作区进行选择，一般用命令 Select。

【**例 3.31**】在不同的 1、2、3 号工作区打开表 Student、Score、Course。

```
Select 1
Use Student
Select 2
Use Score
Select 3
Use Course
```

以上命令也可写成：

```
Use Student in 1
Use Score in 2
Use Course in 3
```

在工作区中打开表之后，表名就可以充当工作区的别名，如：

```
Select Student
```

相当于 Select 1。

工作区的别名有多种，一种是系统定义的别名：1～10 号工作区的别名分别为字母 A～J。另一种是用户定义的别名，用命令：

```
USE 表文件名 ALIAS 别名
```

来指定。比如，可以在第一个工作区中打开表 Student，同时将工作区命名为 stu。

```
Use Student alias stu
```

由于一个工作区只能打开一个表，因此可以把表的别名作为工作区的别名。若未用

ALIAS 子句对表指定别名，则以表的主名作为别名。

工作区最小号是 1 号，但在 Select 命令中，还会出现：

```
Select 0
```

这里的 0 表示工作区中没有被使用的最小工作区，所以不是指 0 号工作区，是一个不确定的值。如前面的例子中，使用了 1、2、3 号工作区，那么 Select 0 表示的就是选择 4 号工作区了。

3.7.3　数据工作期

数据工作期是多表操作的动态工作环境，利用它可以操作多张表，并可设置表属性。每个数据工作期包含自己的一组工作区，这些工作区含有打开的表、索引和关系。

1. 打开数据工作期

选择“窗口”→“数据工作期”菜单，或在命令窗口中输入：Set，打开如图 3-31 所示的对话框。对话框中显示当前数据工作期中的所有工作区。

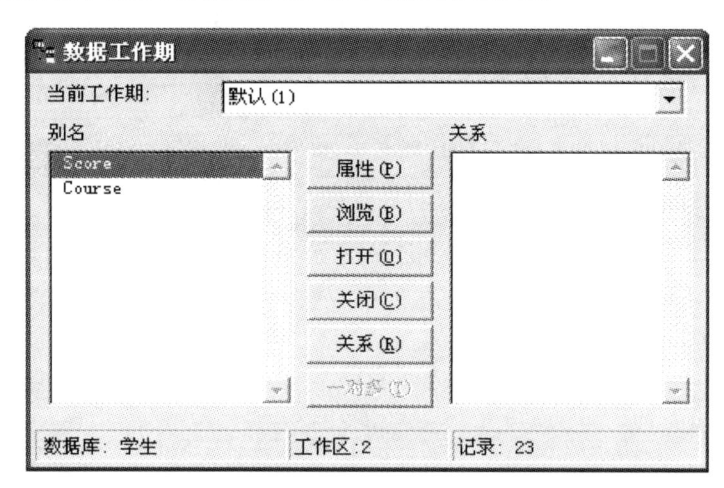

图 3-31　数据工作期

2. 操作工作区

1) 打开表

在“数据工作期”对话框中单击“打开”按钮，出现如图 3-32 所示的对话框，如果是已经打开的数据库中的表或视图，则可在左面的列表框中选择；如果是自由表或没有打开的数据库中的表和视图，则单击“其他”按钮。

图 3-32　在数据工作期打开表

2) 关闭表

在如图 3-31 所示的“数据工作期”对话框中，选择要关闭的表，单击“关闭”按钮。

3.7.4　表之间的关联

3.6 节在参照完整性的处理中，介绍了表之间的联系，它是建立在索引基础上的“永久联系”，存储在数据库中，在查询设计器和视图设计器中或表单的数据环境中是作为默认的表间关联来使用的。在数据库设计器中表现为一根连线，在使用时不需每次建立。但这种联系不能控制不同工作区中记录指针的联动，父表中的记录指针移动会导致子表中的记录指针的移动。Visual FoxPro 提供了这种联动，称为关联，是临时性的表间联系。

1. *在数据工作期中建立关联*

【**例 3.32**】在 Student 和 Score 之间用学号建立起一对多临时关联。

① 在工作期中打开 Student 和 Score 表，选择 Student(父表)；
② 单击“关系”按钮，Student 出现在“关系”显示框中，如图 3-33 左侧所示；
③ 选择 Score，出现“设置索引顺序”对话框，如图 3-33 右侧所示；
④ 选择“学号”，连续单击“确定”按钮；

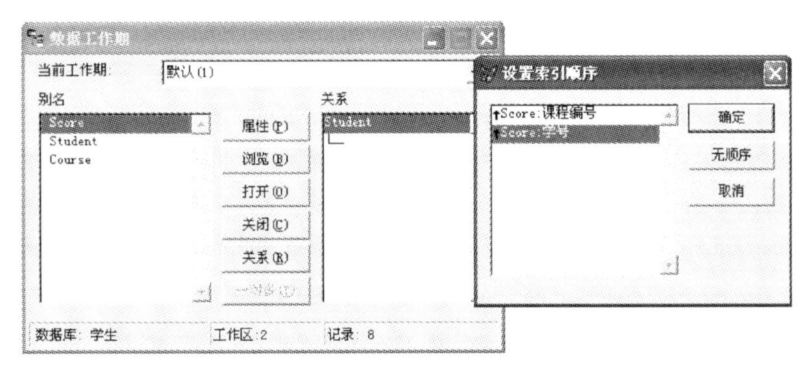

图 3-33　建立临时关联

⑤ 回到数据工作期对话框中，单击“一对多”按钮，出现“创建一对多关系”对话框，如图 3-34 所示；
⑥ 将 Score 移动到右边对话框，并确定。最终 Student 和 Score 之间出现双连线。

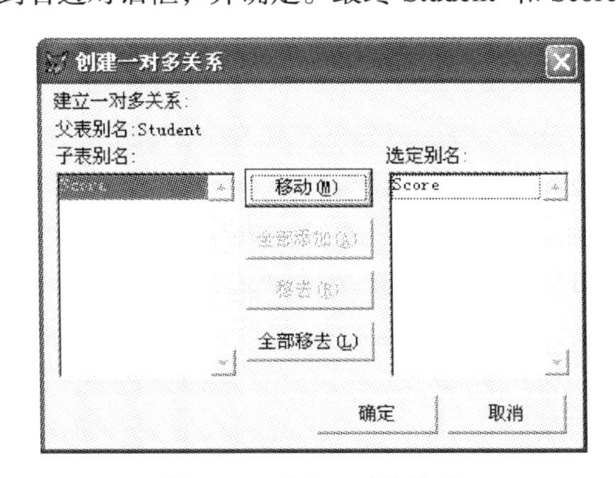

图 3-34　建立一对多关系

2. 命令建立关联

【例 3.33】使用命令在 Student 和 Score 之间用学号建立一对多临时关联。

```
USE Student IN 0
USE Score IN 0
SET ORDER TO TAG 学号 OF Score IN Score
SET RELATION TO 学号 INTO Score        &&用学号建立临时关联
SET SKIP TO Score                      &&建立一对多
```

3. 关联的使用

当两张表之间建立起临时关联后，把两张表在浏览器中显示出来，当父表中的指针移动时，可以看出，子表中的指针也跟随移动，如图 3-35 所示。父表中的指针移动到“季节”的记录时，季节的学号为“99035002”，对应子表中的学号也显示出来。

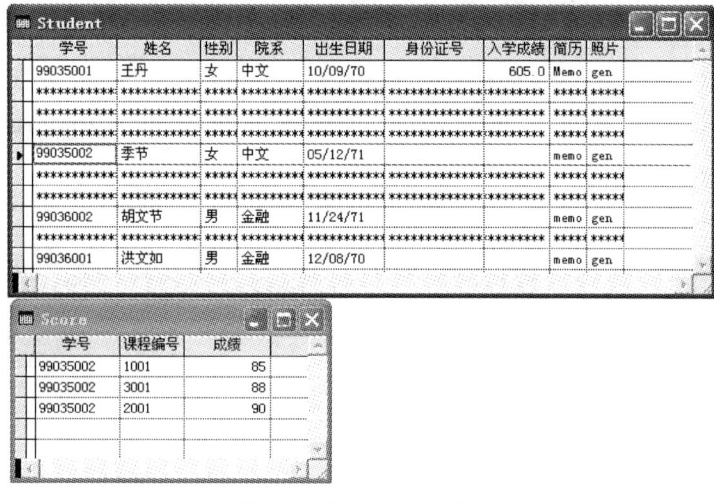

图 3-35　父子表记录联动

3.8 附　　表

表 3-1　Student 表字段结构

字段名	类型	宽度	小数位数	是否允许为空
学号	字符型	8		
姓名	字符型	8		
性别	字符型	2		
院系	字符型	6		
出生日期	日期型	8		
身份证号	字符型	18		
入学成绩	数值型	5	1	
简历	备注型	4		
照片	通用型	4		

表 3-2　Student 表记录

学号	姓名	性别	院系	出生日期	身份证号	入学成绩	简历	照片
99035001	王丹	女	中文	1970-10-9		605		
99035002	季节	女	中文	1971-5-12		0		
99036002	胡文节	男	金融	1971-11-24		0		
99036001	洪文如	男	金融	1970-12-8		0		
99036003	波阳	女	金融	1970-8-10		0		
99037001	赵小名	男	建筑	1971-11-5		0		
99037002	左文严	男	建筑	1970-8-18		0		
99037003	古月恒	女	建筑	1971-12-9		0		

表 3-3　Score 表字段结构

字段名	类型	宽度	小数位数	是否允许为空
学号	字符型	8		
课程编号	字符型	4		
成绩	整型	4		

表 3-4　Score 表记录

学号	课程编号	成绩
99035001	1001	90
99035002	1001	85
99036001	1001	66
99036002	1001	51
99036003	1001	69
99037001	1001	78
99037002	1001	88
99037003	1001	94
99035001	3001	68
99035002	3001	88
99036001	3001	81
99036002	3001	90
99036003	3001	65
99037001	3001	74
99037002	3001	64
99037003	3001	46
99035001	2001	68
99035002	2001	90
99036001	2001	85
99037001	2001	88
99037002	2001	68
99037003	2001	70
99035001	1002	60

表 3-5　Course 表字段结构

字段名	类型	宽度	小数位数	是否允许为空
课程编号	字符型	4		
课程名称	字符型	10		
开课院系	字符型	6		

表 3-6　Course 表记录

课程编号	课程名称	开课院系
1001	大学英语	外语
1002	德语	外语
1003	日语	外语
2001	计算机基础	计算机
2002	程序设计	计算机
3001	高等数学	数学
2003	数据库应用	计算机

第 4 章　结构化查询语言 SQL

4.1　SQL 概述

SQL 是结构化查询语言 Structured Query Language 的英文缩写，是一种通用的、功能强大的关系数据库标准语言。

SQL 语言具有如下 5 个特点：

(1) 高度一体化：SQL 语言集数据定义、数据操纵、数据查询及数据控制于一体，可以完成数据库活动中的所有功能要求。

(2) 非过程化：SQL 是一种非过程化语言，用 SQL 进行相关操作时，只需按语法要求描述清楚要“做什么”，具体获得相关结果的过程由计算机自动完成。

(3) 面向集合的操作方式：数据插入、删除、更新的对象是元组或元组集合，数据查询的结果也是元组的集合。

(4) 以同一种语法结构提供两种使用方式：SQL 语言既是自含式语言，又是嵌入式语言。作为自含式语言，可以直接用交互方式对数据库进行操作；作为嵌入式语言，又可当作语句嵌入到其他高级语言中实现对数据库的操作。而在两种不同使用方法中，它们的结构基本一致，这为程序设计人员提供了较大的灵活性。

(5) 语言简洁，易学易用：SQL 功能很强，仅涉及表 4-1 中的 4 类 9 条命令 (Visual FoxPro 中只有 3 类 7 条)，且语法简单扼要，便于学习掌握。

表 4-1　SQL 的命令动词

SQL 功能	命令动词
数据定义	CREATE、ALTER、DROP
数据操纵	INSERT、DELETE、UPDATE
数据查询	SELETE
数据控制 (VFP 中没有)	GRANT、REVOKE

本章主要介绍 Visual FoxPro 中 SQL 的数据定义功能，数据操纵功能和数据查询功能。

4.2　数据定义语言

SQL 数据定义功能通常包括数据库的定义、表的定义、视图的定义、存储过程的定义、规则的定义和索引的定义等，本节将主要介绍 Visual FoxPro 中表的定义。

4.2.1　建立表的命令 (CREATE)

在之前的内容学习中，我们学习了通过表设计器建立表的方法和过程，即在表设计器中，依次描述表结构中各参数，所有操作均在表设计器中完成。在 Visual FoxPro 中，也可以通过 SQL 的 CREATE 命令来完成表的建立。主要区别是：所有表结构参数的描述均在命令中完成。

CREATE 命令的基本结构：

```
CREATE TABLE 表名(字段名 字段结构定义)
```

其中，TABLE 也可写成 DBF；字段名及字段结构定义可重复出现多次，相当于依次描述各字段的结构定义，一个字段的结构定义完成后，各字段间必须用英文逗号分隔；字段名与字段结构定义间必须有空格分隔，这是初学者最容易忽略而犯错误的地方。

字段结构定义基本内容通常为数据类型符号及宽度，如果需要，也可包括字段有效性规则的三个短语(CHECK、ERROR 和 DEFAULT)，是否允许为空(NULL)，主索引(PRIMARY KEY)，候选索引(UNIQUE)等。

常用数据类型符号如表 4-2 所示。

表 4-2 常用数据类型符号

类型名称	类型符号	宽度	类型名称	类型符号	宽度
字符型	C	用户定义	逻辑型	L	1
数值型	N	用户定义	整型	I	4
日期型	D	8	浮动型	F	用户定义

【例 4.1】在学生数据库中，参照 STUDENT 表的结构，用 SQL 命令建立 STUD1 表，同时按学号建立主索引。

启动 Visual FoxPro 并作好目录默认等相关设置后，打开学生数据库及设计器，并在命令窗口中输入命令：

```
CREATE TABLE STUD1(学号 C(8)PRIMARY  KEY,姓名 C(8),;
性别 C(2),院系 C(6),出生日期  D(8))
```

注意：SQL 命令通常较长，在一行写不下时，可用英文分号(;)续行写到下一行，原有的成分不能漏掉，如本例中分号前的逗号不能省略；同时，**句子中的标点及括号必须为英文字符**。

本例中，“学号 C(8)PRIMARY KEY”为第一个字段的字段名及字段结构定义，学号为字段名，空格后，C(8)是字段类型及宽度(8 位)的说明，PRIMARY KEY 则指定本字段为主关键字(主索引)，如将 PRIMARY KEY 改为 UNIQUE，则建立的是候选索引，本课程中用 SQL 建立索引只要求这两种类别；逗号分隔之后为第二个字段的字段名及字段结构定义。

【例 4.2】参照 COURSE 表的结构，用 SQL 命令建立 COURSE1 表，同时按课程编号建立主索引。

```
CREATE TABLE COURSE1(课程编号 C(4)PRIMARY  KEY,课程名称 C(10),;
开课院系 C(6))
```

【例 4.3】参照 SCORE 表的结构，用 SQL 命令建立 SCORE1 表，同时分别按“学号”和“课程编号”建立永久联系。

```
CREATE TABLE SCORE1(学号 C(8),课程编号 C(4),成绩 I,;
   FOREIGN  KEY 学号 TAG  学号 REFERENCES  STUD1,;
   FOREIGN  KEY 课程编号 TAG  课程编号 REFERENCES  COURSE1 )
```

本例中有两“FOREIGN　KEY ... REFERENCES”结构的子句，意思是在建立 SCORE1 表的同时，按相应字段建立普通索引并与相应表建立永久联系。命令完成后，数据库设计器上可看到新建立的三张表，如图 4-1 所示。

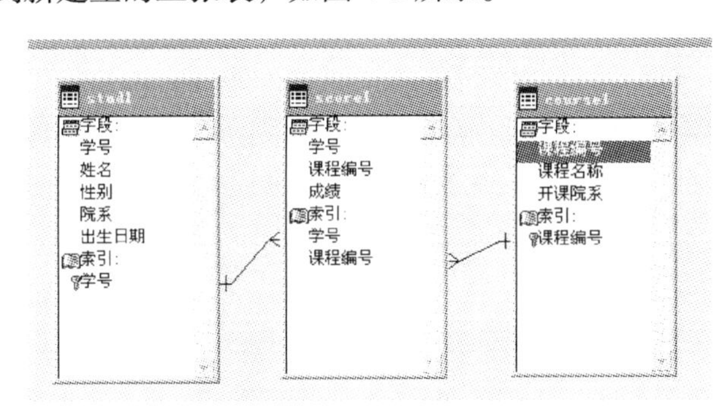

图 4-1　建立新表后的数据库设计器

4.2.2　修改表结构的命令(ALTER)

在完成表结构定义后,如果需要对表结构进行修改,可使用修改表结构的命令 ALTER。

涉及表结构修改的要求很多，在 SQL 中都可从一个 ALTER 命令配置不同的短语子句演变而来，常用的可分为下列 5 种主要形式：

1. 增加新字段

```
ALTER TABLE  表名 add 字段名类型说明
```

2. 删除字段

```
ALTER TABLE  表名 drop 字段名
```

3. 重命名字段

```
ALTER TABLE  表名  rename  字段名1  to  字段名2
```

4. 建立主索引或候选索引

```
ALTER TABLE  表名 add  primary  key  (unique) 索引表达式  tag 索引名
```

5. 其他结构参数的修改

```
ALTER TABLE  表名 alter 字段名类型说明
```

注意：

(1) 5 种格式的前半部分均为 ALTER TABLE 表名，(其中 TABLE 依然可用 DBF 代替，以后不再赘述)，用以指定对哪个表进行修改，故都用大写字母书写；后半部分指定做何种修改，用小写字母书写，以示区别，实际整个语句中大小写均可。

(2) 前 4 种修改结构的命令针对性较强，形式也简单，第 5 种格式可理解为除前 4 种之外的所有修改要求均用这种格式，实际应用中主要用于字段有效性、类型、宽度、是否允许为空等参数的修改。

【例 4.4】用 SQL 命令为 STUD1 表增加一个名为电话的字段，类型为字符型，宽度为 11，并要求字段有效性规则设置为电话以“139”开头，出错信息为“电话必须以 139 开头”，默认值设为“13900000000”

```
ALTER TABLE  STUD1 ADD 电话 C(11)CHECK  LEFT(电话,3)="139";
          ERROR "电话必须以 139 开头" DEFAULT "13900000000"
```

其中：CHECK 短语是指定字段的有效性规则，通常其后面是一个条件表达式；ERROR 短语是指定违背规则时的提示信息，要加字符定界符(双引号、单引号或方括号)，ERROR 子句不能独立使用，必须有 CHECK 子句才能用；DEFAULT 是指定默认值，其类型表达必须与字段类型相匹配。

【例 4.5】用 SQL 命令删除 STUD1 表中的院系字段。

```
ALTER TABLE  STUD1  drop 院系
```

注意观察 STUD1 表的变化。

【例 4.6】用 SQL 命令将 STUD1 表中的电话字段改为手机号码。

```
ALTER TABLE  STUD1rename  电话  to  手机号码
```

注意观察 STUD1 表的变化。

【例 4.7】用 SQL 命令为 SCORE1 表建立主索引，索引表达式为学号+课程编号，索引名为 SK。

```
ALTER TABLE SCORE1  add primary  key 学号+课程编号  tag  SK
```

观察 SCORE1 表的变化，新增了一个主索引 SK。

【例 4.8】用 SQL 命令为 STUD1 表的性别字段设置字段有效性：规则为性别$“男女”，出错信息为“性别只能是男或女”，默认值为“女”。

方法 1：

```
ALTER TABLE  STUD1 alter 性别 C(2) CHECK 性别$ "男女";
                ERROR "性别只能是男或女" DEFAULT "女"
```

这个方法中，要求事先必须了解性别字段的类型及宽度为 C(2)，否则将出错。

方法 2：分别用两条命令：

```
ALTER TABLE  STUD1 alter 性别 SET  CHECK 性别$ "男女";
                ERROR "性别只能是男或女"
ALTER TABLE  STUD1 alter 性别 SET  DEFAULT "女"
```

第 1 条命令先设置性别字段的规则及出错信息，第 2 条命令设置性别字段的默认值，这种方法区别于方法 1 的是，不用事先考虑性别字段的类型宽度而直接设置，但规则与默认值必须分别设置。SET 可理解为在原有基础上增加新的设置，而方法 1 中写出了类型与宽度，可理解为重新定义类型与宽度(尽管实际上类型与宽度均无变化)，重新定义，自然可以将所有设置一步到位。

相应地，删除规则及默认值的命令是：

```
ALTER TABLE  STUD1 alter 性别  DROP CHECK
ALTER TABLE  STUD1 alter 性别  DROP DEFAULT
```

而修改类型与宽度的命令自然就是重新定义的形式，这里不重复了。

4.2.3　删除表的命令(DROP)

删除表的命令较为简单，其格式为：

```
DROP  TABLE 表名
```

DROP　TABLE 命令是直接从磁盘上删除所指定的表，如果是自由表，直接删除；如果是数据库表，而且是当前数据中的表，直接删除；否则仅删除相应的表文件，而数据库中该表信息仍保留，此后再次从数据库中访问该表时，会出现错误信息。所以，删除数据库表最好在打开数据库时进行。

4.3　数据操纵语言

SQL 语言中，数据操纵是指对记录数据进行操作，包括追加记录、删除记录及数据更新三个内容。

4.3.1　追加记录的命令(INSERT)

追加记录也叫插入记录，是增加记录数据的一个操作，Visual FoxPro 中，INSERT 命令有两种形式：

格式 1：`INSERT  INTO 表名(字段名)  VALUES(记录数据)`

格式 2：`INSERT  INTO 表名 from  array  数组名`

其中，格式 1 是最常用的格式，功能是以 VALUES(记录数据)中的数据增加一条新记录；格式 2 可以一次追加多条记录，多条记录的数据事先存于相应数组中。

命令中的前半部分“INSERT　INTO　表名”用于指定对哪一张表进行插入操作，后半部分描述插入的数据与字段的关系;如果 VALUES(记录数据)中的数据是一条完整记录，则表名之后的(字段名)及括号均可省略不写，记录数据与表的字段顺序自动对应；否则，必须在(字段名)中，依次写出相应的字段名(用逗号分隔开)。

【例 4.9】用 SQL 命令为 SCORE1 表增加一条记录:学号为 99035001,课程编号为 1002,成绩为 90。

```
INSERT  INTO SCORE1  VALUES("99035001","1002",90)
```

因记录数据是完整记录，命令中没有指定字段名，字段与数据对应关系按表结构的字段顺序依次对应，分别是学号、课程编号、成绩；每项数据的表达必须与相应的数据类型一致，如学号、课程编号为字符型，VALUES 中相应数据必须加字符定界符，而成绩是整型字段，相应数据直接写出；记录数据中的各项数据也用英文逗号分隔。

操作时，输入命令按 Enter 键后，操作结果要重新选择 SCORE1 的浏览窗口为当前窗口，才能看到。

注意：书写记录数据顺序时，一定要确认与表结构中的字段顺序对应，否则，将因对应关系错位而出错或导致数据丢失，当然也可直接指定字段与数据的对应关系，如本例命令也可写成:

```
INSERT INTO SCORE1(学号,课程编号,成绩) VALUES("99035001","1002",90)
```

4.3.2 删除记录的命令(DELETE)

SQL 中删除记录的命令格式为:

```
DELETE  FROM  表名 WHERE  条件表达式
```

其功能是删除指定表中满足条件的记录，如果没有“WHERE　条件表达式”，则删除表中全部记录，注意这里的删除均指逻辑删除。

【例 4.10】 用 SQL 命令删除 STUDENT 表中姓赵的学生记录。

```
DELETE  FROM STUDENT WHERELEFT(姓名,2)="赵"
DELETE  FROM STUDENT WHERE 姓名 like  "赵%"
```

【例 4.11】 用 SQL 命令删除 STUDENT 表中所有女同学的记录。

```
DELETE  FROM STUDENT WHERE 性别="女"
```

【例 4.12】 用 SQL 命令删除 STUDENT 表中所有 1970 年出生的男同学的记录。

```
DELETE  FROM STUDENT WHEREYEAR(出生日期)=1970  AND 性别="男"
```

删除记录的命令形式较为简单，主要变化在于条件表达式，根据不同的要求写出不同的条件表达式，这是一个重要的基本功，在学习中一定要注意积累。

4.3.3 更新记录的命令(UPDATE)

SQL 中更新记录的命令格式为:

```
UPDATE  表名  SET 字段名=表达式  WHERE 条件表达式
```

其功能是更新(修改)表中的某字段值，如果没有“WHERE　条件表达式”，则更新所有记录的相应字段值。

其中，“UPDATE 表名”指定对哪个表进行更新，“SET 字段名=表达式”描述将哪个字段值改为什么值，“WHERE 条件表达式”指明对哪些记录(满足条件的)进行修改。

【例 4.13】 用 SQL 命令将 COURSE 表中课程名称“德语”改为“大学德语”。

```
UPDATE COURSE SET 课程名称="大学德语"  WHERE 课程名称="德语"
```

数据更新中，初学者易犯的一种错误是：将要改的内容与条件写错位置，这个例子给出的表达值得思考。

【例 4.14】 先用 SQL 命令为 STUDENT 表增加一个字段：年龄 N(3)，然后根据每个学生的出生日期计算其年龄并填入表中。

增加字段的命令：

```
ALTER  TABLE  STUDENT  ADD 年龄 N(3)
```

计算每个学生年龄的命令：

```
UPDATE  STUDENT  SET 年龄=YEAR(DATE())-YEAR(出生日期)
```

4.4　数据查询

数据查询是指对数据库中的数据按指定条件和顺序进行检索，即对数据库中的数据进行各种组合，有效地筛选记录、统计数据，并对结果进行排序；使用数据查询可以让用户从大量数据中提取相关信息并以需要的方式显示或保存。

数据查询是数据库的核心内容。SQL 语言中，数据查询只有一条 SELECT 命令，但是该命令却是用途最广、变化最多的命令。本节将通过一系列的例子，展示 SQL 语言中数据查询的各种格式变化及表达方式，引导用户经历从单表查询到多表查询、从简单结构到复杂结构的学习过程。

在传统教材中，对 SELECT 命令结构表达较为冗长，对初学者不具可读性。本节中以尽可能简单的方式表达出 SELECT 命令的架构，配合相关子句，让用户逐步掌握 SELECT 的用法。

SELECT 命令的框架结构为：

```
SELECT  字段名  FROM  表名  其他短语子句集合
```

其中，“SELECT　字段名”用于表达“查什么”，“FROM　表名”用于表达“在哪儿查”，“其他短语子句集合”用于表达“怎么查(查询条件、分组等)或查询结果怎么处理(排序、结果保存等)”。

这个架构的意义，其实也就指出了学习和使用 SELECT 命令的思路：首先要进行数据分析，明确要查什么，然后明确在哪儿能查到，进而明确怎么查，如查询条件是什么？是否要分组等等。功能结构决定思路，有了正确的思路，要写出符合要求的 SELECT 命令就变得简单了。

本节例子的背景数据库为学生数据库和订单管理数据库，学生数据库所涉及三张表 Student、Score 及 Course 数据分别如图 4-2 ~ 图 4-4 所示。

Student

学号	姓名	性别	院系	出生日期	身份证号
99035001	王丹	女	中文	10/09/70	
99035002	季节	女	中文	05/12/71	
99036002	胡文节	男	金融	11/24/71	
99036001	洪文如	男	金融	12/08/70	
99036003	波阳	女	金融	08/10/70	
99037001	赵小名	男	建筑	11/05/71	
99037002	左文严	男	建筑	08/18/70	
99037003	古月恒	女	建筑	12/09/71	
99037004	许三多	男	会计	06/05/72	
99036005	周星驰	男	会计	09/21/73	

图 4-2　Student 表

Score

学号	课程编号	成绩
99036003	3001	65
99037001	3001	74
99037002	3001	64
99037003	3001	46
99035001	2001	68
99035002	2001	90
99036001	2001	85
99037001	2001	88
99037002	2001	66
99037003	2001	70
99035001	1002	60
99035002	1002	.NULL.
99035003	1002	.NULL.

图 4-3　Score 表

Course

课程编号	课程名称	开课院系
1001	大学英语	外语
1002	德语	外语
1003	日语	外语
2001	计算机基础	计算机
2002	程序设计	计算机
3001	高等数学	数学

图 4-4　Course 表

4.4.1　投影查询

投影查询是指从表中查询全部列或部分列，是 SELECT 命令的基本结构形式。

1. 查询全部字段

【例 4.15】 查询 STUDENT 表的全部信息。

```
SELECT * FROM  STUDENT
```

查询结果如图 4-5 所示。

查询

学号	姓名	性别	院系	出生日期	身份证号
99035001	王丹	女	中文	10/09/70	
99035002	季节	女	中文	05/12/71	
99036002	胡文节	男	金融	11/24/71	
99036001	洪文如	男	金融	12/08/70	
99036003	波阳	女	金融	08/10/70	
99037001	赵小名	男	建筑	11/05/71	
99037002	左文严	男	建筑	08/18/70	
99037003	古月恒	女	建筑	12/09/71	
99037004	许三多	男	会计	06/05/72	
99036005	周星驰	男	会计	09/21/73	

图 4-5　查询 Student 表全部信息

本例中，查 STUDENT 的全部信息，是指查 STUDENT 表的全部字段；全部字段的表达有两种方式：一是将学生表的全部字段在 SELECT 之后依次列出；二是直接用*代替全部字段，如本例的用法。

SELECT *表示查全部字段，而 FROM STUDENT 表示从学生表中查，SELECT…FROM 结构是查询命令中的基本结构，是 SELECT 命令中必不可少的部分。

类似地，也可用 SELECT * FROM　SCORE 或 SELECT * FROM　COURSE 分别查询相应表的全部信息。

2. 查询部分字段

如果用户只需要查询表的部分字段，可以在 SELECT 之后列出需要查询的字段名，字段名之间以英文逗号分隔。

【例 4.16】查 STUDENT 表的学号、姓名和出生日期。

```
SELECT 学号,姓名,出生日期 FROM  STUDENT
```

查询结果如图 4-6 所示。

学号	姓名	出生日期
99035001	王丹	10/09/70
99035002	季节	05/12/71
99036002	胡文节	11/24/71
99036001	洪文如	12/08/70
99036003	波阳	08/10/70
99037001	赵小名	11/05/71
99037002	左文严	08/18/70
99037003	古月恒	12/09/71
99037004	许三多	06/05/72
99036005	周星驰	09/21/73

图 4-6　查学生表的部分字段

3. 去掉重复记录

在 SELECT 语句中，可以使用 DISTINCT 来取消查询结果中重复的记录。

【例 4.17】查询 SCORE 表中已有学生选课的课程编号。

```
SELECT  DISTINCT  课程编号  FROM  SCORE
```

查询结果如图 4-7 所示。

课程编号
1001
1002
2001
3001

图 4-7　查询有选课的学生学号

4. 查询表达式计算结果

在 SELECT 语句中，查询的列可以是字段，也可以是表达式计算的结果。

【例 4.18】查询 STUDENT 表中的学号、姓名和年龄。

```
SELECT 学号,姓名,YEAR(DATE())-YEAR(出生日期)AS 年龄 FROM STUDENT
```

查询结果如图 4-8 所示。

本例中，表达式 YEAR(DATE())−YEAR(出生日期)计算出来的值是年龄，所以用 AS 来指定在查询结果中显示的字段名，其中 AS 可以省略不写。

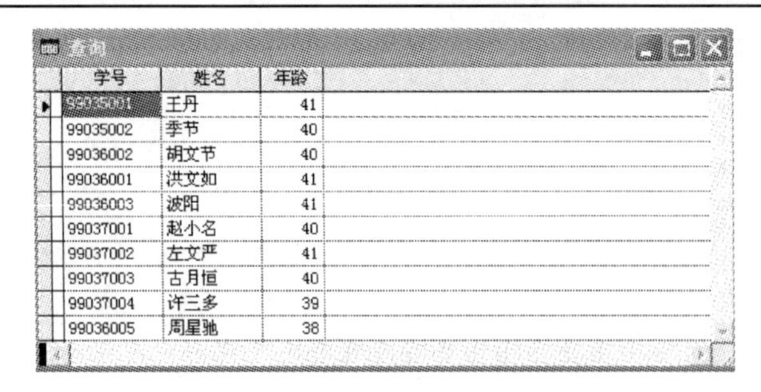

学号	姓名	年龄
99035001	王丹	41
99035002	季节	40
99036002	胡文节	40
99036001	洪文如	41
99036003	波阳	41
99037001	赵小名	40
99037002	左文严	41
99037003	古月恒	40
99037004	许三多	39
99036005	周星驰	38

图 4-8　查询列中有表达式的结果

4.4.2　条件查询

若要在数据表中找出满足某条件的记录时，需使用“WHERE 条件表达式”来指定查询条件。条件表达式的变化很多，常用的一些条件表达式运算符如表 4-3 所示。

表 4-3　常用表达式运算符

运算符	含义	举例
=、>、<、>=、<=、<>、!=、#	比较运算	成绩>=90
NOT、AND、OR	复合条件	成绩>70 AND 成绩<80
BETWEEN　AND、NOT　BETWEEN　AND	在某范围内	成绩 BETWEEN　60　AND　100
IN、NOT IN	在集合中	院系 IN ("金融", "建筑")
LIKE、NOT　LIKE	字符匹配	姓名 LIKE "%文%"
IS　NULL、IS　NOT NULL	空值查询	成绩 IS NULL

1. 简单条件查询

【例 4.19】查询成绩在 90 分及以上的成绩记录。

```
SELECT * FROM SCORE WHERE 成绩>=90
```

查询结果如图 4-9 所示。

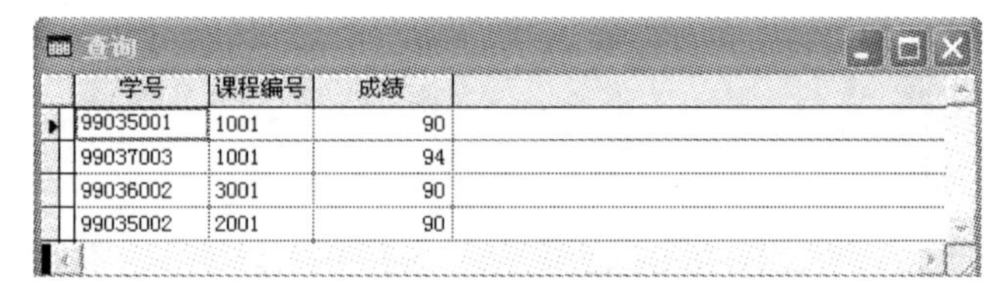

学号	课程编号	成绩
99035001	1001	90
99037003	1001	94
99036002	3001	90
99035002	2001	90

图 4-9　成绩在 90 分及以上的成绩记录

【例 4.20】查询非金融系学生的全部信息。

方法 1：`SELECT * FROM STUDENT WHERE 院系<>"金融"`

查询结果如图 4-10 所示。

方法 2：`SELECT * FROM STUDENT WHERE 院系 NOT IN ("金融")`

注意：方法 2 中的条件表达式是集合表达，与方法 1 中的条件表达式是等价的。

2. 复合条件查询

【例 4.21】查询课程编号为 1001 且成绩低于 80 分的成绩记录。

```
SELECT * FROM SCORE WHERE 课程编号="1001" AND 成绩<80
```

查询结果如图 4-11 所示。

查询

学号	姓名	性别	院系	出生日期	身份证号
99035001	王丹	女	中文	10/09/70	
99035002	季节	女	中文	05/12/71	
99037001	赵小名	男	建筑	11/05/71	
99037002	左文严	男	建筑	08/18/70	
99037003	古月恒	女	建筑	12/09/71	
99037004	许三多	男	会计	06/05/72	
99036005	周星驰	男	会计	09/21/73	

图 4-10　非金融系学生的全部信息

查询

学号	课程编号	成绩
99036001	1001	66
99036002	1001	51
99036003	1001	69
99037001	1001	78

图 4-11　成绩记录

【例 4.22】查询金融系和建筑系学生的学号、姓名、性别和院系。

方法 1：
```
SELECT 学号,姓名,性别,院系 FROM STUDENT;
    WHERE 院系="金融" OR 院系="建筑"
```

查询结果如图 4-12 所示。

查询

学号	姓名	性别	院系
99036002	胡文节	男	金融
99036001	洪文如	男	金融
99036003	波阳	女	金融
99037001	赵小名	男	建筑
99037002	左文严	男	建筑
99037003	古月恒	女	建筑

图 4-12　金融系和建筑系学生信息

方法 2：
```
SELECT 学号,姓名,性别,院系 FROM STUDENT;
    WHERE 院系 IN("金融","建筑")
```

注意：方法 2 中的条件表达式为集合表达，与方法 1 中的条件表达式是等价的。

【例 4.23】查询成绩为 70～80(含两端点)的成绩记录。

方法 1：
```
SELECT * FROM SCORE;
    WHERE 成绩>=70 AND 成绩<=80
```

查询结果如图 4-13 所示。

查询

学号	课程编号	成绩
99037001	1001	78
99037001	3001	74
99037003	2001	70

图 4-13　成绩为 70～80(含两端点)的成绩记录

方法 2：`SELECT * FROM SCORE;`

```
        WHERE 成绩 BETWEEN 70 AND 80
```

注意： 方法 2 中的 BETWEEN…AND 结构为 SQL 语言中用于表达在某范围内的条件，要求下界与上界分别写在 AND 之前后，范围包括两个端点；在本例中与方法 1 中的条件表达式是等价的。若要表达的范围不包括两个端点，不能用 BETWEEN…AND 结构。

3. 字符匹配查询

当用户不知道精确的查询条件时，可以使用 LIKE 或 NOT LIKE 来完成字符匹配查询(也称模糊查询)。

LIKE 定义的一般格式为：

```
字段名 LIKE 字符表达式
```

说明：字段类型必须为字符型。字符表达式通常包含一个特殊符号“%”，表示任意长度的字符串。

【例 4.24】 从表 STUDENT 中查询所有姓名中包含有“文”字的学生记录。

方法 1：`SELECT * FROM STUDENT WHERE 姓名 LIKE "%文%"`

查询结果如图 4-14 所示。

查询

学号	姓名	性别	院系	出生日期	身份证号
99036002	胡文节	男	金融	11/24/71	
99036001	洪文如	男	金融	12/08/70	
99037002	左文严	男	建筑	08/18/70	

图 4-14　姓名中包含有“文”字的学生记录

方法 2：`SELECT * FROM STUDENT WHERE "文" $ 姓名`

方法 3：`SELECT * FROM STUDENTWHERE AT("文",姓名)>0`

本例中，3 种方法的条件表达式是等价的。

【例 4.25】 从表 STUDENT 中查询所有学号前 5 位是“99036”的所有学生记录。

方法 1：`SELECT * FROM STUDENT WHERE 学号 LIKE "99036%"`

查询结果如图 4-15 所示。

查询

学号	姓名	性别	院系	出生日期	身份证号
99036002	胡文节	男	金融	11/24/71	
99036001	洪文如	男	金融	12/08/70	
99036003	波阳	女	金融	08/10/70	
99036005	周星驰	男	会计	09/21/73	

图 4-15　学号前 5 位是“99036”的学生记录

方法 2：`SELECT * FROM STUDENT WHERE LEFT(学号,5)="99036"`

4. 空值查询

在 SELECT 语句中，查询是否具有空值(.NULL.)的记录要用 IS NULL 或 IS NOT NULL 来表达，通常格式为：

```
字段名 IS NULL
```

或

```
字段名 IS NOT NULL
```

【例 4.26】从表 SCORE 中查询所有选修了课程但未取得成绩(未参加考试)的记录。

```
SELECT * FROM SCORE WHERE 成绩 IS NULL
```

查询结果如图 4-16 所示。

学号	课程编号	成绩
99035002	1002	.NULL.
99035003	1002	.NULL.

图 4-16　空值查询结果

注意：空值查询的条件不能写成：成绩=NULL。

4.4.3　统计和分组统计

在实际应用中，不仅只要求将表中的记录查询出来，还需要在原有数据的基础上，通过统计计算得到相关结果。SQL 提供了许多统计函数，Visual FoxPro 中，主要涉及表 4-4 所示的 5 个统计函数。

表 4-4　统计函数

函数名称及格式	基本功能说明
SUM(数值型字段名)	数值型字段名纵向求和
AVG(数值型字段名)	数值型字段名纵向求平均
MAX(字段名)	纵向求最大值
MIN(字段名)	纵向求最小值
COUNT(* 或字段名)	统计记录数

注意：这 5 个统计函数，在查询命令中只能出现在 SELECT 之后或在 HAVING 子句中，其他地方不能直接使用。

本节所涉及的数据库除学生数据库外，还涉及订单管理数据库。订单管理数据库的三个表 Customer、Order_list、Order_detail 如图 4-17～图 4-19 所示。

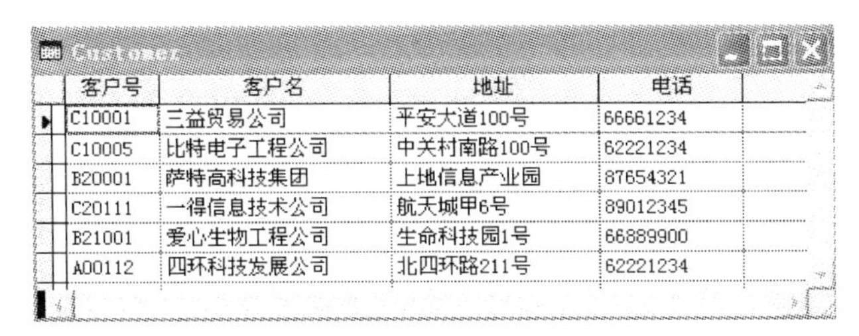

客户号	客户名	地址	电话
C10001	三益贸易公司	平安大道100号	66661234
C10005	比特电子工程公司	中关村南路100号	62221234
B20001	萨特高科技集团	上地信息产业园	87654321
C20111	一得信息技术公司	航天城甲6号	89012345
B21001	爱心生物工程公司	生命科技园1号	66889900
A00112	四环科技发展公司	北四环路211号	62221234

图 4-17　客户表

Order_list

客户号	订单号	订购日期	总金额
C10001	OR-01C	10/10/01	4000.00
A00112	OR-22A	10/27/01	5500.00
B20001	OR-02B	02/13/02	10500.00
C10001	OR-03C	01/13/02	4890.00
C10001	OR-04C	02/12/02	12500.00
A00112	OR-21A	03/11/02	30000.00
B21001	OR-11B	05/13/01	45000.00
C10001	OR-12C	10/10/01	3210.00
B21001	OR-13B	05/05/01	3900.00
B21001	OR-23B	07/08/01	4390.00
B20001	OR-31B	02/10/02	39650.00
C10001	OR-32C	08/09/01	7000.00
A00112	OR-33A	09/10/01	8900.00
A00112	OR-41A	04/01/02	8590.00
C10001	OR-44C	12/10/01	4790.00
B21001	OR-37B	03/25/02	4450.00

图 4-18　订单表

Order_detail

订单号	器件号	器件名	单价	数量
OR-01C	P1001	CPU P4 1.4G	1050.00	2
OR-01C	D1101	3D显示卡	500.00	3
OR-02B	P1001	CPU P4 1.4G	1100.00	3
OR-03C	S4911	声卡	350.00	3
OR-03C	E0032	E盘(闪存)	280.00	10
OR-03C	P1001	CPU P4 1.4G	1090.00	5
OR-03C	P1005	CPU P4 1.5G	1400.00	1
OR-04C	E0032	E盘(闪存)	290.00	5
OR-04C	M0256	内存	350.00	4
OR-11B	P1001	CPU P4 1.4G	1040.00	3
OR-12C	E0032	E盘(闪存)	275.00	20
OR-12C	P1005	CPU P4 1.5G	1390.00	2
OR-12C	M0256	内存	330.00	4
OR-13B	P1001	CPU P4 1.4G	1095.00	1
OR-21A	S4911	声卡	390.00	2
OR-21A	P1005	CPU P4 1.5G	1350.00	1
OR-22A	M0256	内存	400.00	4
OR-23B	P1001	CPU P4 1.4G	1020.00	7
OR-23B	S4911	声卡	400.00	2
OR-23B	D1101	3D显示卡	540.00	2
OR-23B	E0032	E盘(闪存)	290.00	5
OR-23B	M0256	内存	395.00	5
OR-31B	P1005	CPU P4 1.5G	1320.00	2
OR-32C	P1001	CPU P4 1.4G	1030.00	5
OR-33A	E0032	E盘(闪存)	295.00	2
OR-33A	M0256	内存	405.00	6
OR-37B	D1101	3D显示卡	600.00	1
OR-41A	M0256	内存	380.00	10
OR-41A	P1001	CPU P4 1.4G	1100.00	4
OR-44C	S4911	声卡	385.00	3
OR-44C	E0032	E盘(闪存)	296.00	2

图 4-19　订单明细表

1. 简单统计

【例 4.27】查询所有订单的总金额合计。

```
SELECT SUM(总金额)AS 总金额合计 FROM ORDER_LIST
```

查询结果如图 4-20 所示。

通常在统计查询中会用 AS 短语来指定统计结果显示的名字。本例中总金额合计表达了对整个表总金额字段求和，用函数 SUM(总金额)实现，注意体会纵向求和的意义。

【例 4.28】查询所有订单的总金额平均、最高总金额、最低总金额及订单数。

```
SELECT AVG(总金额)AS  总金额平均,MAX(总金额) AS 最高金额,;
        MIN(总金额) AS 最低金额,COUNT(*) AS 订单数;
        FROM ORDER_LIST
```

查询结果如图 4-21 所示。

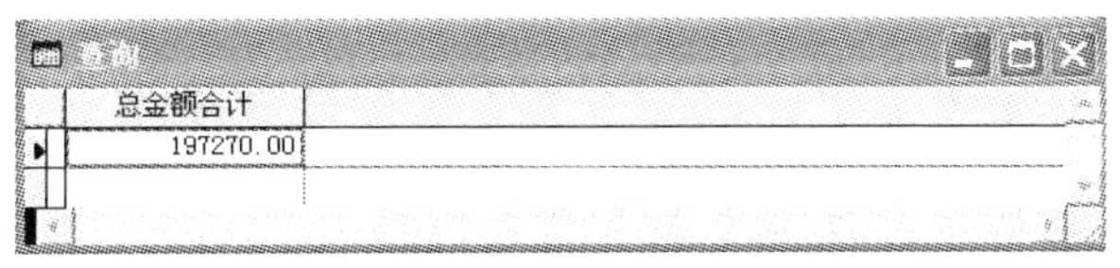

总金额合计
197270.00

图 4-20　所有订单的总金额合计

总金额平均	最高金额	最低金额	订单数
12329.38	45000.00	3210.00	16

图 4-21　所有订单的总金额平均、最高金额、最低金额及订单数

事实上，表 4-3 中的 5 个统计函数可以同时使用，在使用过程中注意每个函数统计结果的意义及相关统计背景，如下列命令：

```
SELECT AVG(总金额)AS  总金额平均,MAX(总金额) AS 最高金额,;
    MIN(总金额) AS 最低金额,COUNT(*) AS 订单数;
    FROM ORDER_LIST;
    WHERE 客户号="C10001"
```

查询结果如图 4-22 所示。

总金额平均	最高金额	最低金额	订单数
6065.00	12500.00	3210.00	6

图 4-22　统计结果

查询结果显示的字段名与图 4-21 完全一样，但数据不同，这是因为统计背景不同于前者而表现出的差异，前者是整个表的统计结果，而后者是整个表中客户号为“C10001”的所有订单的统计结果。在学习 SQL 查询时，要注意这些差异，从数据含义上领会这些不同。

同时要注意 COUNT() 函数的统计结果，表 4-3 中，其含义是统计记录数，在本例的统计背景下，记录数的物理意义也就是订单数，其中的*号也可以换成 ORDER_LIST 表中的任何一个字段名，如写成 COUNT(订单号)、COUNT(订购日期)等，统计结果意义不变。下面的例子将继续介绍 COUNT() 函数的应用。

【例 4.29】查询 SCORE 表中，学号为“99035001”的学生的选课门数。

```
SELECT COUNT(*) AS 选课门数;
      FROM SCORE;
      WHERE 学号="99035001"
```

查询结果如图 4-23 所示。

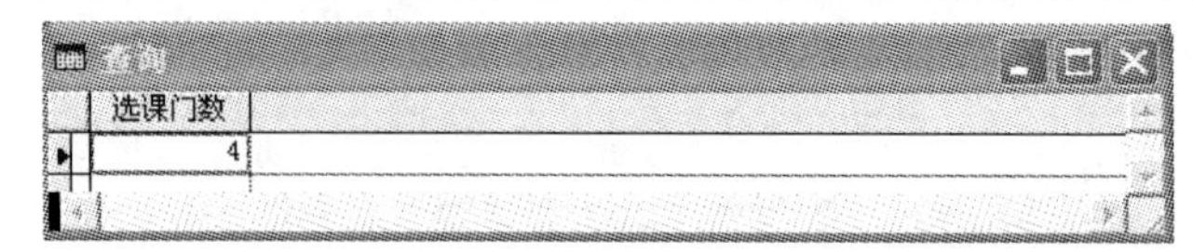

图 4-23 选课门数

本例中，COUNT(*)的统计结果是 SCORE 表中满足条件“学号="99035001"”的记录数，在此背景下，记录数的物理意义就是该学生的选课门数，所以用 AS 选课门数指定其显示为选课门数。

【例 4.30】 查询 SCORE 表中，课程编号为“1001”的课程的选课人数。

```
SELECT COUNT(*)  AS 选课人数;
     FROM SCORE;
     WHERE 课程编号="1001"
```

查询结果如图 4-24 所示。

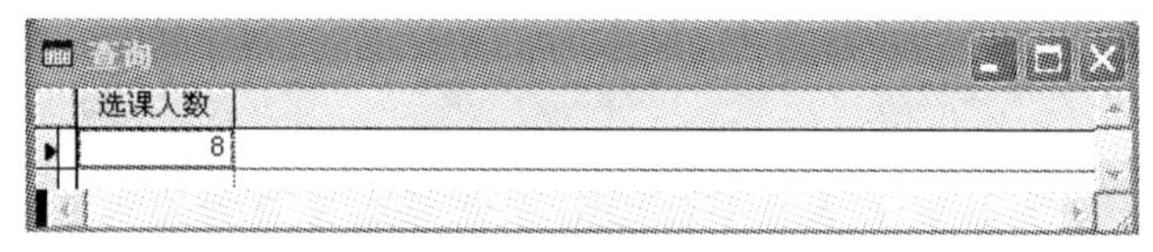

图 4-24 选课人数

本例中，COUNT(*)的统计结果是 SCORE 表中课程编号为“1001”的记录数，在此背景下，记录数的物理意义是该门课程的选课人数。

例 2.29 与例 2.30 两个例子中，查询结构几乎相同，但查询条件不同，因此 COUNT 函数的统计结果的物理意义也不同，分别代表了选课门数与选课人数。这个问题，必须从统计结果的含义来加以区别。

【例 4.31】 查询 SCORE 表中，选修了课程的学生人数。

```
SELECT COUNT(DISTINCT 学号)  AS 已选课学生人数;
     FROM SCORE
```

查询结果如图 4-25 所示。

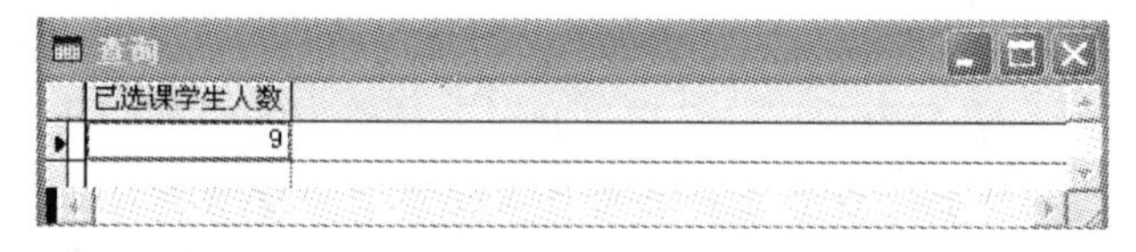

图 4-25 已选课学生人数

SCORE 表中，选修了课程的学生人数也就是 SCORE 表中的学号数，而该表中学号有重复，本例中用 COUNT(DISTINCT 学号)来表达，意为先去掉重复的学号，再统计结果，即为已选课的学生人数。

相应地，在 ORDER_LIST 表中，可用：

```
SELECT COUNT(DISTINCT 客户号)  AS 有订单的客户数;
FROM  ORDER_LIST
```

来查询有订单的客户数。

2. 简单分组统计

比较下列两条命令并思考 COUNT(*)的统计结果：

```
SELECT COUNT(*)  AS  人数  FROM STUDENT WHERE 性别="男"
SELECT COUNT(*)  AS  人数  FROM STUDENT WHERE 性别="女"
```

前者统计的是 STUDENT 表中的男生人数，而后者是女生人数，如果要求同时显示出男女生人数，则要用到分组查询。

分组查询要用短语 GROUP　BY 指定分组的依据，即按某个字段或字段组合分组，统计各组的数据。通常情况下，分组的目的是为了得到分组统计结果。

在实际应用中是否需要分组，取决于数据的组织结构和具体的查询要求，即要通过对数据的内在关系与具体的查询要求相结合进行分析才能确定，通常情况下，要使用分组，必然会涉及上述 5 个统计函数的使用,而使用统计函数却不一定需要分组(如前面的例子都不需要分组)。

【例 4.32】查询 STUDENT 表中的男女生人数。

```
SELECT 性别,COUNT(*)  as 人数  FROM STUDENT GROUP BY  性别
```

查询结果如图 4-26 所示。

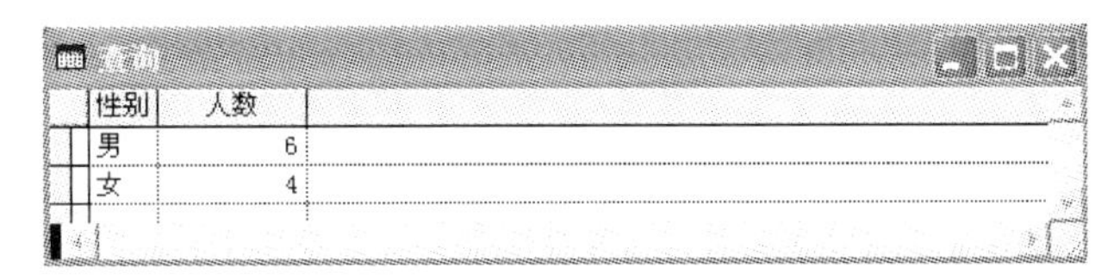

性别	人数
男	6
女	4

图 4-26　统计男女生人数

命令中，“GROUP　BY　性别”为按“性别”分组，整个命令的含义为按“性别”分组统计男女生的人数。

【例 4.33】查询 SCORE 表中的每个学生的平均分及选课门数。

```
SELECT 学号,AVG(成绩)  AS  平均分,COUNT(*)  as 选课门数;
        FROM SCORE;
        GROUP BY  学号
```

查询结果如图 4-27 所示。

学号	平均分	选课门数
99035001	71	4
99035002	87	4
99035003	.NULL.	1
99036001	77	3
99036002	70	2
99036003	67	2
99037001	80	3
99037002	73	3
99037003	70	3

图 4-27　每个学生的平均分及选课门数

【例 4.34】查询 SCORE 表中的每门课的平均分及选课人数。

```
SELECT 课程编号,AVG(成绩) AS 平均分,COUNT(*) as 选课人数;
        FROM SCORE;
        GROUP BY 课程编号
```

查询结果如图 4-28 所示。

课程编号	平均分	选课人数
1001	77	8
1002	60	3
2001	78	6
3001	72	8

图 4-28　每门课的平均分及选课人数

从上述两个例子可以看到，相同的表达式在不同的分组背景下，统计结果物理意义不同，如 COUNT(*)在按学号分组时，代表学生的选课门数，而在按课程编号分组时，表示每门课的选课人数。

3. 带条件的分组统计

【例 4.35】在 ORDER_LIST 表中查询 2002 年的订单中每个客户的客户号、订单数、订单的最高金额。

```
SELECT 客户号,COUNT(*) AS 订单数, MAX(总金额) AS 最高金额;
        FROM ORDER_LIST;
        WHERE YEAR(订购日期)=2002;
        GROUP BY 客户号
```

查询结果如图 4-29 所示。

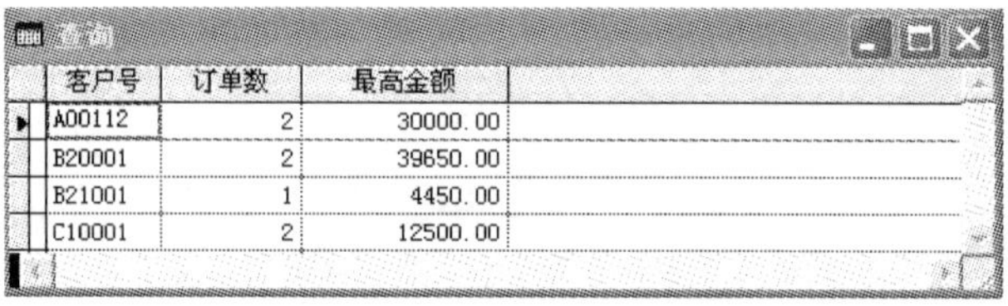

客户号	订单数	最高金额
A00112	2	30000.00
B20001	2	39650.00
B21001	1	4450.00
C10001	2	12500.00

图 4-29　2002 年的统计结果

本例为带 WHERE 条件的分组表达，执行该命令时，先按 WHERE 条件对指定表中的记录进行筛选，符合条件的记录参加统计；通常理解为先筛选，后统计。

SELECT 命令中，除动词 SELECT 外，其他短语的书写顺序原则没有区别，本例的命令如果写成：

```
SELECT 客户号,COUNT(*) AS 订单数, MAX(总金额) AS 最高金额;
        FROM ORDER_LIST;
        GROUP BY 客户号;
        WHERE YEAR(订购日期)=2002
```

结果不变，依然是先筛选，后分组统计。

4. 按字段组合分组统计

按“性别”分别统计各院系的男女生人数。

```
SELECT 院系,性别,COUNT(*) AS 人数;
       FROM STUDENT;
       GROUP BY  院系,性别
```

查询结果如图 4-30 所示。

院系	性别	人数
会计	男	2
建筑	男	2
建筑	女	1
金融	男	2
金融	女	1
中文	女	2

图 4-30　统计各院系的男女生人数

分组的依据不仅限于一个字段，也可以是字段组合。本例中的分组是指院系相同，性别也相同的才算同组数据，因而统计结果有 6 组。

5. 根据分组统计后的结果筛选符合条件的组

如果要求查询满足某些条件组别，即在分组统计结果上进行选择，则需要使用 HAVING 子句来指定相应的条件。HAVING 子句要与 GROUP BY 配合使用才有意义，原则上不要单独使用。

【例 4.36】在 ORDER_LIST 表中查询订单数大于等于 4 的客户号、订单数和最低总金额。

本例查询要求的目标是有 4 个及以上订单的客户号、订单数和最低总金额，为让读者对 HAVING 有更好的理解，在此做一个查询表达上的对比：先在订单表中查询客户号、订单数和最低总金额。相应的查询命令如下：

```
SELECT 客户号,COUNT(*)AS 订单数,MIN(总金额)AS 最低金额;
       FROM ORDER_LIST;
       GROUP BY  客户号
```

查询结果如图 4-31 所示。

客户号	订单数	最低金额
A00112	4	5500.00
B20001	2	10500.00
B21001	4	3900.00
C10001	6	3210.00

图 4-31　各客户的订单数

在这个查询结果中看到，所有客户的客户号、订单数及最低金额都在统计结果中显示出来，显然，其中第 2 条记录是不符合题目要求的，要在这个结果基础上筛选出订单数>=4 的分组记录，就要用到 HAVING 短语子句，本题的命令应为：

```
SELECT 客户号,COUNT(*)AS 订单数,MIN(总金额)AS 最低金额;
        FROM ORDER_LIST;
        GROUP BY 客户号 HAVING COUNT(*)>=4
```

查询结果如图 4-32 所示。

客户号	订单数	最低金额
A00112	4	5500.00
B21001	4	3900.00
C10001	6	3210.00

图 4-32　订单数大于等于 4 的统计结果

注意：与前面的命令比较，在 GROUP BY 客户号之后，加了 HAVING　COUNT(*)>=4，作为筛选满足订单数>=4 的组的表达。

本命令前半部分中，有了“COUNT(*)　AS 订单数”的表达，因此该条件也可直接写为：

```
HAVING 订单数>=4
```

效果相同。

HAVING 条件所做的筛选，是在分组统计基础上进行的，这种筛选不同于 WHERE 条件的筛选，WHERE 所做的是在数据源上进行筛选，是先筛选，后统计。而 HAVING 所做的筛选是在统计结果基础上对相应的组进行的，它是先统计，后筛选。

如果需要，HAVING 后面的条件也可以是复合条件。如：

```
SELECT 客户号, COUNT(*) AS 订单数, MIN(总金额) AS 最低金额;
        FROM ORDER_LIST;
        GROUP BY 客户号 HAVING 订单数>=4 AND 最低金额>=4000
```

查询结果如图 4-33 所示。

客户号	订单数	最低金额
A00112	4	5500.00

图 4-33　复合条件的统计结果

4.4.4　查询排序

当用户需要对查询结果排序时，可用 ORDER BY 短语子句对查询结果按一个或多个字段的升序(ASC)或降序(DESC)排列，默认为升序。ORDER BY 之后可以是字段名，也可以是该字段在查询结果中序号，短语子句不能独立使用，只能放到 SELECT 命令中才有意义。

1. 简单排序

使用 ORDER BY 短语子句对查询结果进行排序。

【例 4.37】 在 ORDER_LIST 表中查询客户号为“C10001”客户的所有订单信息，并按“总金额”降序排列。

```
SELECT * FROM ORDER_LIST;
    WHERE 客户号="C10001" ORDER BY  总金额 DESC
```

查询结果如图 4-34 所示。

客户号	订单号	订购日期	总金额
C10001	OR-04C	02/12/02	12500.00
C10001	OR-32C	08/09/01	7000.00
C10001	OR-03C	01/13/02	4890.00
C10001	OR-44C	12/10/01	4790.00
C10001	OR-01C	10/10/01	4000.00
C10001	OR-12C	10/10/01	3210.00

图 4-34　客户号为“C10001”客户的所有订单信息

其中，“ORDER BY　总金额　DESC”表示按“总金额”降序排列，如 DESC 改为 ASC 或省略不写，则按升序排列；“总金额”字段在查询结果中为第 4 项，也可写成 ORDER BY　4 DESC，结果不变。

2. 多重排序

查询结果按照多个字段进行排序，称为多重排序。多重排序的格式如下：

```
ORDER BY 主排序字段名,次排序字段名 …
```

多重排序的意义是：将查询结果先按主排序字段排序，在主排序字段的值相同的情况下，按次排序字段排序，以此类推，形成多重排序。

【例 4.38】 在 STUDENT 表中，查询学生的全部信息并按“性别”升序，性别相同时，按“年龄”升序排列。

```
SELECT * FROM STUDENT ORDER BY  性别, 出生日期 DESC
```

查询结果如图 4-35 所示。

学号	姓名	性别	院系	出生日期	身份证号
99036005	周星驰	男	会计	09/21/73	
99037004	许三多	男	会计	06/05/72	
99036002	胡文节	男	金融	11/24/71	
99037001	赵小名	男	建筑	11/05/71	
99036001	洪文如	男	金融	12/08/70	
99037002	左文严	男	建筑	08/18/70	
99037003	古月恒	女	建筑	12/09/71	
99035002	季节	女	中文	05/12/71	
99035001	王丹	女	中文	10/09/70	
99036003	波阳	女	金融	08/10/70	

图 4-35　按指定要求排序的结果

注意： 表中数据没有“年龄”字段，按“年龄”升序即是按“出生日期”降序排列；本例中，主排序字段为“性别”，次排序字段为“出生日期”，查询结果中，只有性别相同时，才按“出生日期”降序排列。排序表达中，主排序，次排序均可用 ASC 及 DESC 分别控制升降序。

3. 查询排名前 *N* 的记录

在使用 ORDER　BY 短语子句后，可以使用 TOP N 或 TOP　N　PERCENT 子句查询前几名或按百分比选取前面部分记录，其中 N 是数值型表达式。

如果没有 PERCENT，数值型表达式是 1 ~ 32767 的整数，表示显示前面 *N* 个记录；如果有 PERCENT，数值型表达式是 0.01 ~ 99.99 的实数，则显示前面百分之 *N* 条记录(向上取整)。

【例 4.39】在 ORDER_LIST 表中，查询总金额最高的前 5 个订单信息。

```
SELECT * FROM ORDER_LIST  ORDER BY  总金额 DESC  TOP  5
```

查询结果如图 4-36 所示。

客户号	订单号	订购日期	总金额
B21001	OR-11B	05/13/01	45000.00
B20001	OR-31B	02/10/02	39650.00
A00112	OR-21A	03/11/02	30000.00
C10001	OR-04C	02/12/02	12500.00
B20001	OR-02B	02/13/02	10500.00

图 4-36　总金额最高的前 5 个订单信息

TOP　N 的位置也可放在 FROM 之前或 SELECT 之后，如：

```
SELECT * TOP  5  FROM ORDER_LIST  ORDER BY  总金额  DESC
SELECT  TOP  5  * FROM ORDER_LIST  ORDER BY  总金额  DESC
```

【例 4.40】在 ORDER_LIST 表中，查询总金额最低的前 30%的订单信息。

```
SELECT * FROM ORDER_LIST  ORDER BY  总金额   TOP  30  PERCENT
```

查询结果如图 4-37 所示。

客户号	订单号	订购日期	总金额
C10001	OR-12C	10/10/01	3210.00
B21001	OR-13B	05/05/01	3900.00
C10001	OR-01C	10/10/01	4000.00
B21001	OR-23B	07/08/01	4390.00
B21001	OR-37B	03/25/02	4450.00

图 4-37　总金额最低的前 30%的订单信息

ORDER_LIST 表中共有 16 条记录，其 30%为 4.8，向上取整为 5，即得到总金额最低的 5 个订单记录。

4.4.5　查询结果的处理

SELECT 命令默认的查询结果输出是在浏览窗口中显示。可以使用 INTO 短语子句来重新定位查询结果的输出去向。

1. 将查询结果存放到自由表中

使用子句 INTO　TABLE 表名，可以将查询结果存放到自由表中(.dbf 文件)。查询语句执行后，不再显示查询结果而直接存放到自由表中，该表自动打开，成为当前文件，通常可以在“数据工作期”对话框中直接浏览。

【例 4.41】 在 ORDER_DETAIL 表中，查询订单号为“OR-01C”的订单明细，结果按“器件号”升序保存在表 RESULTS 中。

```
SELECT * FROM ORDER_DETAIL;
    WHERE  订单号="OR-01C";
    ORDER BY  器件号;
    INTO  TABLE  RESULTS
```

注意：命令中 TABLE 也可写成 DBF，结果不变，都是将查询结果保存在名为 RESULTS 的自由表中。

执行后打开“数据工作期”对话框如图 4-38 所示，可看到 RESULTS 表为当前表，单击“浏览”按钮可看到图 4-39 的查询结果。

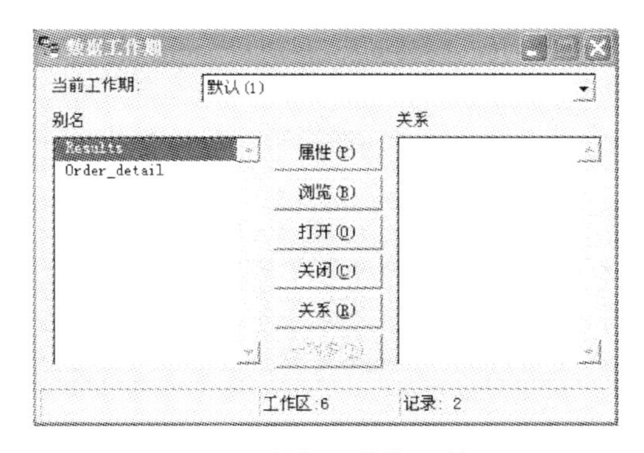

图 4-38　数据工作期的结果

Results

订单号	器件号	器件名	单价	数量
OR-01C	D1101	3D显示卡	500.00	3
OR-01C	P1001	CPU P4 1.4G	1050.00	2

图 4-39　RESULTS 表的内容

【例 4.42】 复制 CUSTOMER 表到一个名为 CUST 的新表中。

```
SELECT *  FROM  CUSTOMER  INTO TABLE  CUST
```

查询命令可用来复制表，产生的新表 CUST 的结构和数据与原表 CUSTOMER 完全相同。

2. 将查询结果存放到临时表中

在 INTO 短语子句中，将 TABLE 改为 CURSOR，则将查询结果存放到临时表中。临时表可用来暂时保存查询的结果，一旦关闭，该表将不再存在。

如前例，改写为：

```
SELECT *  FROM  CUSTOMER  INTO  CURSOR  CUST1
```

得到的 CUST1 为临时表。

3. 将查询结果存放到文本文件中

将 INTO TABLE 表名改为 TO FILE 文本文件名，可将查询结果存放到文本文件（默认扩展名是.txt）中。如果在命令后加上 ADDITIVE，结果将追加到原文件的尾部，否则将覆盖原有文件。

如前例，改写为：

```
SELECT * FROM CUSTOMER TO FILE CUST2
```

得到名为 CUST2.TXT 的文件。

4. 将查询结果存放到数组中

用子句：INTO ARRAY 数组名，将查询结果存放到指定的数组中。一般将存放查询结果的数组作为二维数组来使用，数组的每行对应一个记录，每列对应于查询结果的一列。

查询结果存放在数组中，可以非常方便地在程序中使用，如与追加记录的命令格式 2，就是使用数组的常用形式。

如前例，改写为：

```
SELECT * FROM CUSTOMER INTO ARRAY TMP
```

查询结果将存放到数组 TMP 中。

4.4.6 多表查询

之前的所有查询例子，都是基于一个表的查询表达，即数据源只是一个表，主要目的是简化查询表达，更有利于对查询命令的短子句的学习，强化 SELECT 命令的结构及特点。

实际上，更多的查询要求是在两个以上的表中进行，即要查询的字段或表达式在不同的表中，这就是所谓的多表查询。

从结构上看，多表查询中的 SELECT 命令并无本质的变化，最主要的差异在“FROM 表名”这部分，在表达“在哪儿查”时，不仅要注明涉及哪些表，还要表明这些表之间的数据连接关系及连接条件。

当查询涉及多个表时，只要表达清楚查询涉及哪些表，以及这些表的数据关系，也就把这些原本分布在不同表中的数据按逻辑关系连接，合并成一个逻辑“大表”了，这样，从逻辑上看，问题自然就还原成单表的查询过程。

在 Visual FoxPro 中，多表查询的表达主要有两种格式：

格式 1：

```
SELECT 字段名 FROM 表1,表2 where 连接条件 AND 查询条件
```

格式 2：

```
SELECT 字段名 FROM 表1  inner join  表2  on 连接条件 WHERE 查询条件
```

说明：

(1) 连接条件是用于表达两张表数据联系的表达形式，格式为：字段名 1=字段名 2，这两个字段应为表达两张表数据联系的对应字段，通常情况下是相同的字段名（也可以是不同的字段名，只要数据对应关系客观存在）。

(2) 在格式 1 中，如果有查询条件，要用 AND 与连接条件并列，不能再写一个 WHERE 子句。而格式 2 中的查询条件与连接条件是独立的；其中，inner 可以省略不写。

(3) 整个 SELECT 命令中，如果用到的字段名在所涉及的多个表中有重复时，相应字段名之前必须要加前缀，写成“表名.字段名”或“别名.字段名”的形式；对不重复的字段，前缀写不写均可。

为更好地掌握多表查询的表达，先通过例子掌握多个表合并成一个逻辑“大表”的过程。

【例 4.43】在订货管理数据库中查询所有客户的客户信息和订单信息。

格式 1：

```
SELECT *;
      FROM CUSTOMER, ORDER_LIST;
      WHERE  CUSTOMER.客户号= ORDER_LIST.客户号
```

格式 2：

```
SELECT *;
      FROM CUSTOMER inner  join  ORDER_LIST;
      on  CUSTOMER.客户号= ORDER_LIST.客户号
```

查询结果如图 4-40 所示。

客户号_a	客户名	地址	电话	客户号_b	订单号	订购日期	总金额
C10001	三益贸易公司	平安大道100号	66661234	C10001	OR-01C	10/10/01	4000.00
A00112	四环科技发展公司	北四环路211号	62221234	A00112	OR-22A	10/27/01	5500.00
B20001	萨特高科技集团	上地信息产业园	87654321	B20001	OR-02B	02/13/02	10500.00
C10001	三益贸易公司	平安大道100号	66661234	C10001	OR-03C	01/13/02	4890.00
C10001	三益贸易公司	平安大道100号	66661234	C10001	OR-04C	02/12/02	12500.00
A00112	四环科技发展公司	北四环路211号	62221234	A00112	OR-21A	03/11/02	30000.00
B21001	爱心生物工程公司	生命科技园1号	66889900	B21001	OR-11B	05/13/01	45000.00
C10001	三益贸易公司	平安大道100号	66661234	C10001	OR-12C	10/10/01	3210.00
B21001	爱心生物工程公司	生命科技园1号	66889900	B21001	OR-13B	05/05/01	3900.00
B21001	爱心生物工程公司	生命科技园1号	66889900	B21001	OR-23B	07/08/01	4390.00
B20001	萨特高科技集团	上地信息产业园	87654321	B20001	OR-31B	02/10/02	39650.00
C10001	三益贸易公司	平安大道100号	66661234	C10001	OR-32C	08/09/01	7000.00
A00112	四环科技发展公司	北四环路211号	62221234	A00112	OR-33A	09/10/01	8900.00
A00112	四环科技发展公司	北四环路211号	62221234	A00112	OR-41A	04/01/02	8590.00
C10001	三益贸易公司	平安大道100号	66661234	C10001	OR-44C	12/10/01	4790.00
B21001	爱心生物工程公司	生命科技园1号	66889900	B21001	OR-37B	03/25/02	4450.00

图 4-40　两个表合并后的结果——“大表”

本例中的客户信息在 CUSTOMER 表中，而订单信息在 ORDER_LIST 表中。要查两个表中的所有信息，其实就是要将两个表按数据关系(客户号对应)合并成一个“大表”。

图 4-40 所示的查询结果显示出两个表合并后的结果，表的左边部分为 CUSTOMER 表中的数据，而右边部分为 ORDER_LIST 表中的数据；每条记录中，前面的客户号_a 与后面的客户号_b 值是相同的(连接条件为客户号相等)，即该表为两个表按“客户号”对应连接形成的一个“大表”。

格式 1 和格式 2 中，SELECT　*表示要查“大表”的全部信息，FROM 之后的内容即是“大表”的两种表达形式

多表查询的要点就在于把握“大表”的表达。

本例中格式 1 和格式 2 还可以分别写成下列的别名表达形式：

```
SELECT *;
          FROM CUSTOMER  AA, ORDER_LIST  BB;
```

```
WHERE  AA.客户号= BB.客户号
SELECT *;
        FROM CUSTOMER  AA  inner  join  ORDER_LIST  BB;
        on  AA.客户号= BB.客户号
```

别名表达形式也就是在指明表名时，分别为每个表指定一个别名(表名之后空格，然后指定别名)，此后，关于表中各字段的前缀表达，必须以别名作为前缀。

【例 4.44】在订货管理数据库中查询所有客户在 2002 年的订货信息，查询结果包括客户号、客户名、订单号、总金额，并按“总金额”降序排列保存到表 RESULTS 中。

```
SELECT CUSTOMER.客户号,客户名,订单号,总金额;
FROM  CUSTOMER  inner  join  ORDER_LIST;
        on  CUSTOMER.客户号= ORDER_LIST.客户号;
        WHERE  YEAR(订购日期)=2002;
ORDER  BY  4  DESC;
INTO TABLERESULTS
```

本例中，要查询的字段客户号两个表中都有，因此书写时必须加前缀指定；客户名在 CUSTOMER 表中，而订单号和总金额在 ORDER_LIST 表中，查询要求为涉及两个表的多表查询，但概念上相当于在图 4-40 所示的“大表”中进行单表查询，此处“大表”的表达为：

```
FROM  CUSTOMER  inner  join  ORDER_LIST;
        on  CUSTOMER.客户号= ORDER_LIST.客户号;
```

有了“大表”的概念，问题自然就简化为单表查询了，与真正的单表查询表达区别主要在于 FROM 短语子句的变化。

本例的另一种表达形式为：

```
SELECT CUSTOMER.客户号,客户名,订单号,总金额;
FROM  CUSTOMER , ORDER_LIST;
        WHERE  CUSTOMER.客户号= ORDER_LIST.客户号;
        AND  YEAR(订购日期)=2002;
ORDER  BY 4  DESC;
INTO TABLE RESULTS
```

除“大表”的表达外，还应注意这种格式中连接条件与查询条件(筛选条件)是用 AND 并列在一个 WHERE 子句中。

【例 4.45】在学生数据库中查询金融系学生的学号、姓名、所选课程的名称及成绩。

之前多表查询的例子只涉及 2 个表，本例是一个涉及 3 个表的多表查询，思路依然是将所涉及的 3 个表合并为一个“大表”，涉及 3 个以上表的多表查询均沿用这个“大表”概念，即问题的关键在于如何表达这个“大表”。

3 个表以上的查询思路是要分析它们的数据关系，找出表间的关系纽带，按这样的纽带来表达表的连接顺序及连接条件。

学生数据库中，STUDENT 和 SCORE 的关系为按“学号”对应，SCORE 与 COURSE 的关系为按“课程编号”对应，即 SCORE 为纽带表，因此，书写连接顺序时，确保相邻两个表的数据关系存在，而连接条件书写时，按与连接顺序相反的次序书写。这是多表查询表达的关键。

本例中，“大表”的表达为：

```
FROM  STUDENT  JOIN  SCORE  JOIN COURSE;
      ON  SCORE.课程编号=COURSE.课程编号;
      ON  STUDENT.学号=SCORE.学号
```

注意：3 个表的合并有 2 个 JOIN 连接(也可写成 INNER JOIN)，相应有 2 个连接条件，按照书写顺序，后 2 个表(SCORE 与 COURSE)的连接条件(SCORE.课程编号= COURSE.课程编号)先写，前 2 个表(STUDENT 与 SCORE)的连接条件(STUDENT.学号=SCORE.学号)后写。4 个表以上的表达以此类推。

由此，本例查询的完整命令可写为：

格式 1：

```
SELECT STUDENT.学号,姓名,课程名称,成绩;
FROM  STUDENT  JOIN  SCORE  JOIN COURSE;
           ON  SCORE.课程编号=COURSE.课程编号;
           ON  STUDENT.学号=SCORE.学号;
           WHERE 院系="金融"
```

格式 2：

```
SELECT STUDENT.学号,姓名,课程名称,成绩;
FROM  STUDENT,  SCORE, COURSE;
           WHERE  SCORE.课程编号= COURSE.课程编号;
                  AND  STUDENT.学号=SCORE.学号;
                  AND 院系="金融"
```

注意：在格式 2 中，2 个连接条件与查询条件均用 AND 并列，这种格式中，并不强调表的书写顺序和连接条件的顺序，但建议无论用哪种格式，均按强调顺序的方式书写，以强化连接的数据关系。

查询结果如图 4-41 所示。

查询

学号	姓名	课程名称	成绩
99036001	洪文如	大学英语	66
99036002	胡文节	大学英语	51
99036003	波阳	大学英语	69
99036001	洪文如	高等数学	81
99036002	胡文节	高等数学	90
99036003	波阳	高等数学	65
99036001	洪文如	计算机基础	85

图 4-41　多表查询结果

【例 4.46】订货管理数据库中查询订单中有“声卡”或“3D 显示卡”的客户号、客户名、订单号及总金额，结果按“客户名”升序、“总金额”降序排列，存放在表 RESULTS 中。

本例中的查询从结果看，涉及 CUSTOMER 和 ORDER_LIST 两个表，但查询条件涉及 ORDER_DETAIL，查询过程涉及 3 个表，所以，依然是涉及 3 个表的多表查询。命令如下：

格式 1：

```
SELECT CUSTOMER.客户号,客户名,ORDER_LIST.订单号,总金额;
FROM CUSTOMER JOIN ORDER_LIST JOIN ORDER_DETAIL;
    ON ORDER_LIST.订单号=ORDER_DETAIL.订单号;
    ON CUSTOMER.客户号=ORDER_LIST.客户号;
    WHERE 器件名="声卡" OR 器件名="3D 显示卡";
    ORDER BY 2,4DESC;
    INTO DBF RESULTS
```

注意：查询表达中，“大表”的表达依然是重点关注的内容。其中“order by 2，4 desc”可以写成“order by 客户名，总金额 desc”。

格式 2：

```
SELECT CUSTOMER.客户号,客户名,ORDER_LIST.订单号,总金额;
    FROM CUSTOMER,ORDER_LIST,ORDER_DETAIL;
    WHERE ORDER_LIST.订单号=ORDER_DETAIL.订单号;
    AND CUSTOMER.客户号=ORDER_LIST.客户号;
    AND(器件名="声卡" OR 器件名="3D 显示卡");
ORDER BY 2,4DESC;
INTO DBF RESULTS
```

注意：格式 2 中，“大表”的表达变化后，连接条件与查询条件用 AND 并列，但本例中的查询条件要加括号。

查询结果如图 4-42 所示。

Results

客户号	客户名	订单号	总金额
B21001	爱心生物工程公司	OR-37B	4450.00
B21001	爱心生物工程公司	OR-23B	4390.00
B21001	爱心生物工程公司	OR-23B	4390.00
C10001	三益贸易公司	OR-03C	4890.00
C10001	三益贸易公司	OR-44C	4790.00
C10001	三益贸易公司	OR-01C	4000.00
A00112	四环科技发展公司	OR-21A	30000.00

图 4-42　RESULTS 表的内容

【例 4.47】在订货管理数据库中查询“三益贸易公司”和“萨特高科技集团”两家公司在每种器件上的销售额。

在 ORDER_DETAIL 表中可以看到，每项订购明细的销售额=单价×数量，而同一客户在同一种器件的订购可能不止一次，所以需要用 SUM(单价*数量)分组求和，涉及两家客户，所以分组依据应为：客户名和器件名。

查询过程涉及 3 个表，命令为：

格式：

```
SELECT 客户名,器件名,SUM(单价*数量) AS 销售额;
FROM CUSTOMER JOIN ORDER_LIST JOIN ORDER_DETAIL;
    ON ORDER_LIST.订单号=ORDER_DETAIL.订单号;
    ON CUSTOMER.客户号=ORDER_LIST.客户号;
```

```
    WHERE 客户名="三益贸易公司"  OR 客户名="萨特高科技集团";
    GROUP BY  客户名,器件名
```

本例查询为“大表”之上的分组统计;第二种格式可自行思考写出。查询结果如图 4-43 所示。

查询

客户名	器件名	销售额
萨特高科技集团	CPU P4 1.4G	3300.00
萨特高科技集团	CPU P4 1.5G	2640.00
三益贸易公司	3D显示卡	1500.00
三益贸易公司	CPU P4 1.4G	12700.00
三益贸易公司	CPU P4 1.5G	6780.00
三益贸易公司	E盘(闪存)	10342.00
三益贸易公司	内存	2720.00
三益贸易公司	声卡	2205.00

图 4-43　两家公司在每种器件上的销售额

4.4.7　嵌套查询

嵌套查询结构是指在一个查询命令的条件中包括了另一个查询，它所针对的问题是分步查询：即先查询出一个中间结果，再根据这个结果查询最后结果。

在 SELECT 语句中，一个 SELECT…FROM…WHERE 语句称为一个查询模块。一个查询模块(子查询)嵌套在另一个查询模块(主查询)的 WHERE 子句中就形成嵌套查询结构。

系统在处理嵌套查询时，总是先查询出子查询的结果，然后将子查询的结果用于主查询的查询条件中。

Visual FoxPro 中，嵌套结构不能有二级以上的嵌套。

1. 单值子查询嵌套

指在嵌套查询中，当子查询的结果是一个单值时的嵌套结构。

【例 4.48】在订货管理数据库中，查询总金额最高的订单信息。

本例的查询要先在订单表中查到最高总金额，然后查总金额等于最高总金额的订单信息。所以用嵌套查询实现：

```
SELECT *  FROM  ORDER_LIST  WHERE 总金额=;
       (SELECT  MAX(总金额)  FROM  ORDER_LIST)
```

查询结果如图 4-44 所示。

查询

客户号	订单号	订购日期	总金额
B21001	OR-11B	05/13/01	45000.00

图 4-44　总金额最高的订单信息

注意：子查询要用括号括起来，作为主查询的条件中的一部分；子查询的含义是：查询 ORDER_LIST 表中的最高金额。

本例中的命令不可以写成下列形式：

```
SELECT *  FROM  ORDER_LIST  WHERE 总金额= MAX(总金额)
```

统计函数不能直接用在条件表达式中。

思考：查询总金额大于(或小于)所有订单平均总金额的订单信息。

2. 多值子查询嵌套

在嵌套查询中，当子查询的结果是多个值时的嵌套结构。

这类查询通常会用到 IN、NOT IN、SOME 或 ANY、ALL 等单词，其中，SOME 与 ANY 是同义词，可混用。

【例 4.49】在订货管理数据库中，查询有订单的客户信息。

```
SELECT * FROM CUSTOMER;
      WHERE 客户号 IN;
            (SELECT 客户号 FROM ORDER_LIST)
```

查询结果如图 4-45 所示。

查询

客户号	客户名	地址	电话
C10001	三益贸易公司	平安大道100号	66661234
B20001	萨特高科技集团	上地信息产业园	87654321
B21001	爱心生物工程公司	生命科技园1号	66889900
A00112	四环科技发展公司	北四环路211号	62221234

图 4-45　有订单的客户信息

子查询的查询结果可理解为所有订单的客户号集合；主查询的条件含义为：客户号在该集合中，即等于集合中的一个就符合。

本例命令中的 IN 可以改写为=ANY 或=SOME，意思不变，结果也不变。如：

```
SELECT * FROM CUSTOMER;
      WHERE 客户号=ANY;
            (SELECT 客户号 FROM ORDER_LIST)
SELECT * FROM CUSTOMER;
      WHERE 客户号=SOME;
            (SELECT 客户号 FROM ORDER_LIST)
```

本例的查询也可用多表查询来完成，命令如下：

```
SELECT DISTINCT CUSTOMER.*;
FROM CUSTOMER JOIN ORDER_LIST;
      ON CUSTOMER.客户号= ORDER_LIST.客户号
```

其中，CUSTOMER.*是指在“大表”中查其中一个表的全部字段，即为*号加前缀加以限定为某个表的全部字段；DISTINCT 则是因“大表”中同一客户可能有多个订单，相应客户信息可能出现多次而需去掉重复。

【例 4.50】在订货管理数据库中，查询没有订单的客户信息。

```
SELECT * FROM CUSTOMER;
      WHERE 客户号 NOT IN;
            (SELECT 客户号 FROM ORDER_LIST)
```

查询结果如图 4-46 所示。

查询

客户号	客户名	地址	电话
C10005	比特电子工程公司	中关村南路100号	62221234
C20111	一得信息技术公司	航天城甲6号	89012345

图 4-46　没有订单的客户信息

思考：用上述结构在学生数据库中查询有选课的学生记录和没有选课的学生记录。

【例 4.51】在订货管理数据库中，查询总金额高于客户号为 C10001 的所有订单总金额的订单信息。

```
SELECT  *;
FROM  ORDER_LIST;
     WHERE 总金额>ALL;
          (SELECT  (总金额) FROM  ORDER_LIST WHERE 客户号="C10001")
```

也可写成：

```
SELECT  *;
FROM  ORDER_LIST;
    WHERE 总金额>;
        (SELECT  MAX(总金额) FROM  ORDER_LIST WHERE 客户号="C10001")
```

结果如图 4-47 所示。

查询

客户号	订单号	订购日期	总金额
A00112	OR-21A	03/11/02	30000.00
B21001	OR-11B	05/13/01	45000.00
B20001	OR-31B	02/10/02	39650.00

图 4-47　总金额高于最高的结果

【例 4.52】在订货管理数据库中，查询总金额高于客户号为 C10001 的某一订单总金额的订单信息。

```
SELECT  *;
FROM  ORDER_LIST;
    WHERE 总金额>ANY;
        (SELECT  (总金额) FROM  ORDER_LIST WHERE 客户号="C10001")
```

也可写成：

```
SELECT  *;
FROM  ORDER_LIST;
    WHERE 总金额>;
        (SELECT  MIN(总金额) FROM  ORDER_LIST WHERE 客户号="C10001")
```

结果如图 4-48 所示。

3. 带有 EXISTS 谓词的子查询

在嵌套查询中，还可以用谓词 EXISTS 或 NOT EXISTS 来检查在子查询中是否有结果返回。

用谓词 EXSITS 时，若子查询结果为非空，主查询的 WHERE 条件返回真值，否则返回假值；使用谓词 NOT EXSITS，若子查询结果为空，主查询的 WHERE 条件返回真值，否则返回假值。

客户号	订单号	订购日期	总金额
C10001	OR-03C	01/13/02	4890.00
C10001	OR-04C	02/12/02	12500.00
A00112	OR-21A	03/11/02	30000.00
B21001	OR-11B	05/13/01	45000.00
B21001	OR-13B	05/05/01	3900.00
B21001	OR-23B	07/08/01	4390.00
B20001	OR-31B	02/10/02	39650.00
C10001	OR-32C	08/09/01	7000.00
A00112	OR-33A	09/10/01	8900.00
A00112	OR-41A	04/01/02	8590.00
C10001	OR-44C	12/10/01	4790.00
B21001	OR-37B	03/25/02	4450.00

图 4-48 总金额高于最低的结果

【例 4.53】在学生数据库中，查询每门课成绩都在 70 分及以上的学生信息。

```
SELECT * FROM  STUDENT  WHERE  NOT  EXIST;
   (SELECT * FROM  SCORE  WHERE 成绩<70 AND  学号=STUDENT.学号);
      AND 学号 IN (SELECT 学号 FROM SCORE)
```

本例中，有两个子查询(同一层次)，前一个用 NOT EXIST 表达，意思为不存在成绩低于 70 分的记录，即每门课成绩都在 70 分及以上；而后一个则用于排除没有选课的学生。

查询结果如图 4-49 所示。

学号	姓名	性别	院系	出生日期	身份证号
99035002	季节	女	中文	05/12/71	
99037001	赵小名	男	建筑	11/05/71	

图 4-49 每门课成绩都在 70 分及以上的学生信息

如果不用 NOT EXIST，本例也可写为：

```
SELECT * FROM STUDENT WHERE 学号 IN;
  (select 学号 from score group by 学号 having min(成绩)>=70)
```

子查询中查到最低分>=70 的学号，也就是每门课成绩在 70 分及以上的学号。

【例 4.54】在订货管理数据库中，查询有单笔订货在 30000 元及以上的客户信息。

```
select * from  customer  where  exist;
    (select * from  order_list;
         where 总金额>=30000  and order_list.客户号=customer.客户号)
```

子查询为查询总金额在 30000 元及以上的记录，与 EXIST 配合，表示主查询筛选条件为存在着 30000 元及以上订单的客户。注意，上例及本例中子查询的另一个条件：“AND 学号=STUDENT.学号”与“and order_list.客户号=customer.客户号”。

这个条件在命令中表示两个表的对应关系；其中，内查询的字段前缀可以省略不写，例如“AND 学号=STUDENT.学号”中，第 1 个学号省略了前缀“SCORE”。

查询结果如图 4-50 所示。

	客户号	客户名	地址	电话
▶	B20001	萨特高科技集团	上地信息产业园	87654321
	B21001	爱心生物工程公司	生命科技园1号	66889900
	A00112	四环科技发展公司	北四环路211号	62221234

图 4-50　有单笔订货在 30000 元及以上的客户信息

思考：如果不用 EXIST，本例查询如何实现？

4. 内外层互相关联嵌套查询

内外层中，内是指子查询，外则是指主查询。内外层互相关联嵌套是指内层查询(子查询)的条件需要外层查询(主查询)提供值，而外层查询的条件需要内层查询的结果。

【例 4.55】 在订货管理数据库中，查询每个客户所签订单中总金额最高的订单信息。

```
SELECT *  FROM  ORDER_LIST  AA  WHERE 总金额=;
   (SELECT  MAX(总金额)   FROM  ORDER_LIST  BB;
      WHERE  AA.客户号=BB.客户号)
```

子查询目标是查某一客户的最高总金额，这个客户是谁，由表达式中的“AA.客户号=BB.客户号”来指定；这个最高总金额将作为主查询的条件。

内外层互相关联嵌套中用的是同一个表，所以必须分别指定别名来区别；子查询中的条件表达了内外层动态关联的过程。之前的谓词(EXIST、NOT EXIST)查询实际也是内外关联的结构。

查询结果如图 4-51 所示。

	客户号	订单号	订购日期	总金额
▶	C10001	OR-04C	02/12/02	12500.00
	A00112	OR-21A	03/11/02	30000.00
	B21001	OR-11B	05/13/01	45000.00
	B20001	OR-31B	02/10/02	39650.00

图 4-51　每个客户所签订单中总金额最高的订单信息

4.4.8　超连接查询

前面的多表查询表达中，是从概念上将两个表有关系的按数据关系合并连接成一个逻辑“大表”，这种合并也称为内部连接；在 4.4.6 节中的多表查询实际就是内部连接的形式实现的。

Visual FoxPro 中，两个表的连接共有 4 种形式，分别是内连接、左连接、右连接、全连接。

为了让读者更好地理解、区别这 4 种连接的结果，以下例子都是查询订货管理数据库中 CUSTOMER 与 ORDER_LIST 连接后的全部信息。

1. 内连接

INNE JOIN(可只写 JOIN)，为普通连接，也称为内部连接，其查询的结果只包含满足连接条件的两个表的记录连接以后生成的记录。

【例 4.56】在订货管理数据库中，查询 CUSTOMER 与 ORDER_LIST 内部连接后的全部信息命令如下：

```
SELECT *;
FROM CUSTOMER INNER JOIN ORDER_LIST;
     ON  CUSTOMER.客户号=ORDER_LIST.客户号
```

查询结果如图 4-52 所示。

查询

客户号_a	客户名	地址	电话	客户号_b	订单号	订购日期	总金额
C10001	三益贸易公司	平安大道100号	66661234	C10001	OR-01C	10/10/01	4000.00
A00112	四环科技发展公司	北四环路211号	62221234	A00112	OR-22A	10/27/01	5500.00
B20001	萨特高科技集团	上地信息产业园	87654321	B20001	OR-02B	02/13/02	10500.00
C10001	三益贸易公司	平安大道100号	66661234	C10001	OR-03C	01/13/02	4890.00
C10001	三益贸易公司	平安大道100号	66661234	C10001	OR-04C	02/12/02	12500.00
A00112	四环科技发展公司	北四环路211号	62221234	A00112	OR-21A	03/11/02	30000.00
B21001	爱心生物工程公司	生命科技园1号	66889900	B21001	OR-11B	05/13/01	45000.00
C10001	三益贸易公司	平安大道100号	66661234	C10001	OR-12C	10/10/01	3210.00
B21001	爱心生物工程公司	生命科技园1号	66889900	B21001	OR-13B	05/05/01	3900.00
B21001	爱心生物工程公司	生命科技园1号	66889900	B21001	OR-23B	07/08/01	4390.00
B20001	萨特高科技集团	上地信息产业园	87654321	B20001	OR-31B	02/10/02	39650.00
C10001	三益贸易公司	平安大道100号	66661234	C10001	OR-32C	08/09/01	7000.00
A00112	四环科技发展公司	北四环路211号	62221234	A00112	OR-33A	09/10/01	8900.00
A00112	四环科技发展公司	北四环路211号	62221234	A00112	OR-41A	04/01/02	8590.00
C10001	三益贸易公司	平安大道100号	66661234	C10001	OR-44C	12/10/01	4790.00
B21001	爱心生物工程公司	生命科技园1号	66889900	B21001	OR-37B	03/25/02	4450.00

图 4-52　内部连接后的全部信息

注意：内连接后的结果有 16 条记录。其中“比特电子”与“一得信息”没有订单，不出现在连接结果中。

2. 左连接

表达为 LEFT JOIN，是以 LEFT JOIN 前的表为主导进行连接，即查询结果中包括第 1 个表中的所有记录：如果有对应的记录，则第 2 个表返回相应值，否则第 2 个表各字段为空值.NULL.。

【例 4.57】在订货管理数据库中，查询 CUSTOMER 与 ORDER_LIST 左连接后的全部信息。

命令如下：

```
SELECT *;
FROM CUSTOMER LEFT JOIN ORDER_LIST;
     ON  CUSTOMER.客户号=ORDER_LIST.客户号
```

查询结果如图 4-53 所示。

注意：左连接后的结果有18 条记录。其中“比特电子”与“一得信息”没有订单，连接后订单信息全部为 NULL。

3. 右连接

表达为 RIGHT JOIN ，以 RIGHT JOIN 后的一张表为主导进行连接，即查询结果中包括第 2 个表中的所有记录：如果有对应的记录，则第 1 个表返回相应值，否则第 1 个表各字段为空值.NULL.。

查询

客户号_a	客户名	地址	电话	客户号_b	订单号	订购日期	总金额
C10001	三益贸易公司	平安大道100号	66661234	C10001	OR-01C	10/10/01	4000.00
C10001	三益贸易公司	平安大道100号	66661234	C10001	OR-03C	01/13/02	4890.00
C10001	三益贸易公司	平安大道100号	66661234	C10001	OR-04C	02/12/02	12500.00
C10001	三益贸易公司	平安大道100号	66661234	C10001	OR-12C	10/10/01	3210.00
C10001	三益贸易公司	平安大道100号	66661234	C10001	OR-32C	08/09/01	7000.00
C10001	三益贸易公司	平安大道100号	66661234	C10001	OR-44C	12/10/01	4790.00
C10005	比特电子工程公司	中关村南路100号	62221234	.NULL.	.NULL.	.NULL.	.NULL.
B20001	萨特高科技集团	上地信息产业园	87654321	B20001	OR-02B	02/13/02	10500.00
B20001	萨特高科技集团	上地信息产业园	87654321	B20001	OR-31B	02/10/02	39650.00
C20111	一得信息技术公司	航天城甲6号	89012345	.NULL.	.NULL.	.NULL.	.NULL.
B21001	爱心生物工程公司	生命科技园1号	66889900	B21001	OR-11B	05/13/01	45000.00
B21001	爱心生物工程公司	生命科技园1号	66889900	B21001	OR-13B	05/05/01	3900.00
B21001	爱心生物工程公司	生命科技园1号	66889900	B21001	OR-23B	07/08/01	4390.00
B21001	爱心生物工程公司	生命科技园1号	66889900	B21001	OR-37B	03/25/02	4450.00
A00112	四环科技发展公司	北四环路211号	62221234	A00112	OR-22A	10/27/01	5500.00
A00112	四环科技发展公司	北四环路211号	62221234	A00112	OR-21A	03/11/02	30000.00
A00112	四环科技发展公司	北四环路211号	62221234	A00112	OR-33A	09/10/01	8900.00
A00112	四环科技发展公司	北四环路211号	62221234	A00112	OR-41A	04/01/02	8590.00

图 4-53　左连接后的全部信息

为了更容易理解右连接，本例查询前先在 ORDER_LIST 表中增加一条记录：

客户号，订单号，订购日期，总金额分别为 BBBBBB，OR-BBB，03/02/2002，50000 (增加后对内连接及左连接结果没有影响)。

【例 4.58】在订货管理数据库中，查询 CUSTOMER 与 ORDER_LIST 右连接后的全部信息。

命令如下：

```
SELECT  *;
FROM  CUSTOMER  RIGHT  JOIN  ORDER_LIST;
      ON   CUSTOMER.客户号=ORDER_LIST.客户号
```

查询结果如图 4-54 所示。

查询

客户号_a	客户名	地址	电话	客户号_b	订单号	订购日期	总金额
C10001	三益贸易公司	平安大道100号	66661234	C10001	OR-01C	10/10/01	4000.00
A00112	四环科技发展公司	北四环路211号	62221234	A00112	OR-22A	10/27/01	5500.00
B20001	萨特高科技集团	上地信息产业园	87654321	B20001	OR-02B	02/13/02	10500.00
C10001	三益贸易公司	平安大道100号	66661234	C10001	OR-03C	01/13/02	4890.00
C10001	三益贸易公司	平安大道100号	66661234	C10001	OR-04C	02/12/02	12500.00
A00112	四环科技发展公司	北四环路211号	62221234	A00112	OR-21A	03/11/02	30000.00
B21001	爱心生物工程公司	生命科技园1号	66889900	B21001	OR-11B	05/13/01	45000.00
C10001	三益贸易公司	平安大道100号	66661234	C10001	OR-12C	10/10/01	3210.00
B21001	爱心生物工程公司	生命科技园1号	66889900	B21001	OR-13B	05/05/01	3900.00
B21001	爱心生物工程公司	生命科技园1号	66889900	B21001	OR-23B	07/08/01	4390.00
B20001	萨特高科技集团	上地信息产业园	87654321	B20001	OR-31B	02/10/02	39650.00
C10001	三益贸易公司	平安大道100号	66661234	C10001	OR-32C	08/09/01	7000.00
A00112	四环科技发展公司	北四环路211号	62221234	A00112	OR-33A	09/10/01	8900.00
A00112	四环科技发展公司	北四环路211号	62221234	A00112	OR-41A	04/01/02	8590.00
C10001	三益贸易公司	平安大道100号	66661234	C10001	OR-44C	12/10/01	4790.00
B21001	爱心生物工程公司	生命科技园1号	66889900	B21001	OR-37B	03/25/02	4450.00
.NULL.	.NULL.	.NULL.	.NULL.	BBBBBB	OR-BBB	03/02/02	50000.00

图 4-54　右连接后的全部信息

注意：右连接后的结果有17 条记录。其中新增的记录没有对应记录，连接后客户信息全部为 NULL。

左连接和右连接可以等价，只是要对调两个表的位置。本查询也可以使用左连接来实现：

```
SELECT  *;
FROM  ORDER_LIST   LEFT  JOIN  CUSTOMER;
      ON   CUSTOMER.客户号=ORDER_LIST.客户号
```

查询结果与前面的表达只是字段顺序略有不同。

4. 全连接

表达为 FULL　JOIN 。查询结果包括两个表中的所有记录：如果没有对应的记录，则相应字段为空值 NULL。

【例 4.59】在订货管理数据库中，查询 CUSTOMER 与 ORDER_LIST 全连接后的全部信息。命令如下：

```
SELECT  *;
FROM  CUSTOMER  FULL  JOIN  ORDER_LIST;
      ON   CUSTOMER.客户号=ORDER_LIST.客户号
```

查询结果如图 4-55 所示。

查询

客户号_a	客户名	地址	电话	客户号_b	订单号	订购日期	总金额
C10001	三益贸易公司	平安大道100号	66661234	C10001	OR-01C	10/10/01	4000.00
C10001	三益贸易公司	平安大道100号	66661234	C10001	OR-03C	01/13/02	4890.00
C10001	三益贸易公司	平安大道100号	66661234	C10001	OR-04C	02/12/02	12500.00
C10001	三益贸易公司	平安大道100号	66661234	C10001	OR-12C	10/10/01	3210.00
C10001	三益贸易公司	平安大道100号	66661234	C10001	OR-32C	08/09/01	7000.00
C10001	三益贸易公司	平安大道100号	66661234	C10001	OR-44C	12/10/01	4790.00
C10005	比特电子工程公司	中关村南路100号	62221234	.NULL.	.NULL.	.NULL.	.NULL.
B20001	萨特高科技集团	上地信息产业园	87654321	B20001	OR-02B	02/13/02	10500.00
B20001	萨特高科技集团	上地信息产业园	87654321	B20001	OR-31B	02/10/02	39650.00
C20111	一得信息技术公司	航天城甲6号	89012345	.NULL.	.NULL.	.NULL.	.NULL.
B21001	爱心生物工程公司	生命科技园1号	66889900	B21001	OR-11B	05/13/01	45000.00
B21001	爱心生物工程公司	生命科技园1号	66889900	B21001	OR-13B	05/05/01	3900.00
B21001	爱心生物工程公司	生命科技园1号	66889900	B21001	OR-23B	07/08/01	4390.00
B21001	爱心生物工程公司	生命科技园1号	66889900	B21001	OR-37B	03/25/02	4450.00
A00112	四环科技发展公司	北四环路211号	62221234	A00112	OR-22A	10/27/01	5500.00
A00112	四环科技发展公司	北四环路211号	62221234	A00112	OR-21A	03/11/02	30000.00
A00112	四环科技发展公司	北四环路211号	62221234	A00112	OR-33A	09/10/01	8900.00
A00112	四环科技发展公司	北四环路211号	62221234	A00112	OR-41A	04/01/02	8590.00
.NULL.	.NULL.	.NULL.	.NULL.	BBBBBB	OR-BBB	03/02/02	50000.00

图 4-55　全连接后的全部信息

注意：全连接后的结果有 19 条记录。没有对应记录数据，连接后字段值为.NULL.。

4.4.9　集合的并运算查询

当多个 SELECT 语句的查询结果结构相同时，可以合并查询结果，这称为集合的并运算；并运算用 UNION 表达。参加 UNION 操作的各个查询的结果的字段数目必须相同，对应的数据类型也必须相同。

【例 4.60】在学生数据库中，查询中文系及金融系学生的学号、姓名、院系等信息。命令如下：

```
SELECT 学号,姓名,院系 FROM STUDENT WHERE  院系="中文";
UNION;
SELECT 学号,姓名,院系 FROM STUDENT WHERE  院系="金融"
```

查询结果如图 4-56 所示。

查询

学号	姓名	院系
99035001	王丹	中文
99035002	季节	中文
99036001	洪文如	金融
99036002	胡文节	金融
99036003	波阳	金融

图 4-56　并运算查询结果

当然，本例中的查询可直接用条件查询实现：

```
SELECT 学号,姓名,院系 FROM STUDENT;
   WHERE  院系="中文"  OR  院系="金融"
```

或

```
SELECT 学号,姓名,院系 FROM STUDENT;
   WHERE  院系  IN ("中文" ,"金融")
```

第 5 章　查询与视图

5.1　查　　询

查询是从指定的表或视图中提取所需的结果，然后按照希望得到的输出类型定向输出查询结果。利用查询可以实现对数据库中数据的浏览、筛选、排序、检索、统计以及加工等操作。利用查询可为其他数据库提供新的数据表。

5.1.1　查询设计器

我们在第 4 章学习了怎样用 SQL 语言进行查询，Visual FoxPro 提供了一个方便的查询工具，即查询设计器。查询设计器将查询工作以“对话框”的方式，引导用户一步一步地设置完成，同时将查询过程转换成过程代码保存在查询文件内。

使用查询设计器可以搜索满足指定条件的记录，也可以根据需要对这些记录进行排序和分组，并根据查询结果创建临时表、表、浏览窗口、屏幕、报表、标签及各种图形等。查询设计器可以根据用户的操作自动生成 SQL 语句，并且自动对查询进行优化。用户可以通过操作查询设计器来输出想要的结果，并且把它自动生成的 SQL 语句剪贴到自己的方法或应用程序段中。但是，它生成的 SQL 语句只允许查看和复制，而不允许去修改它。系统生成的查询文件扩展名.qpr。

打开查询设计器的方法有以下 3 种：

(1) 使用命令：

Create Query　打开查询设计器建立查询。

(2) 选择“文件”→“新建”菜单，打开“新建”对话框，然后选择“查询”并单击“新建文件”打开查询设计器建立查询。

(3) 在项目管理器的“数据”选项卡中选择“查询”，单击“新建”按钮打开查询设计器建立查询。

5.1.2　查询设计实例

【例 5.1】使用查询设计器建立一个查询文件 stud.qpr，查询要求：选修了“大学英语”并且成绩大于等于 70 的学生的姓名和出生日期，查询结果按“年龄”升序存放于 stud_temp.dbf 表中(完成后要运行)。

操作步骤如下：

(1) 单击“文件”→“新建”→“查询”→“新建文件”菜单，弹出“添加表或视图”对话框，如图 5-1 所示。

如果当前打开的是数据库表，则在“数据库”文本框中自动显示数据库所属的数据库名，并且在“数据库中的表”列表框中显示所有的数据库表。当加入两个以上数据库表时，查询文件里表之间的关联默认为和原数据表中的关联关系相同。当选择视图时，“数据库中的表”列表框自然变为“数据库中的视图”列表框，并且列出了当前数据库中的所有视图，也可以将视图加入查询。

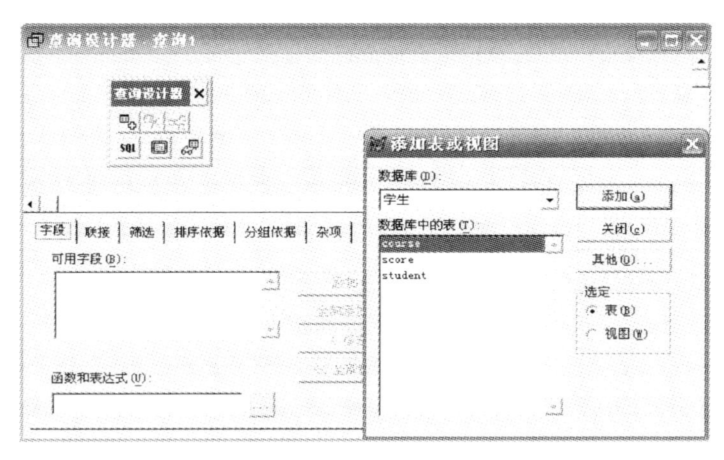

图 5-1　“查询设计器”窗口和“添加表或视图”对话框

将 student、score、course 三个表依次添加到查询设计器中(score 表一定要作为第 2 张表添加)。

在“查询设计器”的下半部有 6 个选项卡，分别是字段、联接、筛选、排序依据、分组依据、杂项。

①“字段”选项卡包括“可用字段”、“函数和表达式”及“选定字段”，进行查询结果输出时，可以根据“字段”选项卡来设计要输出的字段及表达式。此选项卡决定了 SQL 命令的 SELECT(查什么？)。单击“字段”选项卡，将“姓名”、“出生日期”两个字段添加到“选定字段”列表框中。

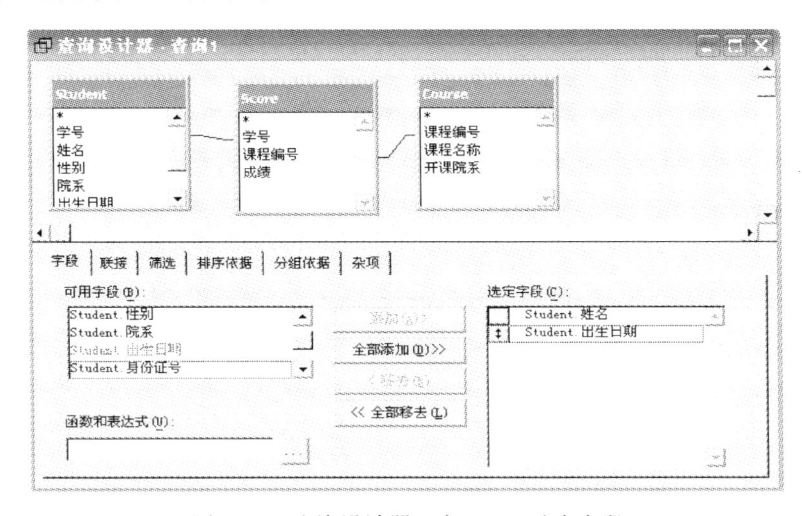

图 5-2　“查询设计器”窗口——选定字段

② 联接。当在多个表或视图间进行查询时，可以利用“联接”选项卡为一个或多个表或视图中匹配和选择记录指定的联接条件。在 SQL 窗口中，此选项卡决定了 SQL 命令的 From 子句所列出的联接条件。一般说来，在选择添加多张表或视图时，关联关系默认为和原数据表中的关联关系相同，不需要进行“联接”选项卡的设置。

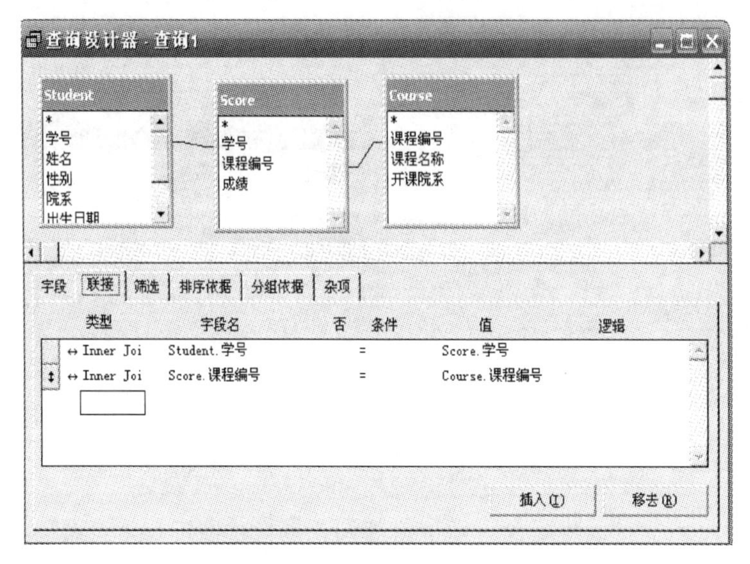

图 5-3　“查询设计器”窗口——确定连接关系

③ 筛选。在查询设计里，为选定的记录进行筛选以达到抽取数据记录的目的。指定选择记录的条件，比如在字段内指定值，或者在表之间定义临时关系的连接条件。此选项卡决定了 SQL 命令的 Where 子句中的条件。

单击“筛选”选项卡，字段名选择为“Course.课程名称”，条件选择为=，“实例”处输入“大学英语”；逻辑为 AND。移到下一个条件字段名选择“Score.成绩”条件选择>=；“实例”处输入“70”。

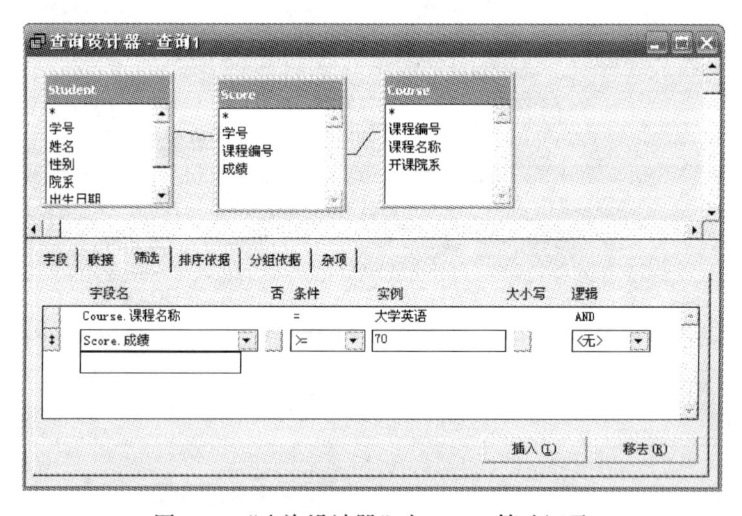

图 5-4　“查询设计器”窗口——筛选记录

④ 排序依据。如果要求筛选后的结果按一定的顺序输出，则需要对记录进行排序操作。选择“排序依据”选项卡，指定字段或者其他表达式，它们设置查询中检索记录的顺序。该选项卡决定了 SQL 命令的 ORDER BY 子句中的排序命令。

单击“排序依据”选项卡，本题要求按“学生年龄”升序排序，也就是学生的出生日期应该由大到小的排列，选择“Student.出生日期”→“降序”→“添加”。

⑤ 分组依据。有时需要对查询的结果进行分组统计。例如，在 Student 表中，对所有的学生按“院系号”进行统计输出，或者对学生的性别统计，就需要用查询设计器的分组查询进行灵活的统计输出结果。分组查询即是根据所选定的字段或字段表达式的值进行分组汇总，将一组字段或字段表达式的值进行汇总构成一个结果记录。该选项卡决定了 SQL 命令的 GROUP BY 和 HAVING 子句中的分组命令。

⑥ 杂项。“杂项”选项卡包括 4 个复选框和 1 个微调按钮，这些复选框分别为“无重复记录”、“交叉数据表”、“全部”、“百分比”。其中，“无重复记录”复选框对应 SQL 命令中的限定词 DISTINCT。

(2) 单击“查询”→“查询去向”→“表”菜单，在“表名”文本框输入“stud_temp”单击“确定”按钮。

查询的结果输出默认为在浏览窗口中输出。打开“查询去向”对话框，有以下几种方法：

① 在查询设计状态，选择“查询”→“查询去向”菜单，系统就会弹出“查询去向”对话框。

② 右击“查询设计器”，在快捷菜单中选择“输出设置”命令即可。

③ 在查询设计器的工具栏内单击“查询去向”图标，打开“查询去向”对话框，如图 5-5 所示。

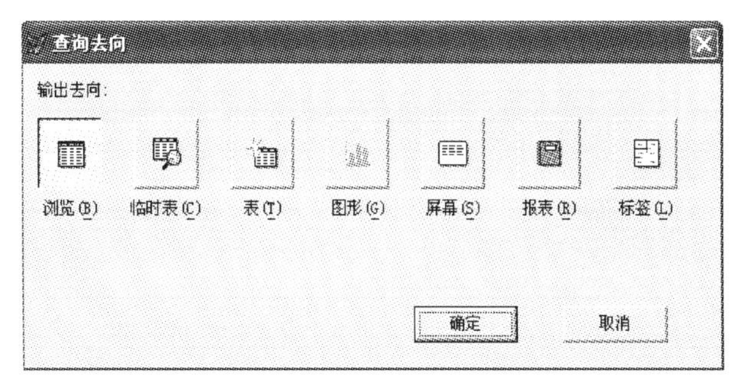

图 5-5　“查询去向”对话框

(3) 单击“保存”按钮，输入查询名：stud.qpr。

(4) 运行查询，查看查询结果，如图 5-6 所示。

【例 5.2】利用查询设计器，查询平均成绩大于等于 75 分以上的每个女同学的学号、姓名、平均成绩和选课门数，结果按“选课门数”降序排序，并将结果存放到 Three 表中。

操作步骤如下：

(1) 单击“文件”→“新建”→“查询”→“新建文件”菜单。弹出“添加表或视图”对话框，将 Student 和 Score 添加到查询设计器中。单击“字段”选项卡，将“Student.学号”、“姓名”两个字段添加到“选定字段”中，在“函数和表达式”列表框中编辑表达式，如图 5-7 所示。

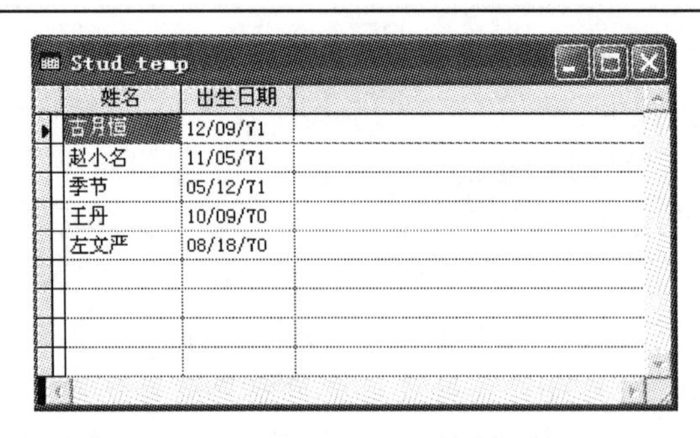

图 5-6　查询结果

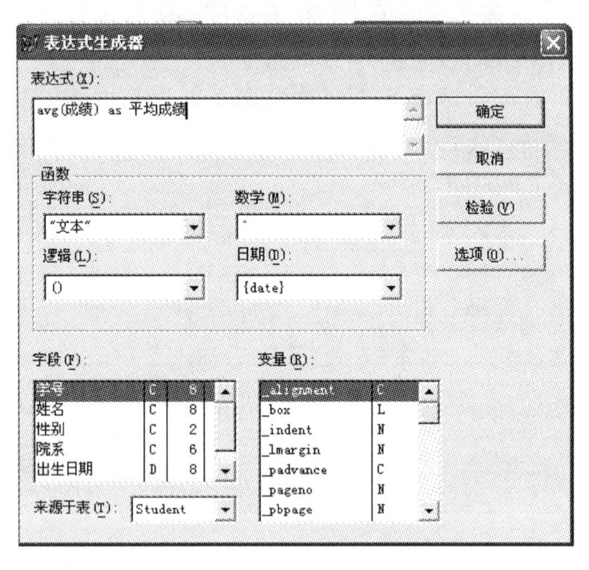

图 5-7　表达式生成器对话框

分别将编辑完成的“平均成绩”和“选课门数”表达式添加到“选定字段”中，如图 5-8 所示。

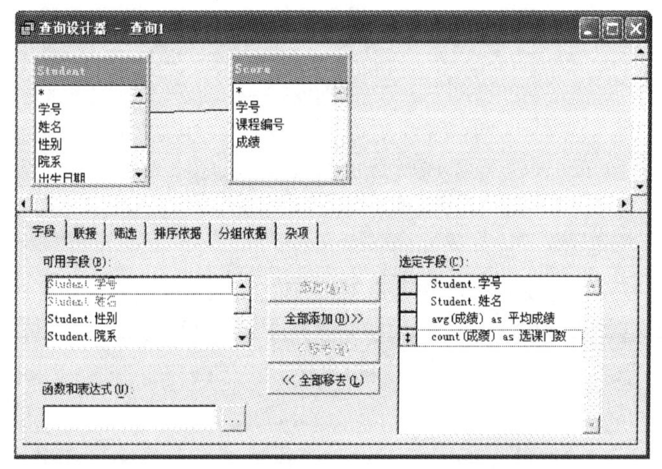

图 5-8　“查询设计器”窗口——选定字段

(2) 单击“筛选”选项卡，字段名选择为“Student.性别”，条件选择为“=”，“实例”处输入“女”如图 5-9 所示。

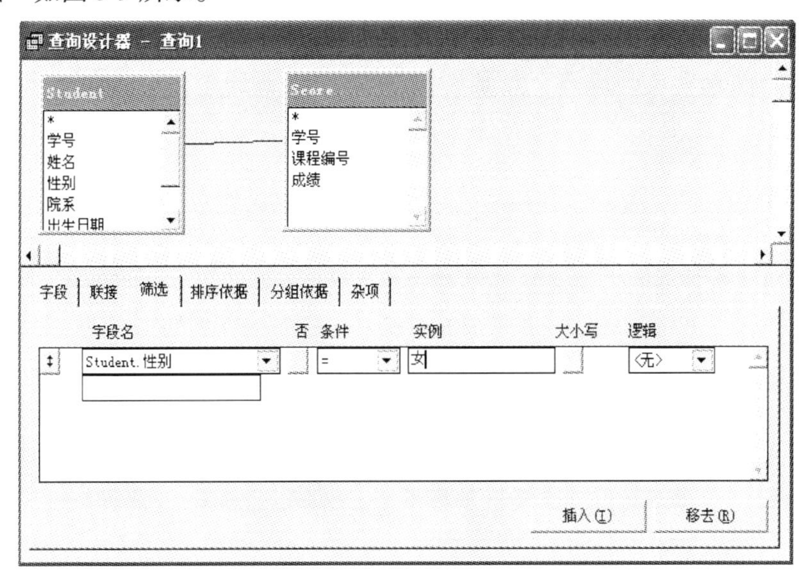

图 5-9　“查询设计器”窗口——筛选记录

(3) 单击“排序依据”选项卡，选择“count(成绩) as 选课门数”→“降序”，单击“添加”按钮。

(4) 本题要求查询每个女同学的学号、姓名等，这就需要进行数据分组。单击“分组依据”选项卡，将“可用字段”中的“Student.学号”添加到“分组字段”中，如图 5-10 所示。

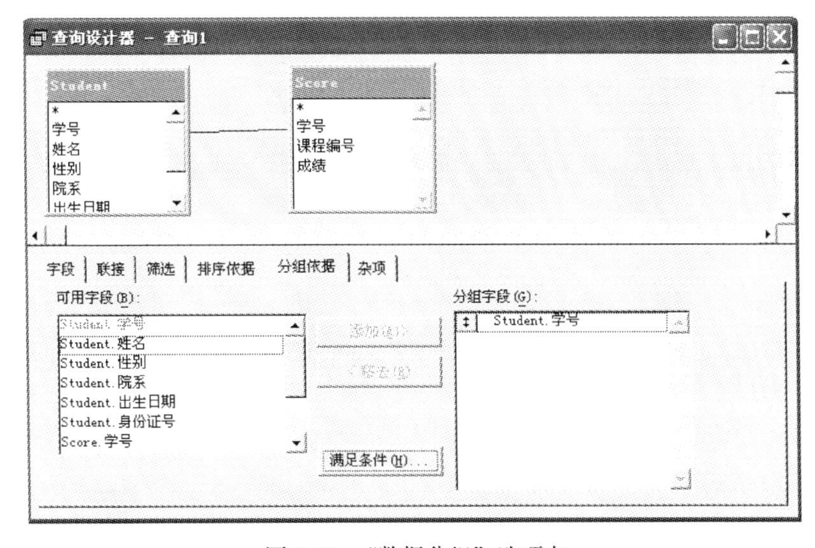

图 5-10　“数据分组”选项卡

题目要求查找平均分大于等于 75 分以上的女同学，必须在分组下进行条件筛选，单击“满足条件”按钮，打开“满足条件”对话框，在“字段名”下拉列表框中选择

“平均成绩”，“条件”处选择“>=”，“实例”处输入“75”，单击“确定”按钮。如图 5-11 所示。

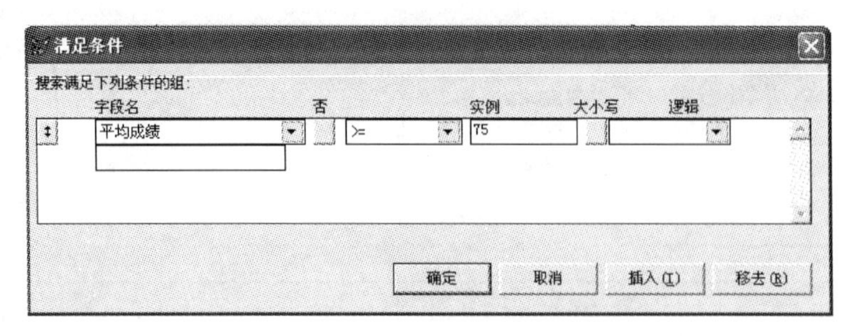

图 5-11　分组下的筛选——满足条件

(5)单击“查询”→“查询去向”→“表”，在“表名”处输入“Three”单击“确定”按钮。运行查询，结果如图 5-12 所示。

Three

学号	姓名	平均成绩	选课门数
99035002	季节	87	3

图 5-12　查询结果

5.2　视　　图

5.2.1　视图的概念

视图是从数据库表或视图中导出的“虚拟表”，数据库中只存放视图的定义而不存放视图对应的数据，视图中的数据仍存放在导出视图的数据表中，因此视图是一个“虚拟表”。视图是不能单独存在的，它依赖于数据库以及数据表的存在而存在，只有打开与视图相关的数据库才能使用视图。通过视图可以从一个或多个相关联的表中提取有用的信息。利用视图可以更新数据表中的数据。

5.2.2　使用 SQL 命令建立视图

从视图的概念中，可以看出，视图是根据表的查询定义的，类似与我们建立的查询。同样，可以使用 SQL 命令来建立视图，命令格式如下：

```
Create View <视图名称> as;
Select …
```

其中，Select...可以是任意的 Select 查询语句，它说明和限定了视图中的数据；视图的字段名与 Select 查询语句中指定的字段名或表中的字段名相同。

【例 5.3】在订货管理数据库中，定义视图 s_view，该视图含有所有客户的客户号和客户名。

SQL 命令如下：

```
Create View s_view as;
     Select 客户号,客户名 from customer
```

从图 5-13 中可以看到，视图 s_view 和表一样，拥有自己的一个小窗口，视图一旦定义，就可以和原数据表一样可以对它进行各种查询，也可以对它进行一些修改操作，如要查询客户的客户号和客户名，可以有命令：

```
Select * from s_view
```

或

```
Select * from customer
```

都可以收到同样的效果。

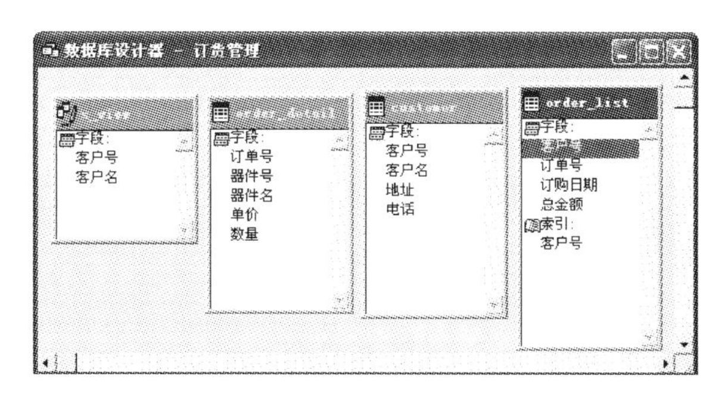

图 5-13　数据库设计器——视图在数据库设计器中

【例 5.4】在订货管理数据库中，定义视图 b_view，该视图包含客户号以及每个客户所有订单的总金额合计。

SQL 命令如下：

```
Create View b_view as;
    Select 客户号,sum(总金额) as 合计金额;
from order_list;
    Group by 客户号
```

【例 5.5】在订货管理数据库中，定义视图 v_view，要求查询有单笔订货在 30000 元及以上的客户信息。

SQL 命令如下：

```
Create View v_view as;
     select * from  customer  where  exist;
          (select * from  order_list;
where 总金额>=30000  and order_list.客户号=customer.客户号)
```

视图建立后，如果再提出同样的查询要求，只需要输入命令：

```
Select * from
```

5.2.3　使用视图设计器建立视图

视图设计器是视图的工具，它类似于查询设计器，只是比查询设计器多了一个“更新条件”选项卡，并且视图设计器中没有“查询去向”的问题。

打开视图设计器有以下几种方法：

(1)选择“文件”→“新建”→“视图”→“新建文件”菜单；

(2)在项目管理器的“数据”选项卡中将要建立的视图的数据库分支展开，并选择“本地视图”或“远程视图”，然后单击“新建”按钮；

(3)用 Create view 命令打开视图设计器。

注意：*在打开视图设计器之前，需要先打开数据库。*

【例 5.6】在订货管理数据库中，使用视图设计器建立视图 view_cb，视图中显示每笔订单器件的总数量及订单的客户号。

操作步骤如下：

(1)打开订货管理数据库，在命令窗口输入：

```
Open database 订货管理
```

(2)单击“文件”→“新建”→“视图”→“新建文件”菜单，弹出“添加表或视图”对话框，将 order_list 和 order_detail 添加到视图设计器中。单击“字段”选项卡，将“order_list.客户号”、“order_detail.订单号”两个字段添加到“选定字段”中，在“函数”和“表达式”列表框中编辑表达式，如图 5-14 所示。并将编辑好的函数表达式添加到“选定字段”中。

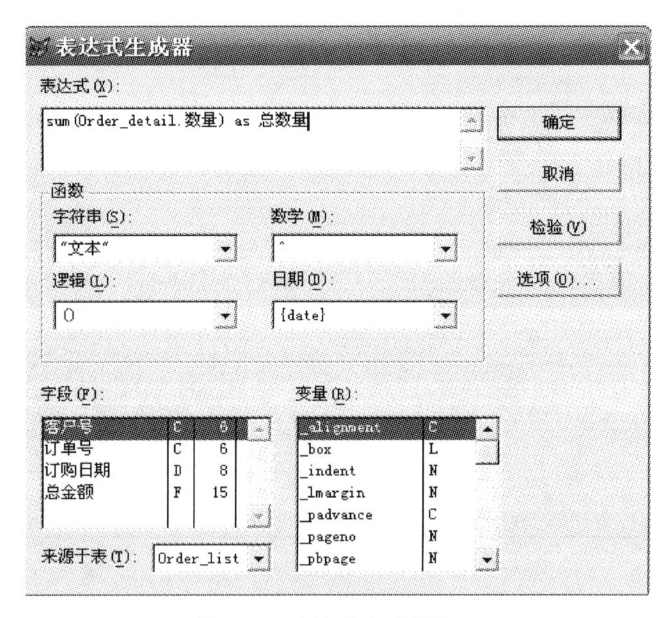

图 5-14　表达式生成器窗口

(3)单击“分组依据”选项卡，将“可用字段”中的“order_detail.订单号”添加到“分组字段”列表框中，如图 5-15 所示。

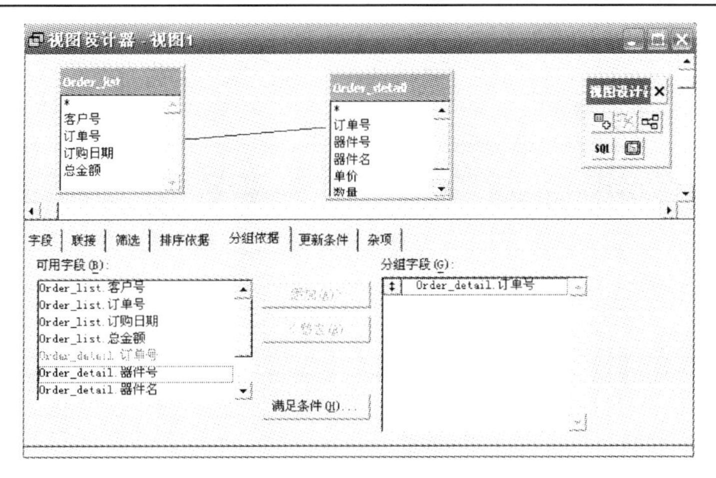

图 5-15　“分组依据”选项卡

(4) 单击“保存”按钮，以 view_cb 保存视图，运行视图，结果如图 5-16 所示。

客户号	订单号	总数量
C10001	OR-01C	5
B20001	OR-02B	3
C10001	OR-03C	19
C10001	OR-04C	9
B21001	OR-11B	3
C10001	OR-12C	26
B21001	OR-13B	1
A00112	OR-21A	3
A00112	OR-22A	4
B21001	OR-23B	21
B20001	OR-31B	2
C10001	OR-32C	5
A00112	OR-33A	8
B21001	OR-37B	1
A00112	OR-41A	14
C10001	OR-44C	7

图 5-16　视图结果

第 6 章　报表设计与应用

6.1　报 表 概 述

报表(Report)是数据库管理系统中的重要组成部分，它是 Visual FoxPro 中最常用的输出形式，通过使用报表向导和报表设计器可以将自由表、数据库表以及视图按照用户的需要以多种打印样式打印输出。

报表是用来输出数据的，一个报表包括输出格式与输出数据两个方面：报表的输出格式由报表的布局风格和报表控件决定；报表的输出数据则由报表的数据源决定。报表的数据源可以是自由表、数据库表和视图。

6.1.1　报表的常规布局

报表布局是定义报表的打印格式，Visual FoxPro 中有 4 种报表布局。表 6-1 中列出了常规报表布局及其说明。

表 6-1　报表常规布局及其说明

布局	说　明
列报表	每行打印一个记录，每个记录的字段在页面上按水平方向放置
行报表	每行打印一个字段，每个记录的字段在左侧竖直放置
一对多报表	一个记录或一对多关系，包括附表的记录及其相关的字表的记录
多栏报表	每页可打印多列的记录，每个记录的字段沿边缘竖直放置

6.1.2　报表向导

使用报表向导是设计报表的捷径之一，只要按照向导对话框中的步骤一步一步地回答，就能很快完成报表设计任务。

启动报表向导可以使用以下 4 种方法：

(1)在“项目管理器”中，单击“文档”选项卡，选择“报表”，然后单击“新建”按钮，打开“新建报表”对话框。单击“报表向导”按钮，打开“向导选取”对话框。

(2)打开“文件”菜单，选择“新建”命令，选中“报表”单选按钮，单击“向导”按钮。

(3)打开“工具”菜单，选择“向导”命令，然后选择“报表”。

(4)单击常用工具栏中的“新建”按钮，选择“报表”，单击“向导”按钮。

报表向导启动时，首先弹出“向导选取”对话框，如图 6-1 所示，如果数据源只来自一个表,应选取“报表向导”,如果数据源包括父表和子表,则应选取“一对多报表向导”。

【例 6.1】使用报表向导建立一个简单报表。要求选择 STUDENT 表中所有字段；记录不分组；报表样式为随意式；列数为 1，字段布局为“列”，方向为“纵向”；排序字段为“学号”（升序）；报表标题为“学生基本情况一览表”；报名文件名为 TWO。

操作步骤如下：

(1) 单击“工具”→“向导”→“报表”菜单，显示“向导选取”对话框。

(2) 在“向导选取”对话框中，选择“报表向导”并单击“确定”按钮。

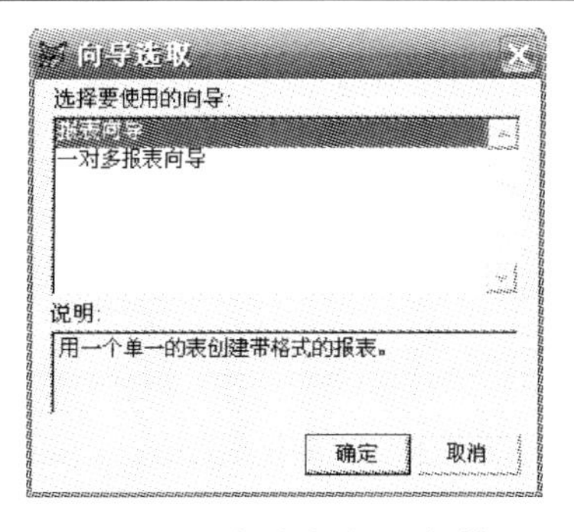

图 6-1　“向导选取”对话框

(3) 在“报表向导”对话框的“步骤 1—字段选取”中，首先要选取表 STUDENT，在“数据库和表”列表框中选择表“学生”，接着在“可用字段”列表框中显示表 STUDENT 的所有字段名，并选定所有字段名至“选定字段”列表框中，单击“下一步”按钮，如图 6-2 所示。

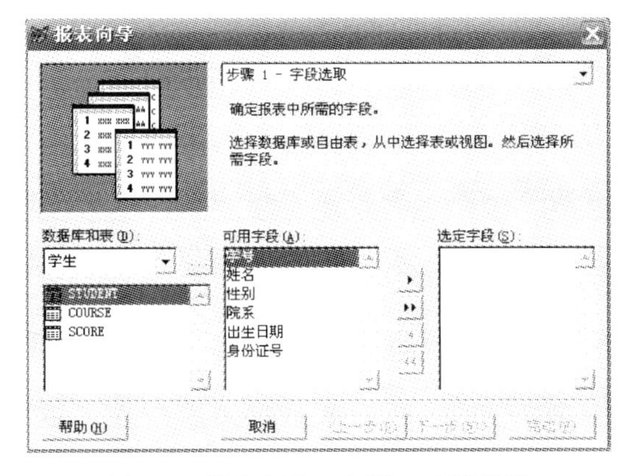

图 6-2　报表向导—步骤 1 字段选取

(4) 在“报表向导”对话框的“步骤 2—分组记录”中，单击“下一步”按钮，如图 6-3 所示。

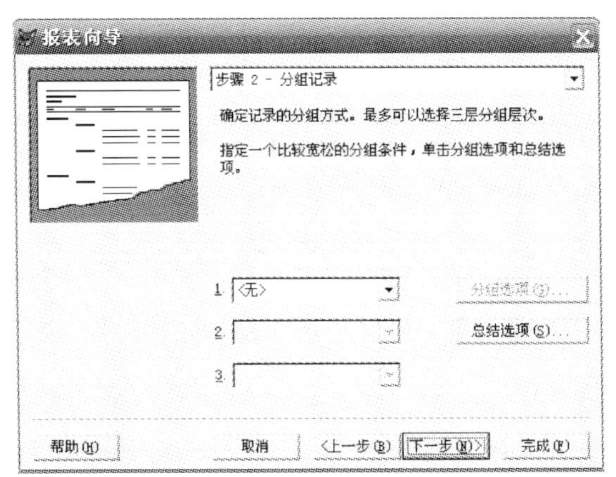

图 6-3　报表向导—步骤 2 分组记录

(5)在“报表向导”对话框的“步骤 3—选择报表样式”中，在“样式”中选择“随意式”，单击“下一步”按钮，如图 6-4 所示。

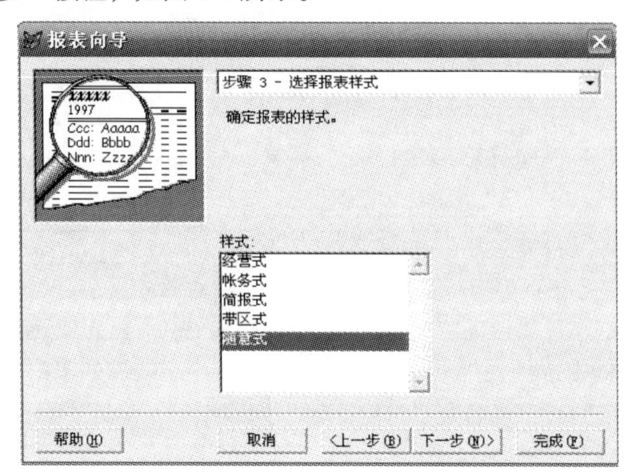

图 6-4 报表向导—步骤 3 选择报表样式

(6)在“报表向导”对话框的“步骤 4—定义报表布局”中，选择“列数”为 1，选择“方向”为“纵向”，选择“字段布局”为“列”，单击“下一步”按钮，如图 6-5 所示。

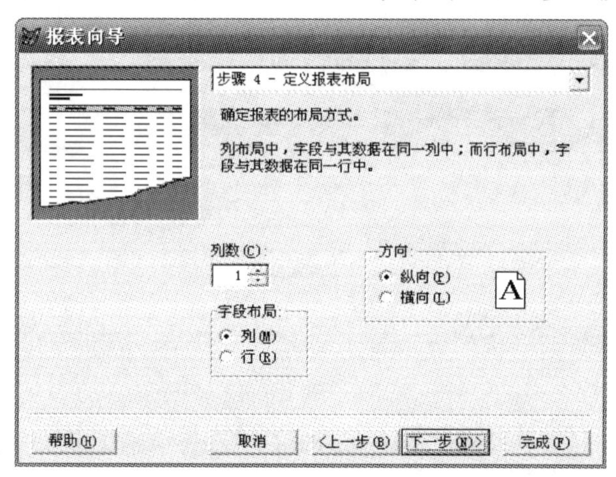

图 6-5 报表向导—步骤 4 定义报表布局

(7)在“报表向导”对话框的“步骤 5—排序次序”中，选定“学号”字段并选择“升序”，再单击“添加”按钮，单击“完成”按钮，如图 6-6 所示。

(8)在“报表向导”对话框的“步骤 6—完成”中，在“报表标题”文本框中输入“学生基本情况一览表”，单击“完成”按钮，如图 6-7 所示。

(9)在“另存为”对话框中，输入保存报表名“TWO”，再单击“保存”按钮，最后报表就生成了。

【例 6.2】使用一对多报表向导建立报表。要求：父表为 STUDENT，子表为 SCORE，从父表中选择“姓名”字段，从字表中选取全部字段，这个表通过“学号”建立联系；按“学号”降序排序；生成的报表名为 student_report。

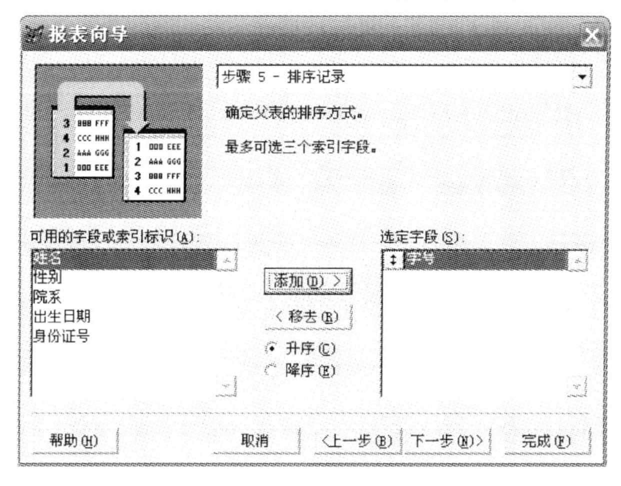

图 6-6　报表向导—步骤 5 排序记录

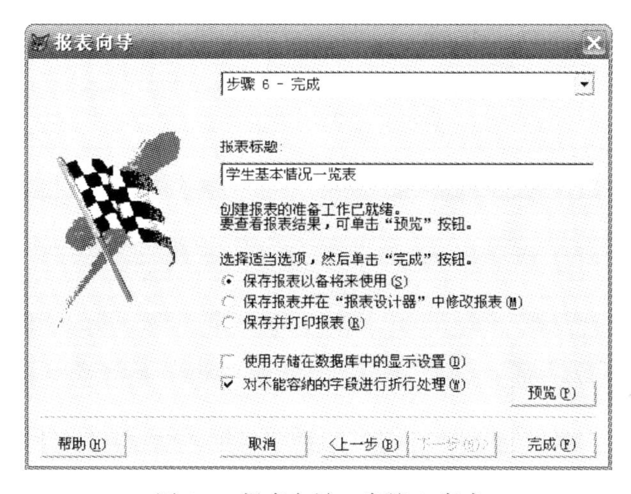

图 6-7　报表向导—步骤 6 完成

操作步骤如下：

(1) 单击“工具”→“向导”→“报表”菜单，显示“向导选取”对话框。

(2) 在“向导选取”对话框中，选择“一对多报表向导”并单击“确定”按钮。

(3) 在“一对多报表向导”对话框的“步骤 1—从父表中字段选取”中，首先要选取表 STUDENT，在“数据库和表”列表框中，选择表“学生”；接着在“可用字段”列表框中显示表 STUDENT 的所有字段名，选定“姓名”字段至“选定字段”列表框中，单击“下一步”按钮，如图 6-8 所示。

(4) 在“一对多报表向导”对话框的“步骤 2—从子表中字段选取”中，依然从“学生”数据库中选取 SCORE 表，选定 SCORE 表中选取所有字段至“可选字段”列表框中，单击“下一步”按钮，如图 6-9 所示。

(5) 在“一对多报表向导”对话框的“步骤 3—为表建立关系”中，STUDENT 表和 SCORE 表通过学号字段建立关系，单击“下一步”按钮，如图 6-10 所示。

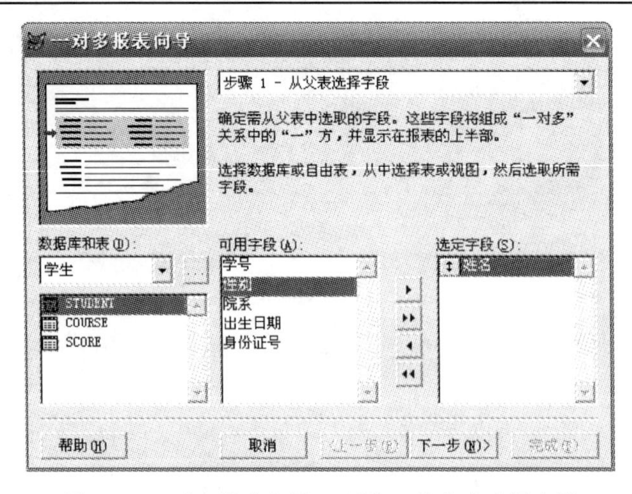

图 6-8　一对多报表向导—步骤 1 从父表选择字段

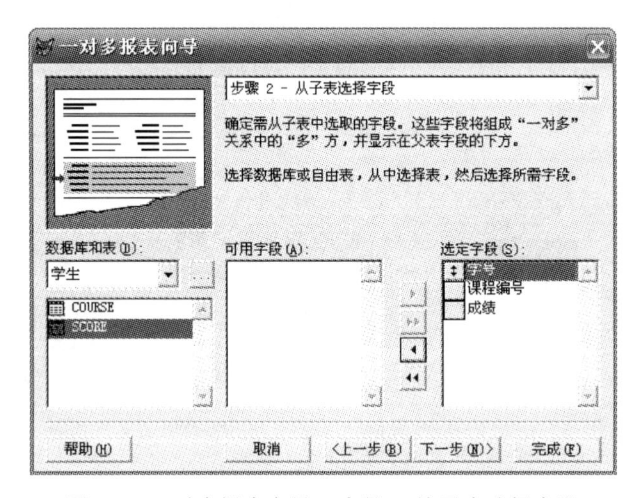

图 6-9　一对多报表向导—步骤 2 从子表选择字段

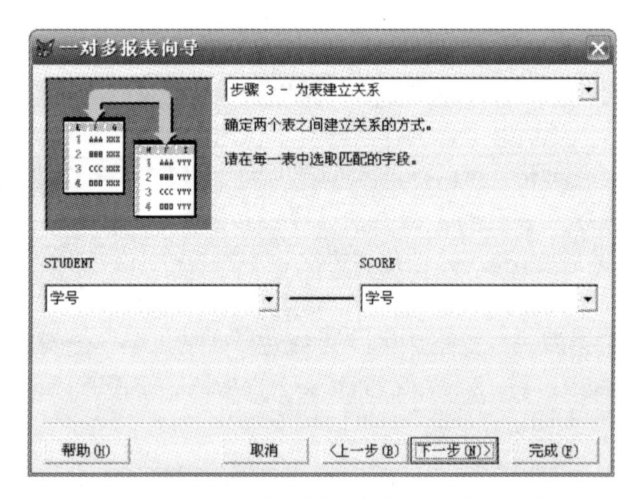

图 6-10　一对多报表向导—步骤 3 为表建立关系

(6) 在“一对多报表向导”对话框的“步骤 4—排序记录”中，选定“学号”字段并选择“降序”，再单击“添加”按钮，单击“完成”按钮，如图 6-11 所示。

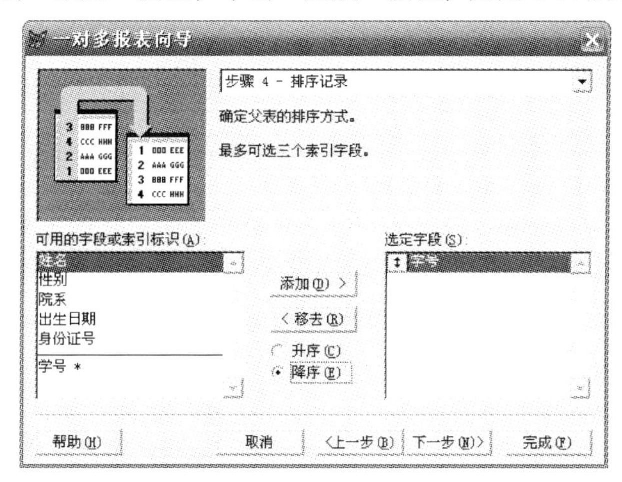

图 6-11　一对多报表向导—步骤 4 排序记录

(7) 在“一对多报表向导”对话框的“步骤 6—完成”中，直接单击“完成”按钮，如图 6-12 所示。

图 6-12　一对多报表向导—步骤 6 完成

(8) 在“另存为”对话框中，输入保存报表名“student_report”，再单击“保存”按钮，最后报表就生成了。

6.2　报表设计器

Visual FoxPro 的报表设计器为用户创建和修改报表提供了强大的设计功能。打开报表设计器有以下几种方法：

(1) 在“项目管理器”中，单击“文档”选项卡，选择“报表”命令，单击“新建”按钮，打开“新建报表”对话框，单击“新建报表”按钮。

(2) 打开“文件”菜单，选择“新建”命令，打开“新建”对话框，选中“报表”单选按钮，单击“新建文件”按钮。

(3) 单击常用工具栏中的的“新建文件”按钮，打开“新建”对话框，选中“报表”单选按钮，单击“新建文件”按钮。

(4) 使用以下命令创建报表文件：

```
Create Report <报表文件名>
Modify Report <报表文件名>
```

创建或修改一个由<报表文件名>指定的报表文件，如果省略扩展名，则系统自动加上.frx 扩展名，报表文件.frx 存放的是报表的格式定义。

6.2.1 报表带区

新建报表时，报表设计器窗口为空，只包括页标头、细节、页注脚 3 个基本的报表带区，如图 6-13 所示。

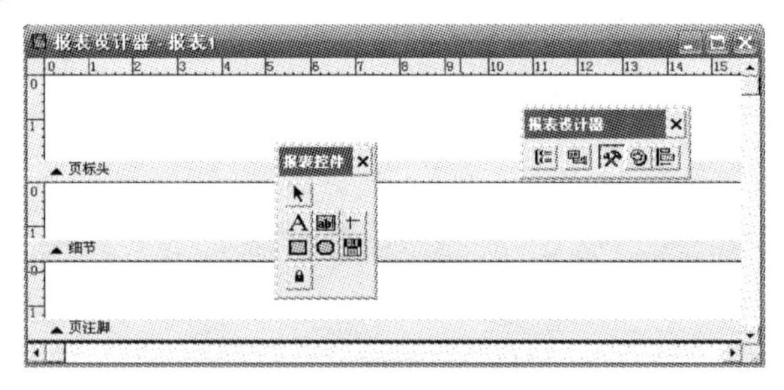

图 6-13 报表设计器窗口

报表除了如图 6-13 所示的 3 个默认带区以外，还可以向报表中添加表 6-2 所列的其他带区。它们表示的意义各不相同，用户可以根据自己的需要来确定选用和添加哪个带区。

表 6-2 报表可用的带区

带区名称	打印控制	表示内容
标题	每个报表使用一次	标题、日期等
页标头	每页使用一次	页标题
页注脚	每页使用一次	每页总计
列标头	每列使用一次	列标题
列注脚	每列使用一次	总结或总计
细节	每条记录使用一次	字段值
组标头	每组使用一次	数据前面的提示说明文本
组注脚	每组使用一次	分组数据的计算结果
总结	每个报表打印一次	总结

6.2.2 工具栏的使用

从图 6-13 上还能看到，打开报表设计器窗口时，弹出了“报表控件”工具栏和“报表设计器”工具栏，下面对这两个工具栏作简要说明。

1. “报表控件”工具栏

(1) 选定对象控件：用于移动或更改控件的大小，在创建了一个空间后，会自动选定对象按钮，除非按下了“锁定”按钮。

(2) A标签控件：用于保存不希望用户改动的文本。

(3) 域控件：用于显示表示字段、内存变量或表达式的内容。

(4) 线条控件：用于设计各种各样的线条。

(5) 矩形控件：用于画各种矩形。

(6) 圆角矩形控件：用于画各种椭圆和圆角矩形。

(7) 图片/OLE 绑定控件：用于显示图片和通用字段。

(8) 按钮锁定控件：用于多次添加同一类型的控件而不重复选定统一类型的控件。

2. “报表设计器”工具栏

(1) 数据分组按钮：用于创建数据分组。

(2) 数据环境按钮：用于设置报表的数据环境。

(3) 报表控件控制按钮：显示或关闭报表设计器控件。

(4) 调色板控制按钮：显示或关闭颜色工具栏。

(5) 布局工具按钮：显示或关闭布局工具栏。

6.2.3　预览报表

报表设计完成后，可以通过预览来观察报表的设计效果。预览的屏幕显示与打印结果完全一致，具有所见即所得特点。制作报表时常需要在设计和预览这两个步骤多次反复，直至将报表修改到完全符合要求后才进行打印。在报表设计器窗口下，可以通过以下几种方式进行报表预览：

① 选择“显示”→“预览”菜单。

② 在“报表设计器”中，单击右键，选择“预览”命令。

③ 在常用工具栏上，单击“预览”按钮。

④ 通过以下命令实现预览：

```
Report Form <报表文件名> Preview
```

6.3　报表设计实例

除了使用报表向导之外，使用系统提供的“快速报表”功能也可以创建一个格式简单的报表。

【例 6.3】利用 Visual Foxpro 的“快速报表”功能建立一个满足如下要求的简单报表：

(1) 报表的内容是 student 表的记录(全部记录，横向)；

(2) 增加“标题带区”，然后在该带区中放置一个标签控件，该标签控件显示报表的标题“学生名册”；

(3) 将页注脚区默认显示的当前日期改为显示当前的时间；

(4)将建立的报表保存为 report1.frx。

操作步骤如下：

(1)打开报表设计器：单击“文件”→“新建”→“报表”→“新建文件”菜单，出现报表设计器。

(2)设置报表的数据环境：报表由数据源和布局两部分组成。数据源通常是数据库中的表，也可以是视图、查询或自由表，这个数据源就是报表的数据环境。对于固定使用的数据源，可将其添加到“数据环境设计器”中，以便每次运行报表时自动打开，关闭并自动释放。在报表设计器中，可以通过以下几种方法将数据源添加到报表“数据环境设计器”中：

① 单击“报表设计器”工具栏中的“数据环境”按钮。

② 选择“显示”→“数据环境”菜单。

③ 在“报表设计器”任意空白处右击，从弹出的快捷菜单中选择“数据环境”命令。

利用上述任意一种方法打开“数据环境设计器”后，在“数据环境设计器”窗口上右击，在弹出的快捷菜单中选择“添加”命令，然后在打开的“添加表或视图”对话框中选择 student 表，将其添加到“数据环境设计器”中(图 6-14)，最后关闭对话框。单击“报表”→“快速报表”菜单，出现“快速报表”对话框，单击“字段”按钮，在“来源于表”中选择 student，将所有字段选中。回到“快速报表”对话框(图 6-15)，选择“横向布局”，单击“确定”按钮，回到报表设计器。

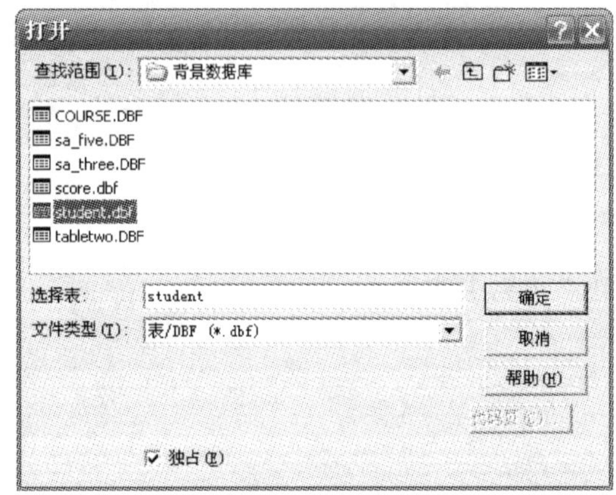

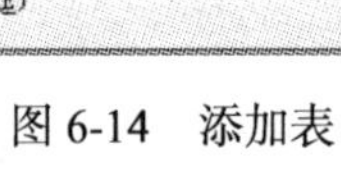
图 6-14　添加表

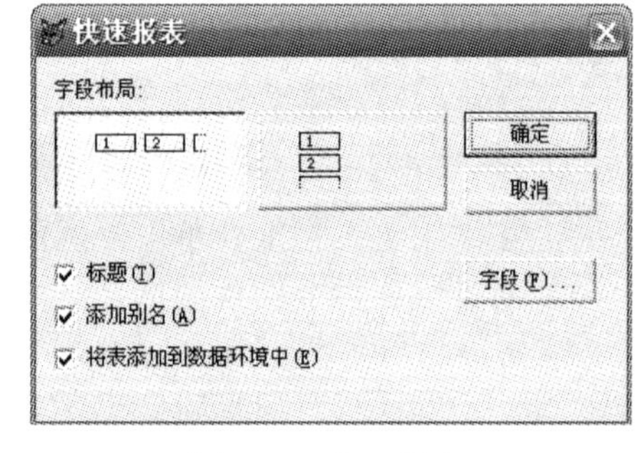

图 6-15　快速报表

(3)单击“报表”→“标题/总结”菜单，出现“标题/总结”对话框，选择“标题带区”(图 6-16)，单击“确定”按钮，回到报表设计器。

单击报表控件工具栏上的“标签”控件，单击标题区中间，输入：学生名册(图 6-17)。

(4)双击页注脚区的域控件 date()，出现“报表表达式”对话框，将原表达式 date() 修改为 time() (图 6-18)，单击“确定”(按钮)。

(5)单击“保存”按钮，输入文件名：report1。

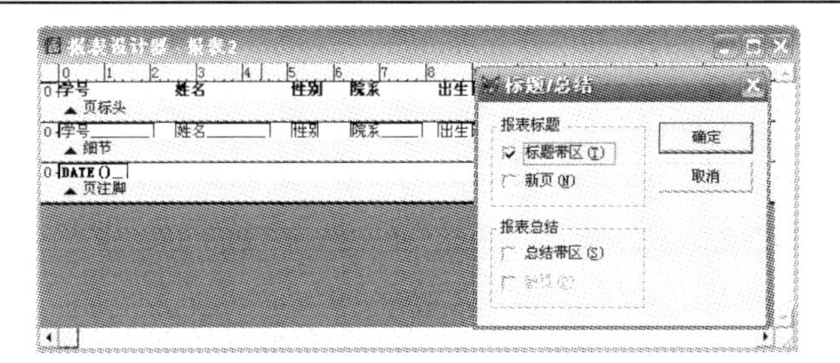

图 6-16　添加标题带区

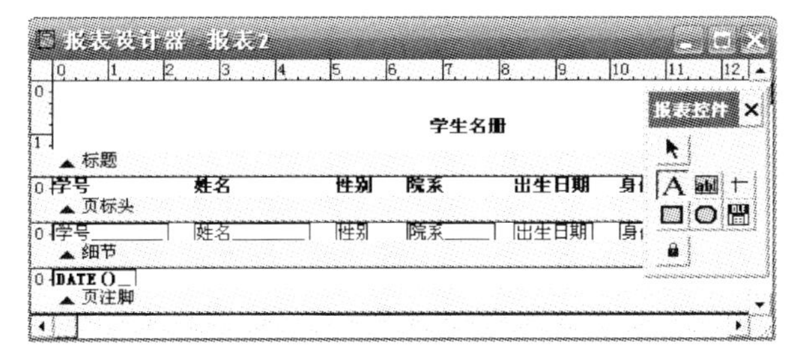

图 6-17　输入标题

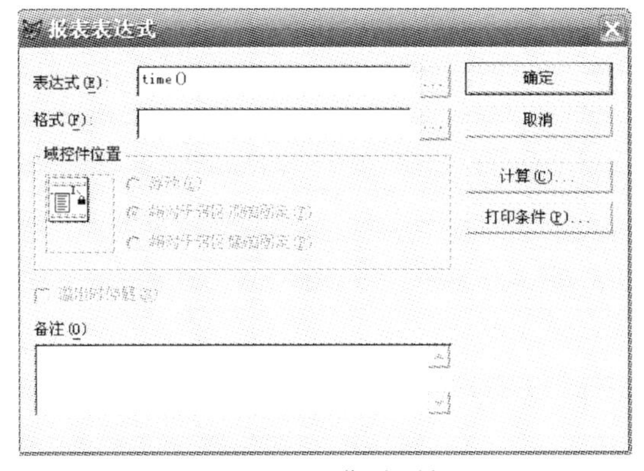

图 6-18　日期改时间

(6)完成报表设计后，预览效果。在命令框里输入：

```
report form report1 preview
```

预览报表效果如图 6-19 所示。

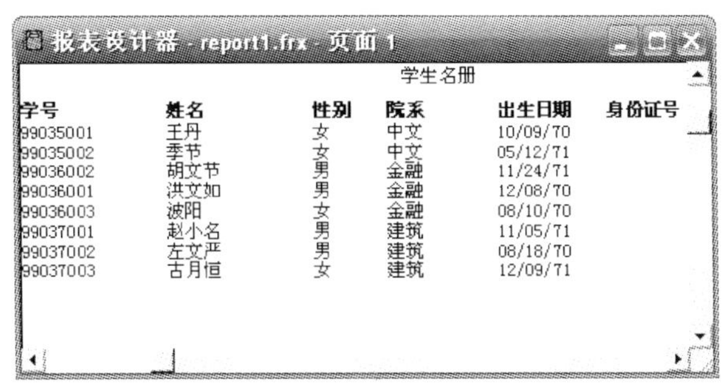

学号	姓名	性别	院系	出生日期	身份证号
99035001	王丹	女	中文	10/09/70	
99035002	季节	女	中文	05/12/71	
99036002	胡文节	男	金融	11/24/71	
99036001	洪文如	男	金融	12/08/70	
99036003	波阳	女	金融	08/10/70	
99037001	赵小名	男	建筑	11/05/71	
99037002	左文严	男	建筑	08/18/70	
99037003	古月恒	女	建筑	12/09/71	

图 6-19　预览报表

在报表设计中，通常首先使用“快速报表”功能来创建一个简单报表，然后在此基础上再进行修改，如在报表设计器中可以设置报表数据源、更改报表的布局、添加报表的控件和设计数据分组等，达到构造满意报表的目的。

【例 6.4】使用报表设计器建立一个报表，具体要求如下：

(1)报表的内容(细节带区)是 order_list 表的订单号、订购日期和总金额。

(2)增加数据分组，分组表达式是“order_list.客户号”，组标头带区的内容是“客户号”，组注脚带区的内容是该组订单的“总金额”合计。

(3)增加标题带区，标题是“订单分组汇总表(按客户)”，要求是 3 号字、黑体，括号是全角符号。

(4)增加总结带区，该带区的内容是所有订单的总金额合计。最后将建立的报表文件保存为 report1.frx 文件。

操作步骤如下：

1)打开“报表设计器”窗口

方法 1：选择“文件”→“新建”菜单，在“新建”对话框中选择“报表”文件类型，并单击“新建文件”按钮，打开“报表设计器”窗口。

方法 2：直接在命令窗口输入命令：CREATE　REPORT 启动“报表设计器”窗口。

2)创建数据环境

在“报表设计器”窗口上右击，在弹出快捷菜单中选择“数据环境”命令，打开“数据环境设计器”窗口；在“数据环境设计器”窗口上右击，在弹出的快捷菜单中选择“添加”命令，然后在打开的“添加表或视图”对话框中选择 order_list 表，将其添加到“数据环境设计器”中，最后关闭对话框，如图 6-20 所示。

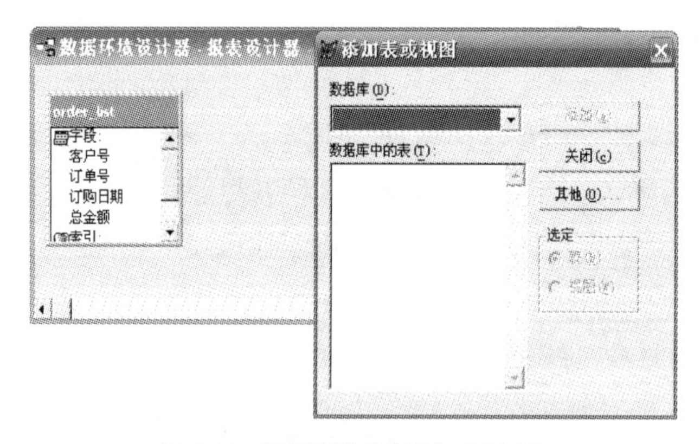

图 6-20　数据环境设计器—添加表

3)报表设计

第 1 题：

在“报表设计器”窗口中，单击“报表”→“快速报表”菜单，进入“快速报表”对话框，在该窗口中单击“字段”按钮，进入“字段选择器”对话框，在其中指定 order_list 表中的字段“订单号”、“订购日期”和“总金额”，单击“确定”按钮，回到“快速报表”对话框，再单击“确定”按钮，回到“报表设计器”窗口(图 6-21)。

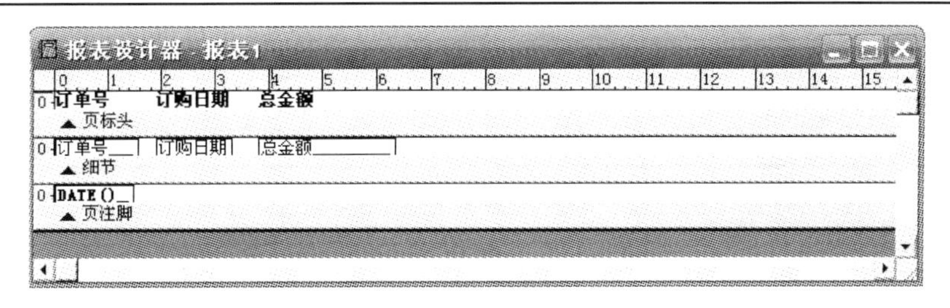

图 6-21　报表设计器—使用快速报表

第 2 题：

数据分组是根据给定字段或其他条件对记录进行分组，使报表更易于阅读。Visual FoxPro 对数据分组只需定义一个分组表达式，实际上分组表达式是字段表达式。Visual FoxPro 能按组值相同的原则将表的记录分几类，每一类数据将根据细节带区设置的控件来打印，并在打印内容前加上组标头内容，后面加上组注脚的内容。但必须注意，通常分组表达式需要进行索引或排序，否则不能保证正确分组。

本题要求按 order_list 表中的“客户号”分组，首先在数据工作期中浏览表，原表中的记录是打乱顺序的，要报表按照“客户表”分组，必须在报表设计器中进行相应设置。打开“数据环境设计器”窗口，选中 order_list 表，右击选择“属性”命令，在弹出的“属性-报表设计器-报表 1”窗口中，选择 Order 属性，将其值在编辑窗口中设置为“客户号”。操作如图 6-22 所示。

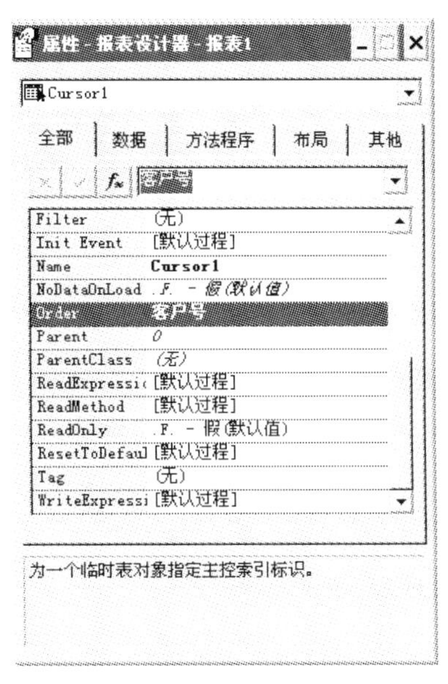

图 6-22　报表设计器—属性窗口

单击“报表”→“数据分组”菜单，弹出“数据分组”对话框；在对话框中的“分组表达式”文本框中键入分组表达式：order_list.客户号，单击“确定”按钮，则报表布局中多了“组标头”和“组注脚”这两个空的带区，如图 6-23 所示。此时可以在这两个带区内放置需要的控件。

图 6-23　增加数据分组

在“组标头”带区用标签控件输入分组所用字段名“客户号”，再用域控件指定“客户号”。

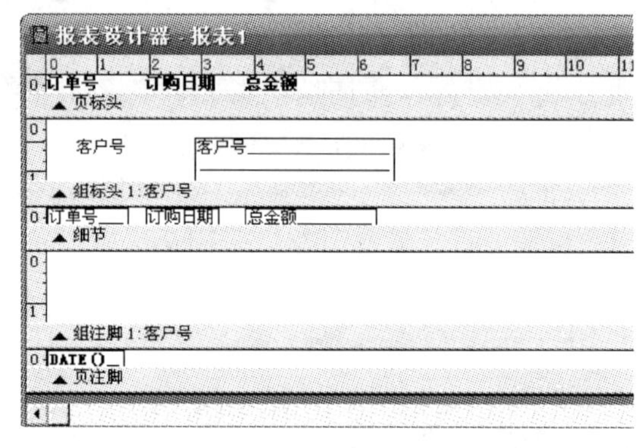

图 6-24　增加分组字段

在“组注脚”带区通常包含组总计和其他组总结性信息。在此带区添加一个标签和一个按“总金额”计算的域控件；在“报表控件”工具栏中，单击“标签”控件，然后在“组注脚”带区内单击适当的位置，在此位置键入“小计”；单击“域控件”按钮，然后在“组注脚”带区内单击需要添加域控件的位置，弹出“报表表达式”对话框；在对话框中指定字段：order_list.总金额，然后在“报表表达式”对话框中单击“计算”按钮，弹出“计算字段”对话框；在“计算字段”对话框中选中“总和”单选按钮(图 6-25)，单击“确定”按钮(报表按“order_list.客户号”分组，计算每组记录的总金额)。

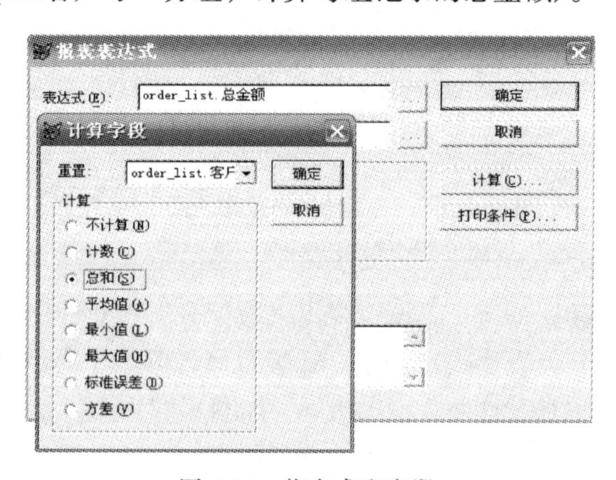

图 6-25　指定求和字段

从图 6-26 中可以看到“报表设计器”对话框中的“组注脚”带区增加了一个标签(小计)和一个域控件(总金额)。单击“显示”→“预览”菜单查看效果。报表预览部分效果如图 6-27 所示。

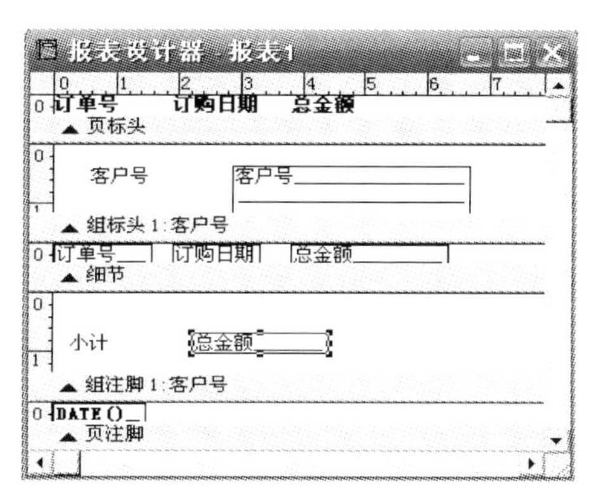

图 6-26　完成分组后的效果

第 3 题：

增加标题带区，单击“报表”→“标题/总结”菜单，在弹出的“标题/总结”对话框中选中“标题带区”和“总结带区”复选框，单击“确定”按钮。

此时可看到报表布局中多了“报表标题”和“报表总结”两个带区(图 6-28)，但带区内是空的；在“报表控件”工具栏中单击“标签”控件，在“报表设计器”对话框中的“标题”带区内需要添加标签的位置上单击，单击“报表”→“默认字体”菜单，将其设置为 3 号字、黑体。然后在此位置键入报表标题“订单分组汇总表(按客户)，如图 6-29 所示。

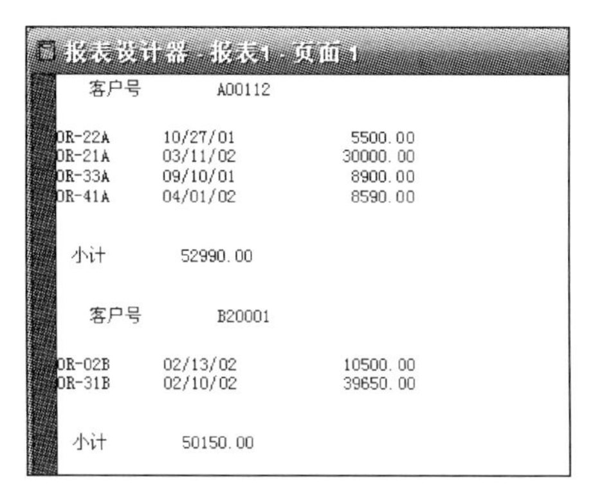

图 6-27　分组后的预览效果

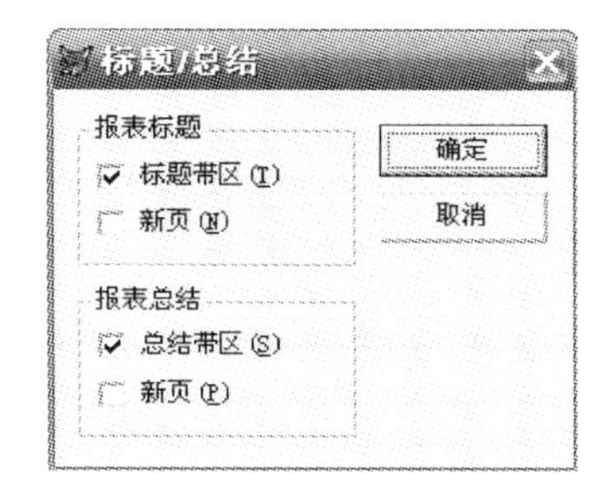

图 6-28　增加标题和总结带区

第 4 题：

接上题操作。在“报表控件”工具栏中，单击“标签控件”按钮，在“总结”带区内单击某个合适的位置，在此位置键入：总计；单击“域控件”按钮，在“总结”带区内标签后面添加域控件，在弹出的“报表表达式”对话框中，单击“表达式”文本框旁边的“...”按钮，在弹出的“表达式生成器”对话框中选取此域控件所需字段：“order_list.总金额”，单击“确定”按钮，返回“报表表达式”对话框；在“报表表达式”对话框中，单击“计算”按钮，弹出“计算字段”对话框，在对话框中选中“.总和”单选按钮，统计全部订单的总金额，操作类似第 2 题中为“组注脚”带区添加标签和域控件的方法，如图 6-25 所示；单击“报表表达式”对话框中的“确定”按钮，在对话框的“总结”带区增加了一个计算总金额的域控件。单击“文件”→“另存为”菜单，选择保存位置，输入文件名：report1.frx，单击“保存”按钮即可。预览报表，报表预览部分效果如图 6-30 所示。

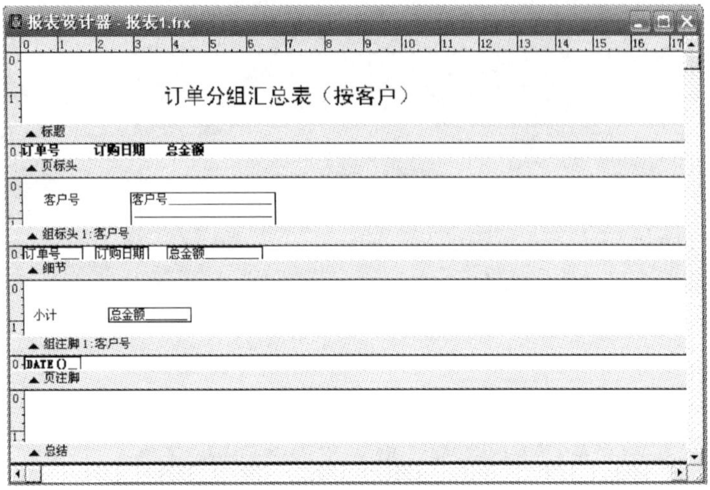
报表设计器 - 报表1.frx
订单分组汇总表（按客户）
标题
订单号
订购日期
总金额
页标头
客户号
客户号
组标头 1:客户号
订单号
订购日期
总金额
细节
小计
总金额
组注脚 1:客户号
DATE ()
页注脚
总结

图 6-29　增加标题

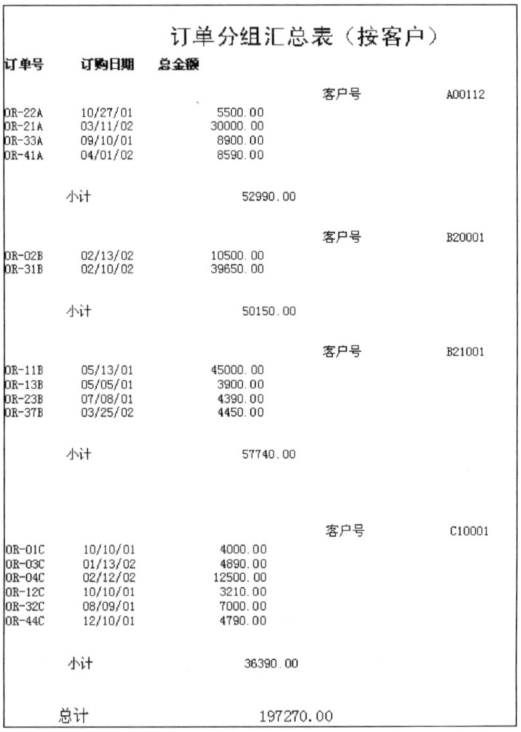
订单分组汇总表（按客户）
订单号　订购日期　总金额
客户号　A00112
OR-22A　10/27/01　5500.00
OR-21A　03/11/02　30000.00
OR-33A　09/10/01　8900.00
OR-41A　04/01/02　8590.00
小计　52990.00
客户号　B20001
OR-02B　02/13/02　10500.00
OR-31B　02/10/02　39650.00
小计　50150.00
客户号　B21001
OR-11B　05/13/01　45000.00
OR-13B　05/05/01　3900.00
OR-23B　07/08/01　4390.00
OR-37B　03/25/02　4450.00
小计　57740.00
客户号　C10001
OR-01C　10/10/01　4000.00
OR-03C　01/13/02　4890.00
OR-04C　02/12/02　12500.00
OR-12C　10/10/01　3210.00
OR-32C　08/09/01　7000.00
OR-44C　12/10/01　4790.00
小计　36390.00
总计　197270.00

图 6-30　预览报表效果

第 7 章　结构化程序设计

所谓程序，是指为完成某一任务而编写的命令集合。Visual FoxPro 程序设计包括结构化程序设计和面向对象的程序设计，本章只讨论结构化程序设计，面向对象程序设计将在第 8 章讨论。

7.1　程 序 文 件

程序是为实现某一任务，将若干条命令按一定的顺序组成命令序列，保存在一个.prg 扩展名的文件中。这种文件就称为程序文件或命令文件。

7.1.1　程序的书写规则

编写程序时，应注意以下几点：

(1) 程序中的每一行只能书写一条命令，每条命令都以按 Enter 键结束。

(2) 如果一条命令较长，可以分成多行书写(与 SQL 中的续行一样)。

(3) 为了提高程序的可读性，可在程序中加入以注释符“*”开头的注释语句，说明程序段的功能；也可以在每一条命令的行尾添加注释，这种注释以注释符“&&”开头，注明每条语句的功能及含义。两种注释方法均不影响程序的执行。

(4) 程序中的命令可包括 Visual FoxPro 中的所有操作命令及 SQL 中的所有命令。

7.1.2　程序文件的建立、编辑和运行

程序文件是一个文本文件，可用任何一种文本文件编辑软件建立和编辑。Visual FoxPro 提供了程序代码编辑器。用户可在命令方式和菜单方式下建立程序文件。

1. 用命令方式建立和编辑程序文件

命令格式：

```
MODIFY  COMMAND  程序文件名
```

其功能是打开程序文件编辑窗口，建立、编辑一个指定的程序文件，系统默认其扩展名为.prg。

当程序输入或修改完成后，按组合键 Ctrl + W 将文件存盘并退出编辑窗口。若要放弃当前的编辑内容，则按组合键 Ctrl + Q 或 Esc 键退出。

2. 用菜单方式建立和编辑程序文件

(1) 打开“文件”→“新建”菜单，出现“新建”对话框，选中“程序”单选按钮。

(2) 单击“新建文件”按钮，进入程序编辑窗口，然后逐条输入、编辑程序命令行。

(3)程序输入完毕，按组合键 Ctrl+W 存盘，或打开“文件”菜单，单击“保存”按钮(或“另存为”命令)，打开“另存为”对话框。

(4)选择盘符及文件目录，输入程序文件名(如 prog1)，单击“保存”按钮，保存当前程序文件。

3. 用命令方式运行程序文件

运行程序即逐条执行程序文件中的命令行。

命令格式：

```
DO 程序文件名
```

其功能是将程序文件从外存调入内存并执行。注意：命令中扩展名可省略不写。

4. 用菜单方式运行程序文件

在 Visual FoxPro 的菜单方式下运行程序文件的操作步骤如下：

(1)打开“程序”→“运行”菜单，出现“运行”对话框。

(2)在“运行”对话框中，选择程序文件名，然后单击“运行”按钮，运行程序。

注意：如果程序窗口打开的情况下，也可直接单击 Visual FoxPro 工具栏上的 ! 运行程序。

7.1.3 程序设计的原则和方法

结构化程序设计的原则和方法是：自顶向下，逐步求精，程序结构模块化。

7.2 程序的基本结构

结构化程序由若干基本结构组成，每一个基本结构可以包含一个或多个命令，它们有以下三种基本结构：顺序结构、分支(选择)结构和循环结构。

7.2.1 顺序结构

顺序结构是程序中最简单、最常用的基本结构。在这种结构中，程序的执行总是按照命令(语句)书写的先后顺序逐条执行，直到最后一条命令或遇到 RETURN 命令时为止。

顺序结构的流程如图 7-1 所示。其中，A、B 分别代表两条命令，按照顺序依次执行。

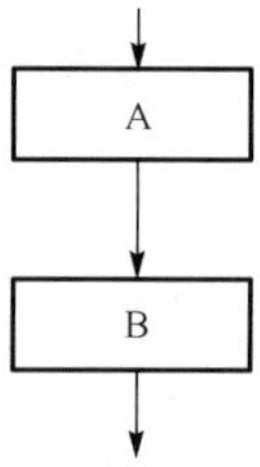

```
    ↓
  ┌───┐
  │ A │
  └───┘
    ↓
  ┌───┐
  │ B │
  └───┘
    ↓
```

图 7-1 顺序结构流程

【例 7.1】编写程序 prog1.prg，根据输入的半径值计算圆的面积。

```
CLEAR                          &&清屏
INPUT "输入半径值:" TO R       &&从键盘输入半径值
S=PI()*R*R                     &&计算圆面积,PI()是圆周率函数
? "半径是:",R                  &&显示半径的值
? "圆面积是:",S                &&显示圆面积的值
RETURN                         &&程序结束
```

注意：

① 在 Visual FoxPro 中，&&及后面的注释均用绿色显示。

② 程序中的 PI()可直接写成 3.14159。

③ ? 是 Visual FoxPro 中的输出命令。

【例 7.2】在订货管理数据库中使用命令建立一个名称为 SB_VIEW 的视图，并将定义视图的命令代码存放到命令文件 PVEIW.PRG。视图中仅包括“三益贸易公司”的客户号、订单号、订购日期、器件名及订购金额，结果按“订购日期”升序排序。

打开程序编辑窗口，输入下列命令：

```
OPEN  DATABASE 订货管理                &&打开数据库
Create view sb_view as ;
SELECT Customer.客户号, Order_detail.订单号, Order_list.订购日期,;
    Order_detail.器件名,;
    Order_detail.单价* Order_detail.数量 as 订购金额;
 FROM  订货管理!customer INNER JOIN 订货管理!order_list;
    INNER JOIN 订货管理!order_detail;
   ON  Order_list.订单号=Order_detail.订单号 ;
   ON  Customer.客户号=Order_list.客户号;
 WHERE Customer.客户名="三益贸易公司";
 ORDER BY Order_list.订购日期&&建立视图
```

保存并运行程序即可，结果如图 7-2 所示。

视图1

客户号	订单号	订购日期	器件名	订购金额
C10001	OR-32C	08/09/01	CPU P4 1.4G	5150.00
C10001	OR-01C	10/10/01	CPU P4 1.4G	2100.00
C10001	OR-01C	10/10/01	3D显示卡	1500.00
C10001	OR-12C	10/10/01	E盘(闪存)	5500.00
C10001	OR-12C	10/10/01	CPU P4 1.5G	2780.00
C10001	OR-12C	10/10/01	内存	1320.00
C10001	OR-44C	12/10/01	声卡	1155.00
C10001	OR-44C	12/10/01	E盘(闪存)	592.00
C10001	OR-44C	12/10/01	CPU P4 1.5G	2600.00
C10001	OR-03C	01/13/02	声卡	1050.00
C10001	OR-03C	01/13/02	E盘(闪存)	2800.00
C10001	OR-03C	01/13/02	CPU P4 1.4G	5450.00
C10001	OR-03C	01/13/02	CPU P4 1.5G	1400.00
C10001	OR-04C	02/12/02	E盘(闪存)	1450.00
C10001	OR-04C	02/12/02	内存	1400.00

图 7-2　运行结果

注意：程序中虽有多行，但实际只有两条命令：第 1 条用于打开数据库(建立视图的前提)；第 2 条用于建立视图。

7.2.2　分支(选择)结构

分支结构又称选择结构，是指在程序执行时，根据不同的条件，选择执行不同的程序语句。

Visual FoxPro 提供了以下 3 种分支结构语句：

单向分支语句：IF…ENDIF

双向分支语句：IF…ELSE…ENDIF

多向分支语句：DO CASE…ENDCASE

1. 单向分支

单向分支的意义为：选择相应的命令执行与否。其流程如图 7-3 所示。

命令格式：

```
IF    条件表达式
      命令行序列
ENDIF
```

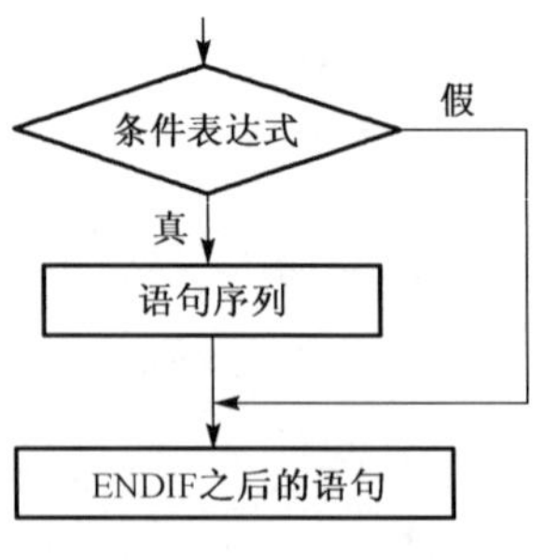

图 7-3　单向分支结构流程

执行时，首先判断<条件表达式>的值，若为真，执行<命令行序列>中的各条命令，然后执行 ENDIF 后面的命令；若为假，则直接执行 ENDIF 后面的命令。

注意：

① IF…ENDIF 语句必须成对使用，且只能在程序中使用，不能在命令窗口中使用。

② <条件表达式>的值必须是逻辑值，表示条件成立或不成立。

③ <命令行序列>至少由一条命令构成。

④ IF 语句可以嵌套使用。

【例 7.3】程序如下，写出程序运行的结果。

```
A=5
B=10
IF A<B
  A=B
ENDIF
? A,B
```

输出结果为：

```
10    10
```

2. 双向分支

双向分支的意义为：根据条件成立与否，选择相应的命令执行。其流程如图 7-4 所示。

命令格式：

```
IF  条件表达式
命令行序列 1
ELSE
命令行序列 2
ENDIF
```

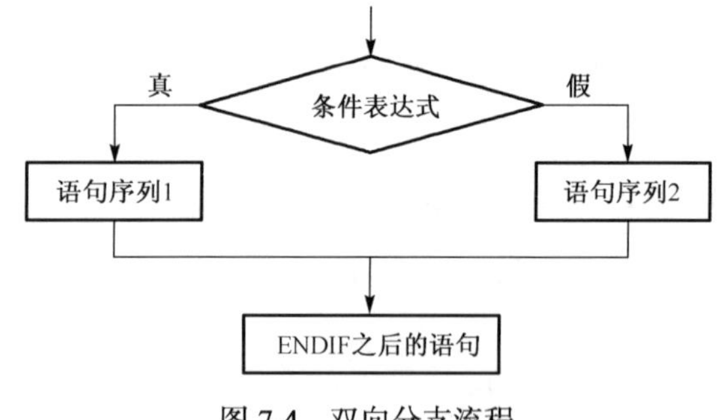

图 7-4　双向分支流程

执行时，先判断<条件表达式>的值，若为真，执行<命令行序列 1>，然后执行 ENDIF 后面的命令；若其值为假，执行<命令行序列 2>，然后执行 ENDIF 后面的命令。

【例 7.4】 程序如下，写出程序运行的结果。

```
A=5
B=10
IF A>B
  X=A
ELSE
  X=B
ENDIF
? X
```

输出结果为：

```
10
```

3. 多向分支

多向分支的意义为：存在多种情况选择，根据分支条件选择第 1 个满足条件的分支执行，其流程如图 7-5 所示。

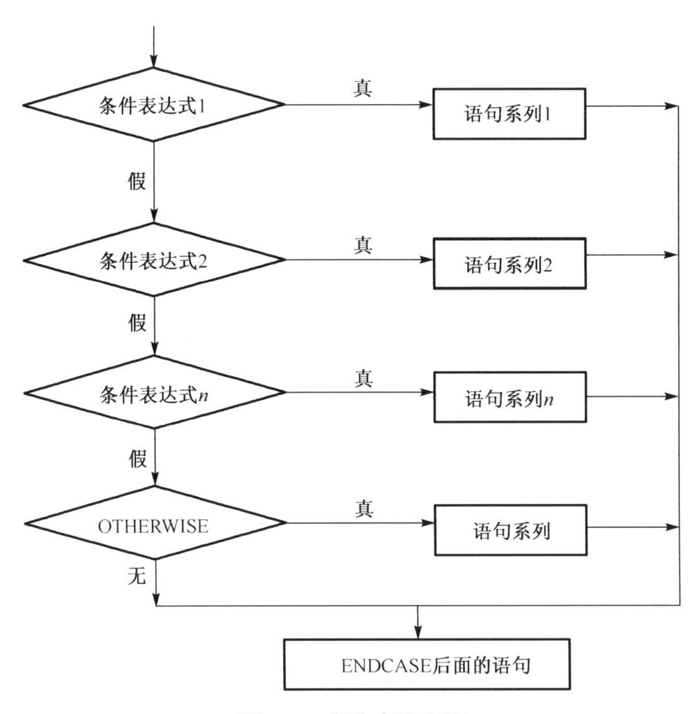

图 7-5　多分支流程图

命令格式：

```
DO CASE
      CASE  条件表达式 1
      命令行序列 1
      CASE  条件表达式 2
      命令行序列 2
      …
```

```
        CASE  条件表达式 n
        命令行序列 n
        [OTHERWISE
        命令行序列]
    ENDCASE
```

执行时，系统将依次判断条件表达式是否为真，若某个条件表达式的值为真，则执行该 CASE 段对应的命令序列，然后执行 ENDCASE 后面的命令。当所有 CASE 中的<条件表达式>值均为假时，如果有 OTHERWISE，则执行<命令行序列>，然后再执行 ENDCASE 后面的命令；如果没有 OTHERWISE，则直接执行 ENDCASE 后面的命令。

注意：

① DO CASE...ENDCASE 必须配对使用，且只能在程序中使用。

② DO CASE 是两个单词，要用空格分开，ENDCASE 是一个单词，不能分开书写。

③ 在 DO CASE...ENDCASE 命令中，每次最多只能执行一个<命令行序列>体现出多选一的原则。在多个 CASE 的<条件表达式>值为真时，只执行第 1 个<条件表达式>值为真的<命令行序列>，然后执行 ENDCASE 的后面的命令。

【例 7.5】 某公司购货打折扣的优惠方法为：顾客购货款在 500 元以上，9.5 折；购货款在 1000 元以上，9 折；购货款在 2000 元以上，8.5 折。编写程序 prog2.prg，根据购货款计算每位顾客的应付货款。

假设每位顾客购货款为 A，优惠后的应付款为 B，程序如下：

```
INPUT "输入购货款:" TO  A&&从键盘上输入购货款到变量 A 中
DO CASE                     &&进入多分支判断选择计算公式
   CASE  A<500
      B=A                   &&500 元以下无折扣
   CASE  A<1000
      B=0.95*A              &&1000 元以下,500 元以上 9.5 折
   CASE A<2000
      B=0.9*A               &&2000 元以下,1000 元以上 9 折
   OTHERWISE
      B=0.85*A              &&2000 元以上 8.5 折
ENDCASE
?"购货款为: ", A
?"优惠后应付款为: ",B
```

7.2.3 循环结构

循环结构就是用来控制一个程序段(循环体)是否重复执行的一种语句结构。

循环结构的特点是：只要满足循环条件，就会重复执行一组命令序列，这组被重复执行的命令序列称为循环体。每次重复前都会自动判断循环条件，当循环条件为假时，则终止循环体的执行。

常用的循环语句有以下 3 种：

- 条件循环：DO WHILE…ENDDO
- 计数循环：FOR…TO…ENDFOR | NEXT
- 扫描循环：SCAN…ENDSCAN

1. 条件循环

条件型循环结构也称为当型循环结构，是根据<条件表达式>的值决定循环体命令的是否还要执行。

命令格式1：

```
DO  WHILE  <条件表达式>
<语句序列>
ENDDO
```

命令格式2：

```
DO WHILE <条件表达式>
      <命令行序列>
      [LOOP]
      <命令行序列>
      [EXIT]
      <命令行序列>
ENDDO
```

当<条件表达式>的值为真时，重复执行 DO WHILE 与 ENDDO 之间的<命令行序列>(即循环体)，否则结束循环，顺序执行 ENDDO 后面的第1条命令。

注意：

① DO WHILE 与 ENDDO 语句必须成对使用，且只能在程序文件中使用。

② DO WHILE <条件表达式>是循环的入口，ENDDO 是循环的出口，中间的命令行是循环体。

③ LOOP 与 EXIT 只能用在循环语句之间，其中 LOOP 是返回到循环入口的语句，EXIT 是强行退出循环的语句。LOOP 与 EXIT 使用时，都需要一个条件加以限制，否则没有意义。

【例7.6】程序如下，写出程序运行的结果。

```
X=5
Y=0
DO WHILE X>=0
      Y=Y+X
      X=X-1
ENDDO
? Y
```

输出结果为：

```
15
```

【例7.7】程序如下，写出程序运行的结果。

```
X=5
Y=0
```

```
DO WHILE X>=0
    Y=Y+X
    X=X-1
? Y
ENDDO
```

输出结果为：

```
 5
 9
12
14
15
15
```

2. 计数循环

计数型循环语句又称 FOR 循环语句；计数型循环语句适用于循环次数已知的情况下，由循环变量的初值、终值和步长来决定循环体的次数。

命令格式：

```
FOR  循环变量=初值 TO  终值  [STEP <步长>]
    循环体
ENDFOR | NEXT
```

执行时，首先将循环变量初值赋给循环变量，然后将循环变量与循环变量终值比较，当<步长>为正数时，若<循环变量>的值不大于<终值>，执行循环体；当<步长>为负数时，若<循环变量>的值不小于<终值>，执行循环体。一旦遇到 ENDFOR 或 NEXT 语句，<循环变量>值自动加上<步长>，然后返回到 FOR 语句，重新与<终值>进行比较。直到循环变量超过或小于循环终值时，结束循环，执行循环尾后面的语句。

注意：

① FOR 与 ENDFOR | NEXT 必须成对使用，(ENDFOR 或 NEXT 只用其一，效果相同)。

② FOR 语句中的循环变量即内存变量。步长值可以是正值，也可以是负值，省略 STEP <步长>，则<步长>为默认值 1。

③ 可以在循环体内改变循环变量的值，但会改变循环执行次数。

④ EXIT 和 LOOP 命令可以出现在循环体内。执行 LOOP 命令时，结束本次循环，循环变量增加一个步长值，返回 FOR 循环头判断循环条件是否成立。执行 EXIT 命令时，程序跳出循环，执行循环尾后面的语句。

【例 7.8】程序如下，写出程序运行的结果。

```
S=0
FOR X=1 TO 5
S=S+X
ENDFOR
? S
```

输出结果为：

```
15
```

【例 7.9】 程序如下，写出程序运行的结果。

```
FOR X=0 TO 10 STEP2
? X
ENDFOR
```

输出结果为：

```
 0
 2
 4
 6
 8
10
```

3. 指针循环

指针型循环语句是在数据表中建立的循环，它是根据用户在表中设置的当前记录指针来对一组记录进行循环操作，是 Visual FoxPro 中特有的一种循环语句。

命令格式：

```
SCAN [<范围>] [FOR <条件表达式 1>] [WHILE <条件表达式 2>]
<命令行序列>
ENDSCAN
```

执行时，该语句主要针对当前表进行循环，用记录指针控制循环过程。

执行该语句时，记录指针从第 1 个记录开始，依次进行处理(根据条件及处理要求)，直至文件尾，然后执行 ENDSCAN 后的语句。

注意：SCAN 与 ENDSCAN 循环语句中指针的移动是自动的。每当执行到 ENDSCAN 时，记录指针自动移到 SCAN 命令指定的下一个记录。

7.3　子程序、过程与自定义函数

在程序设计的实际应用中，经常会遇到某段具有特定功能的程序被多次引用，这种引用又不同于循环结构中的重复执行，而是在不同的地方遇到相同的处理过程，为了提高程序设计的效率，这种程序段通常以子程序的方式来设计，即将其设计为相对独立的模块，这种相对独立的模块称为子程序。

调用子程序的程序称为调用程序。对于一个子程序而言，除了可以被主程序调用以外，该子程序还可以调用其他子程序，由此形成多级调用。此时，该子程序便成为其子程序的调用程序。在一个应用系统中，处于最高层次的调用程序称为主程序，每个子程序都可能调用更低层次的子程序。

7.3.1 子程序

1. 子程序的建立

子程序作为一个独立程序，与普通程序一样可以用 MODIFY COMMAND 命令、菜单或项目管理器等多种方法建立和调试，并以独立的程序文件名(.prg)形式保存。

2. 子程序的调用

子程序的调用也与普通程序调用方式一样，用 DO 命令调用实现：

```
DO 子程序文件名
```

3. 子程序的返回

子程序执行后，可以采用下面语句返回到调用程序。

命令格式：

```
RETURN  [TO MASTER]
```

其作用是结束程序的运行，返回到调用程序调用点的下一个语句执行或者返回命令窗口。若选择[TO MASTER]选项时，则直接返回到最高层次的主程序。

7.3.2 过程

由于子程序是独立存放在磁盘上的，每次程序执行时，必须先将程序调入内存。为了减少磁盘的访问次数，提高运行速度，可以将多个子程序保存到一个文件中，这样，在系统执行过程中，只需打开相应的文件即可调用其中的多个子程序；这个文件称为过程文件。放入过程文件中的子程序称为过程。过程文件的扩展名仍然是.prg。

1. 过程定义

命令格式：

```
PROCEDURE   过程名
[PARAMETERS 形式参数]
命令行序列
RETURN| ENDPROC
```

在过程文件中定义的每个过程都要用上述结构描述，即在过程文件中，每一过程都是以 PROCEDURE 开头，以 RETURN 或 ENDPROC 结束。

注意：

过程名和过程文件是两个不同的概念，每个过程是具有独立功能的一段子程序，过程名是一个没有扩展名的过程名称。一个过程文件可以由一个或多个过程构成。

2. 调用过程

命令格式

```
DO  过程名
```

过程调用与程序调用方式相同，只是 DO 命令后面是过程名。

3. 过程文件的打开和关闭

调用过程时，要先打开包含被调用过程的过程文件。过程文件使用后需要及时关闭。

(1) 打开过程文件。

命令格式：

```
SET PROCEDURE TO 过程文件名
```

(2) 关闭过程文件。

命令格式：

```
CLOSE PROCEDURE
```

7.3.3 自定义函数

在 Visual FoxPro 中，系统提供了数百个系统函数供用户使用，但有时这些系统函数仍然不能满足用户的需要，所以往往还需用户自行定义函数满足其需求。

函数定义的命令格式为：

```
FUNCTION 函数名
RARAMETERS 参数表
语句序列
RETURN 函数结果表达式
[ENDFUNC]
```

注意：

① FUNCTION 语句用于指出函数的名字，以便在调用它时使用，但其函数名不能与系统函数名和内存变量名相同。

② RETURN 语句用于返回函数值，其中<函数结果表达式>的值就是函数值，若缺省该语句，则返回的函数值为.T.。

③ PARAMETERS 用于说明函数参数，以方便调用时的参数传递。自定义函数与系统函数调用方法相同。

【例 7.10】 利用自定义函数计算圆面积。程序如下：

```
INPUT "请输入半径的值：" TO R
?"圆面积=",S(R)

FUNCTION S              &&定义 S 函数，
  PARAMETERS  A         &&参数为半径 A
   M=PI()*A*A           && PI()表示圆周率
   RETURN(M)            &&返回函数值，即圆面积的值
ENDFUNC
```

注意：

① 本例中，主程序与函数定义放在一个文件中，如果需要，函数可以像过程一样，以过程文件形式保存，但在调用前需先打开相应的过程文件。

② ENDFUNC 可省略不写。

7.3.4 内存变量的作用域和参数传递

1. 内存变量作用域

在程序设计中，特别是在多模块程序中，往往会用到许多内存变量，这些内存变量有的在整个程序运行过程中起作用，而有的仅在某些程序模块中起作用，内存变量的这些作用范围称为内存变量作用域。内存变量的作用域根据作用范围可以分为三类：全局变量、局部变量和本地变量。

2. 全局变量

全局变量又称为公共变量，在程序运行中，上下各级程序或任何程序模块中都可以使用该内存变量。当程序执行完毕返回到命令窗口后，其值仍然保存。

全局变量的定义的命令格式：

```
PUBLIC <内存变量表>
```

功能：将<内存变量表>中指定的变量定义为全局内存变量。

说明：

① 用 PUBLIC 语句定义的内存变量初值均为逻辑值.F.。

② 命令窗口中所定义的内存变量，系统默认为全局变量。

③ 由于全局变量的作用范围为整个系统，当程序执行完毕后，全局变量仍占用内存，不会自动清除。因此，不再使用全局变量时，可以使用以下语句清除：

```
RELEASE <内存变量表>
CLEAR ALL
```

3. 私有变量

用 PRIVATE 定义的变量称为私有变量；在程序中，未加任何定义的内存变量，系统默认为私有变量，私有变量的作用域限制在定义它的程序和该程序所调用的下级子程序中，一旦定义它的程序运行完毕，私有变量将从内存中自动清除。

命令格式：

```
PRIVATE <内存变量表>
```

注意：

① 用 PRIVATE 定义的私有变量只对本级程序及下级子程序有效，当返回上级程序时，这种私有变量便自动被消除。

② 当下级程序中定义了与上级程序中同名的私有变量时，上级程序中的同名变量将被隐藏起来，一旦含有 PRIVATE 的程序运行完毕，上级程序被隐藏的同名变量自行恢复原来的状态。

③ 用 PRIVATE 定义的内存变量仅指明变量的作用域类型，没有初始值，使用时应先赋值，后使用。

4. 局部变量

局部变量也称本地变量，局部变量只能在定义它的程序中使用，一旦定义它的程序运行完毕，本地变量将从内存中释放。

命令格式：LOCAL <内存变量表>

注意：

① 用 LOCAL 定义的本地变量，系统自动将其初值赋以逻辑型.F.。

② LOCAL 命令与 LOCATE 命令前 4 个字母相同，故不可缩写。本地变量只能在定义它的程序中使用，不能在上级调用程序或下级子程序中使用。

全局变量、私有变量和本地变量的作用域按顺序从大到小排列。

5. 参数传递

在调用过程或自定义函数时，有时需要将数据传递到子程序中，有时又需要从子程序中传给调用程序，这种数据传递可以通过参数传递来实现。

1) 带参数的调用语句

命令格式 1：

```
DO 过程名|函数名 WITH 实际参数
```

命令格式 2：

```
过程名|函数名(实际参数)
```

其作用是函数或过程的带参数调用，实现参数的传递。将实际参数中的数据传递到函数或过程名中。

2) 接收参数语句

命令格式：

```
PARAMETERS 形式参数
```

其作用是接收带参数调用语句传递的数据，并依次存放到形式参数对应的变量中。

注意：

① 本命令用于指定子程序中接收数据的形式参数变量，必须作为函数或过程中的第 1 条可执行语句。

② 如果形式参数的个数多于实际参数的个数，则多出的形参变量取值为逻辑值.F.；反之则产生出错信息。

用格式 1 调用函数或过程时，如果实参是常量或表达式，系统会计算出实参的值，并把它们传递给相应的形参变量，这种情形称为**按值传递**；如果实参是变量，则传递的将不是变量的值，而是变量的地址，这意味着形参与实参实际上是同一个变量(尽管它们的名字可能不同)，在子程序中对形参变量的改变同样意味着实参变量值的改变，这种情形称为**按引用传递**。

用格式 2 调用函数或过程时，默认都是按值传递，如果实参是变量，可以通过下列命令来重新设置参数传递方式：

```
SET UDFPARMS  TO  VALUE | REFERENCE
```

其中 TO VALUE 按值传递，形参变量值的改变不会影响实参的值；TO REFERENCE，按引用传递，当形参值被修改时，实参变量的值也随之改变。

注意：本命令仅对格式 2 的调用方式有影响。

第 8 章　表单设计与应用

表单(Form)是 Visual FoxPro 中面向对象程序设计最主要的工具,通过它能够建立所需应用程序界面。表单可以包含命令按钮、文本框、列表框等各种界面元素，产生标准的对话框。同时，表单也是用户输入数据以及操纵数据库数据的屏幕窗口，它提供了丰富的能反应用户事件的对象集，便于用户快捷地完成信息管理的任务，所以表单是人机交互的重要窗口。

Visual FoxPro 提供了一个非常强大的表单设计器,它是可视化的面向对象结构的工具，它将设计结构与设计概念真正转到了面向对象程序设计。

本章首先简单介绍面向对象的基本概念，然后介绍表单的创建与管理、表单操作及表单常用控件，最后介绍表单的综合应用。

8.1　面向对象基本概念

面向对象的程序设计(Object-Oriented Programming，OOP)是当前程序设计方法的主流方式。它将对象作为程序的基本单元，将程序和数据封装其中，以提高软件的重用性、灵活性和扩展性。

需要注意的是，面向对象的程序设计方法并没有代替结构化程序设计，在实际应用中，面向对象程序设计方法与结构化程序设计方法是相互并存的，面向对象程序设计过程中也大量用到结构化程序设计的思想。

Visual FoxPro 不仅支持过程化的程序设计，还提供了面向对象程序设计的强大功能。具有以下特点：

(1)编程方式是可视化的，所见即所得。

(2)程序执行采用“事件驱动”机制，即程序代码的执行与“事件”相关联，事件发生了，则执行相关联的代码。

(3)不需要专门的循环结构就可以重复其功能。

(4)程序中常用的基本部件、功能不需要重复编程实现，屏蔽了大多数复杂的程序代码。

(5)应用软件的开发注重于核心问题的求解。

8.1.1　对象与类

1. 对象(Object)

对象是指客观世界中的任何实体，它是面向对象的程序设计的基本单元。对象是类的实例，包括了数据和过程，具有所在类所定义的全部属性和方法。在 Visual FoxPro 中，有容器对象和控件对象两种。对象具有三要素，即对象的属性、方法和事件。

1) 对象的属性

属性是用来描述对象的参数，如大小、颜色和位置等。其属性值主要在“属性”窗口中设置，也可以运行时在程序代码中实现。

2) 对象的方法

方法是附属于对象的行为和动作，方法的代码是不可见的，可以通过调用来使用对象的方法。如果对象已经创建，便可以在应用程序的任何地方调用这个对象的方法程序。

3) 对象的事件

事件是作用于对象的某些行为和动作，每个对象都可以对事件的动作进行识别和响应，可以由系统或用户激活。多数情况下，事件是通过用户的操作行为(如按键、单击鼠标或移动鼠标等)引发的，当事件发生时，将执行包含在事件过程中的全部代码。Visual FoxPro 编程的主要任务是为每个要处理的事件编写相应的程序代码。

用户不能为对象创建新的事件，但可以创建新的属性和新的方法程序；事件可以有与之相关联的方法程序，但方法程序也可以独立于事件而单独存在。

2. 类(Class)

1) 类的概念

类是对象外观和行为的模板，它是对一类相似对象的性质描述，基于某个类生成的对象称为这个类的实例。

2) 类的特征

封装性：说明包含和隐藏对象信息，如内部数据结构和代码的能力。

继承性：说明子类延用父类特征的能力，如果父类特征发生改变，则子类将继承这些新特征。

多态性：主要是指一些关联的类包含同名的方法程序，但方法程序的内容可以不同。

抽象性：提取一个类或对象与众不同的特征，而不对该类或对象的所有信息进行处理。

3) 基类

在 Visual FoxPro 系统中，类分为两种：基类和子类。系统本身提供的类称为基类，基类包括容器类和控件类，容器类可以容纳其他对象而控件类不能容纳其他对象。表 8-1 列出了 Visual FoxPro 基类的最小属性集，不管哪个基类，都包含这些属性。

表 8-1　基类的最小属性集

属性	说　明
Class	该类属于哪种类型
BaseClass	该类由哪种基类派生而来
ClassLibrary	该类从属于哪种类库
ParentClass	对象所基于的类

4) 子类与继承

子类是在已有类的基础之上进行修改而形成的类。

继承是指基于现有的类创建的新类，新类称为现有类的子类，而现有类则称为新类的父类。

子类继承了父类的方法和属性，这样新类的成员中包含了从其父类继承的成员(如属性和方法)，也包括了子类自己定义的成员。

8.1.2 容器与控件

Visual FoxPro 中的基类有控件类和容器类两种，它们分别生成容器对象和控件对象。

1. 控件

控件是一个以图形化方式显示并能与用户进行交互的对象，如文本框、命令按钮、列表框、页框等。

2. 容器

容器是包含其他控件或容器的特殊控件，如表单、页框、表格等。

8.1.3 对象的引用

对象是通过对象名来引用，对象名是由对象的 NAME 属性指定的。引用对象时，对象与对象间，对象与属性间需用分隔符“.”进行分隔。

1. 绝对引用

绝对引用是从包含该对象的最外面的容器名开始，一层一层地进行，如：Form1.Text1.Value。

2. 相对引用

相对引用是从当前位置开始，如 ThisForm .Text1.Value。

相对引用中的关键字及意义如表 8-2 所示。

表 8-2　相对引用时所用的关键字

属性或关键字	说　明
ActiveControl	当前活动表单中具有焦点的控件
ActiveForm	当前活动表单
ActivePage	当前活动表单中的活动页面
Parent	该对象的直接容器(父容器)
This	当前操作的对象
ThisForm	当前对象所在的表单
ThisFormset	当前对象所在的表单集
_Screen	系统变量，表示屏幕对象

3. 设置对象属性

用户可以在属性窗口中进行可视化设置，也可以用如下格式进行设置：

引用对象.属性=值

例如：

```
thisform.Label1.caption="学生成绩管理系统"
```

4. 调用对象方法

将对象创建后，可以在程序中任意位置按如下格式调用该对象中的方法：

```
引用对象.方法
```

例如：

```
thisform.Release
```

8.1.4 事件与方法

1. 事件(Event)

事件是对象能识别和响应的动作，是一些预先定义好的特定动作，用户可以编写相应的代码对此动作进行响应，常用事件和激发时间如表 8-3 所示。

表 8-3　Visual FoxPro 对象常用事件

事件	激发时间
Load	当表单或表单集被加载时产生
Unload	当表单或表单集从内存中释放时产生
Init	创建对象时产生
Destroy	从内存中释放对象时产生
Click	用户在对象上单击鼠标时产生
DblClick	用户在对象上双击鼠标时产生
Activate	当激活表单、表单集或页对象时产生
RightClick	用户在对象上右击鼠标时产生
GetFocus	对象得到焦点时产生
LostFocus	对象失去焦点时产生
Error	当方法或事件代码出现运行错误时产生

2. 方法(Method)

方法(也称为方法程序)是对象能够执行的一个操作，是一段完成一个具体功能的程序代码的集合。对象建立后，可以在应用程序的任意位置调用该对象所具有的方法。常用方法如表 8-4 所示。

表 8-4　Visual FoxPro 对象常用方法程序

方法名	使用格式	功　能
Clear	Object.Clear	清除组合框或列表框控件中的内容
Hide	Object.Hide	隐藏表单或工具栏，通过将 Visible 属性设置为 .F.实现
Show	Object.Show	显示并激活一个表单，通过将 Visible 属性设置为 .T.实现
Refresh	Object.Refresh	刷新表单或控件
Release	Object.Release	从内存中释放表单或表单集
Setfocus	Control.SetFocus	为控件指定焦点

8.2　表单的创建与运行

表单可以属于某一个项目，也可以独立于任何项目之外单独存在，它是特殊的磁盘文件，表单保存后系统会产生两个文件，表单文件(扩展名为.scx)，表单备注文件(扩展名为.sct)。

8.2.1　创建表单

在 Visual FoxPro 中，可以用以下任意一种方法创建表单。

1. 利用向导创建表单

(1)创建单张表的表单。

打开“文件”→“新建”→“表单”→“向导”菜单，选择表单向导。

(2)创建多个相关表的表单。

打开“文件”→“新建”→“表单”→“向导”菜单，选择一对多表单向导。

用向导创建的表单一般含有一组标准的命令按钮，其“向导选取”对话框如图 8-1 所示。

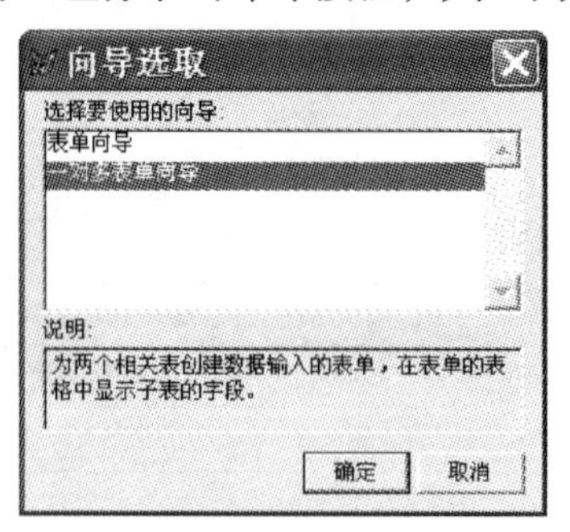

图 8-1　“向导选取”对话框

2. 利用表单生成器创建表单

单击“文件”→“新建”→“表单”→“新建”菜单。

单击“文件”→“表单菜单”→“快速表单”菜单。

打开“表单生成器”对话框如图 8-2 所示。

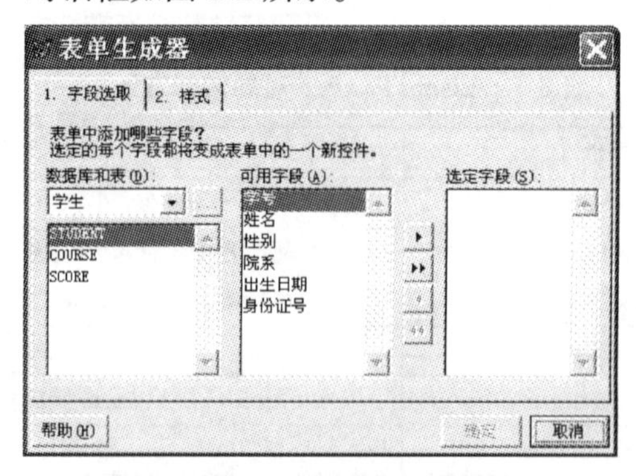

图 8-2　“表单生成器”对话框

3. 利用表单设计器创建表单

(1) 在命令窗口中用命令打开“表单设计器”。

格式：CREATE　FORM <表单文件名>|?

说明：新建一个由<表单文件名>命名的表单，并打开“表单设计器”。(如果使用?作为表单名，则显示“创建”对话框，用户可以输入要创建的表单名。)

格式：MODIFY　FORM <表单文件名>|?

说明：新建或者打开一个由<表单文件名>命名的表单，并打开“表单设计器”。

(2) 单击“文件”→“新建”→“表单”→“新建文件”菜单即可打开“表单设计器”。

8.2.2　运行表单

运行表单通常有三种方法：

(1) 从常用工具栏上单击“运行”按钮。

(2) 执行“表单菜单”→“表单”菜单。

(3) 从命令窗口中输入：

```
DO FORM 表单文件名
```

8.3　表单的操作

表单本身具有属性、事件和方法程序，同时表单也是一个容器控件，可以包含命令按钮、文本框、表格等其他控件。用户通过可视化的设计方法，能够方便地定义表单中各控件的属性、事件和方法，用于对数据库中的数据进行显示、输入、修改和查询。

8.3.1　表单设计器

1. “表单设计器”窗口

“表单设计器”窗口内包含正在设计的表单。用户可在表单窗口中可视化地添加和修改控件、改变控件布局，表单窗口只能在“表单设计器”窗口内移动。以新建方式启动表单设计器时，系统将默认为用户创建一个空白表单，如图 8-3 左侧窗口。

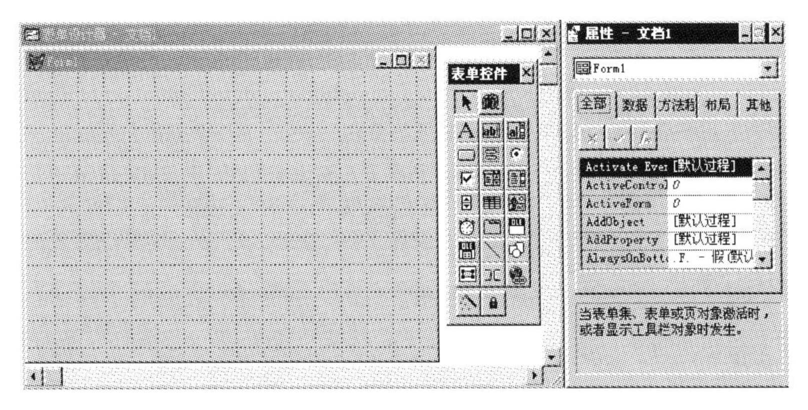

图 8-3　“表单设计器”窗口

2. “属性”窗口

设计表单的绝大多数工作都是在“属性”窗口中完成的，因此用户必须熟悉“属性”窗口的用法。如果在表单设计器中没有出现“属性”窗口，可在系统菜单中单击“显示”→“属性”菜单，“属性”窗口如图 8-4 所示。

图 8-4 “属性”窗口

3. “表单控件”工具栏

设计表单的主要任务就是利用“表单控件”设计交互式用户界面，“表单控件”工具栏是表单设计的主要工具。默认包含 21 个控件、4 个辅助按钮，控件栏如图 8-5 所示。

“表单控件”工具栏中的按钮名称从左到右分别是：选定对象、查看类、标签、文本框、编辑框、命令按钮、命令按钮组、单选按钮、复选框、组合框、列表框、微调按钮、表格、图像、计时器、页框、Active X 控件、Active X 绑定控件、线条、形状、容器、分隔符、超级链接、生成器锁定和按钮锁定。

图 8-5 “表单控件”工具栏

4. “表单设计器”工具栏

打开“表单设计器”时，主窗口中会自动出现“表单设计器”工具栏，如图 8-6 所示。

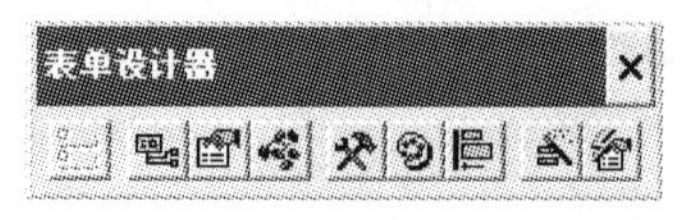

图 8-6 “表单设计器”工具栏

“表单设计器”工具栏中的按钮名称从左到右分别是：设置 Tab 次序、数据环境、属性窗口、代码窗口、表单控件工具栏、调色板工具栏、布局工具栏、表单生成器和自动格式。

8.3.2 常用表单属性

在 Visual FoxPro 中，表单常用属性如表 8-5 所示。

表 8-5　表单常用属性

表单属性	说　明
AlwaysOnTop	表单是否总是处在其他打开窗口之上
AutoCenter	表单初始化时是否让表单自动居中
Caption	表单标题名
Name	表单控件名
ShowWindow	为 0 时，在屏幕中；为 1 时，在顶层表单中；为 2 时，最为顶层表单
WindowType	表单模式类型
BackColor	表单的背景颜色
BorderStyle	表单边框类型

8.3.3　常用表单事件与方法

在 Visual FoxPro 中，表单常用事件如表 8-6 所示。

表 8-6　表单常用事件

表单事件	说　明
Activate 事件	当激活表单时发生
Click 事件	在控制上单击鼠标左键时发生
DblClick 事件	在控制上双击鼠标左键时发生
Destroy 事件	当释放一个对象的实例时发生
Init 事件	在创建表单对象时发生
Error 事件	当某方法(过程)在运行出错时发生
KeyPress 事件	当按下并释放某个键时发生
Load 事件	在创建表单对象前发生
Unload 事件	当对象释放时发生
RightClick 事件	在右击鼠标时发生

表单常用事件的触发顺序：load、init、destroy、Unload。

在 Visual FoxPro 中，表单常用方法程序如表 8-7 所示。

表 8-7　表单常用方法

表单方法	说　明
AddObject 方法	运行时，在容器对象中添加对象
Move 方法	移动一个对象
Refresh 方法	刷新表单
Release 方法	从内存中释放表单
Show 方法	显示一张表单

8.3.4　数据环境

在面向对象程序设计中，用户经常通过表单来操作数据库，通过数据环境的定义可以将表单和数据库中的表连接在一起。

1. 打开数据环境设计器

在表单设计器环境下，打开数据环境设计器方法很多。

(1)单击“表单设计器”工具栏上的“数据环境”按钮进行打开。

(2)选择“显示”→“数据环境”命令进行打开。

(3)在表单上右击鼠标，在弹出的快捷菜单中选择“数据环境”命令进行打开。

2. 数据环境的常用属性

常用的两个数据环境属性如表 8-8 所示。

表 8-8　数据环境的常用属性

属性名	说　明	默认值
AutoOpenTables	运行或打开表单时，是否打开数据环境中的表和视图	.T.
AutoCloseTables	运行或打开表单时，是否关闭数据环境中的表和视图	.T.

3. 向数据环境添加表或视图

在系统菜单中选择“数据环境”→“添加”命令，或右击“数据环境设计器”窗口，弹出的快捷菜单中选择“添加”命令，打开“添加表或视图”对话框，如图 8-7 所示。

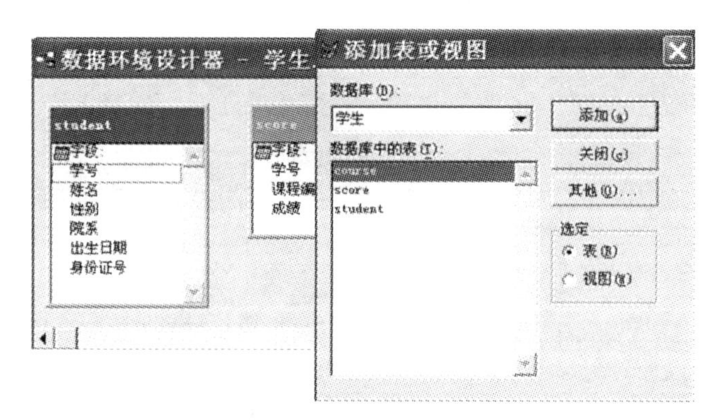

图 8-7　“数据环境设计器”窗口

如果所添加表和视图不在当前数据库中，可以单击“其他”按钮进行添加。

4. 从数据环境中移去表或视图

(1)在“数据环境设计器”窗口中，选择要移去的表或视图，在系统菜单中选择“数据环境”|“移去”命令。

(2)右击要移去的表或视图，在弹出的快捷菜单中选择“移去”命令。

5. 在数据环境中设置关系

设置关系的方法：

将主表的某个字段(作为关联表达式)拖曳到子表相匹配的索引标记上即可。如果子表上没有与主表字段相匹配的索引，也可以将主表字段拖动到子表的某个字段上，这时应根据系统提示确认创建索引，用此方法创建的关系为临时关系。

常用的关系属性有：

(1) RelationalExpr：用于指定基于主表的关联表达式。

(2) ParentAlias：用于指明主表的别名。

(3) ChildAlias：用于指明子表的别名。

(4) ChildOrder：用于指定与关联表达式相匹配的索引。

(5) OneToMany：用于指明关系是否为一对多关系，该属性默认为.F.，如果关系为一对多关系，该属性一定要设置为.T.。

8.4 常用控件

在应用程序中使用控件可以提高人机交互能力。通过在表单(Form)控件上输入、单击以及在控件之间移动，用户可以操作数据，完成自己的任务。

在表单中有两类控件：与表中数据绑定的控件和不与数据绑定的控件。当用户使用绑定型控件时，所输入或选择的值将保存在数据源中(数据源可以是表的字段、临时表的字段或变量)。要想把控件和数据绑在一起，可以设置控件的 ControlSource 属性。如果绑定表格和数据，则需要设置表格的 RecordSource 属性。

8.4.1 标签

标签(Label)：用于在表单中显示文本信息，常用来为添加的控件写标题。用户可以对文本标题、字体与样式等属性进行设置，便于标签显示不同的内容及外观，一个标签最多容纳 256 字符。

标签控件主要属性如表 8-9 所示。

表 8-9 标签主要属性

属性	功能	属性	功能
Fontname	字体	Autosize	自动调整大小
Fontsize	字号	Wordwrap	是否换行
Fontbold	粗体	Caption	标签标题
Fontitalic	斜体	Name	标签名称
Borderstyle	边框样式	Forecolor	字体颜色

【例 8.1】在默认目录中，设计“学生选课成绩查看及输出”初始界面表单(控件名为 Stuform，表单文件名为 Myform1)，表单标题为“学生成绩情况”，表单界面如图 8-8 所示。

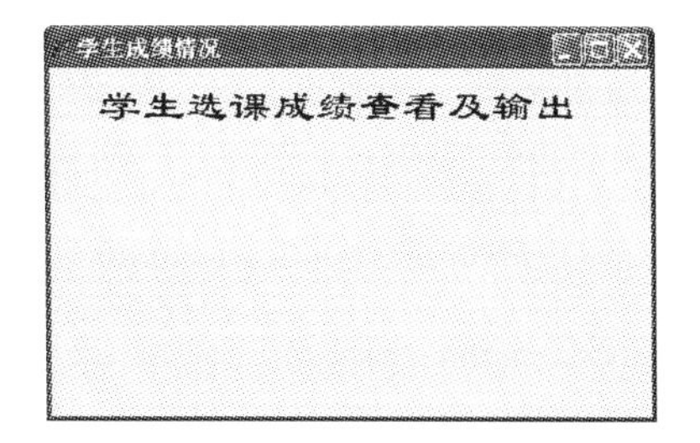

图 8-8 学生成绩情况表单

操作步骤如下：

(1) 建立表单：

```
CREATE FORM Myform1
```

(2)在“表单设计器”中，在属性的 Caption 处输入“学生成绩情况”，在 Name 处输入“Stuform”。

(3)在“表单设计器”中，添加一个标签 Label1，在其属性的 Caption 处输入“学生选课成绩查看及输出”。

(4)保存并执行表单 Myform1.scx。

8.4.2 文本框(Text)和编辑框(EditBox)

1. 文本框(Text)

文本框用于在运行时显示用户输入的信息，同时也用于显示、输入或编辑保存在表中的非备注型字段的数据，是一个很灵活的数据输入工具，是设计交互式应用程序所必不可少的部分，框中一般是单行的文本。

如果要在程序中引用或更改文本框中显示的文本，要设置或引用 Value 属性。如果设置了文本框的 ControlSource 属性，那么在文本框中显示的值将保存在文本框的 Value 属性中，同时保存在 ControlSource 属性指定的变量或字段中。

文本框控件主要属性如表 8-10 所示。

表 8-10 文本框主要属性

属性	功　能
ControlSource	文本框绑定的数据源
Value	文本框当前值
InputMask	控件中数据的输入格式和显示方式(X,9,A，)
Format	控件的 VALUE 属性的输入和输出格式(A,D,K,T,!)
Passwordchar	指定其他字符来掩盖其输入的字符
Name	文本框名称
Alignment	文本的对齐方式
Specialeffect	是否具有三维格式

【例 8.2】在默认目录中打开 Myform1 表单，在表单中添加“课程名称”标签(名称为 Label2)和用于输入课程名的文本框(名称为 Text1)各一个，表单界面如图 8-9 所示。

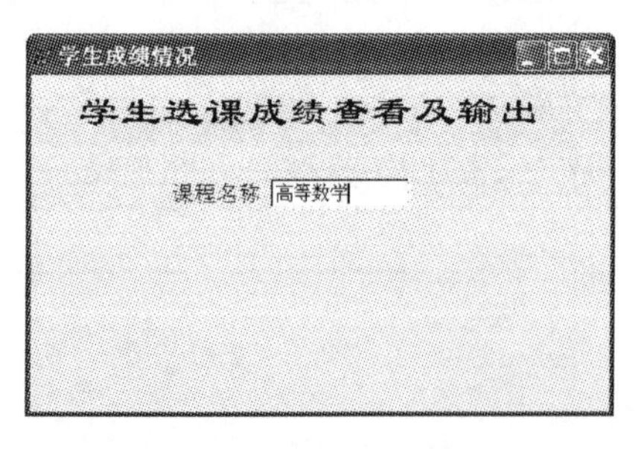

图 8-9 学生成绩情况表单

操作步骤如下：

(1)打开 Myform1 表单设计器

```
MODIFY FORM Myform1
```

(2)在“表单设计器”中，添加一个标签 Label2，在其属性的 Caption 处输入“课程名称”。

(3)在“表单设计器”中，添加一文本框 Text1，

(4)保存并执行表单 Myform1.scx。

2. 编辑框(EditBox)

编辑框可以输入多行文本，也可编辑长字段或备注字段。在编辑框中能够编辑正文，实现自动换行，能够有自己的垂直滚动条。

编辑框控件主要属性如表 8-11 所示。

表 8-11　编辑框主要属性

属性	功　能
Controlsource	设置编辑框的数据源，一般为数据库表的备注字段
Scrollbars	决定编辑框是否有垂直的滚动条
Name	编辑框控件名
Readonly	确定用户是否能修改编辑框中的内容

8.4.3　命令按钮(Command)和命令按钮组(CommandGroup)

1. 命令按钮(Command Button)

命令按钮一般用来执行一段程序或者启动一个事件，以完成某一种功能。比如，用来退出表单、执行查询操作等。它的代码一般在 Click 事件中设置，当用户单击按钮时执行程序。

2. 命令按钮组(CommandGroup)

命令按钮组可以用来创建一组命令按钮，也可以统一控制与管理这些命令按钮。命令按钮组和组内各命令按钮分别有自己的属性、事件和方法，用户既可以控制整个命令按钮组，也可以单独控制各个命令按钮。

命令按钮控件主要属性如表 8-12 所示。

表 8-12　命令按钮控件主要属性

属性	功　能
Caption	命令按钮标题名
Name	命令按钮控件名
Enabled	命令按钮是否可用(有效)
Cancel	指定该按钮是否为取消按钮
Visible	指定该按钮是否可见
Clickevents	单击事件

命令按钮响应的事件主要为 Click 事件。下面列出了命令按钮常用的命令按钮事件，如表 8-13 所示。

表 8-13　常用的命令按钮事件

事件	功　能
Click	当单击命令按钮时触发
RightClick	当右击命令按钮时触发
MouseMove	当鼠标指针在命令按钮上方时触发

【**例 8.3**】在默认目录下设计一个文件名和表单名均为 MyCmd 的表单，表单的标题为“命令按钮范例”，表单界面如图 8-10 所示。

(1)在 MyCmd 表单中添加三个命令按钮 Command1、Command2 和 Command3，其标题分别为“打开”、“演示”和“退出”。通过设置控件的相关属性，使得表单运行时的开始焦点在“打开”命令按钮，接下来的焦点移动顺序是“演示”和“退出”。

(2)为“打开”命令按钮的 Click 事件增加一条语句，使表单运行时单击该命令按钮的结果是使“演示”按钮变为不可用，如图 8-11 所示。

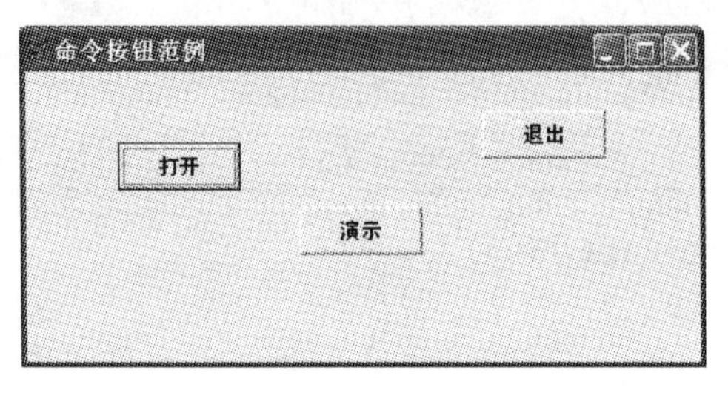

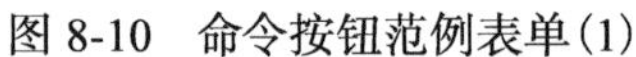
图 8-10　命令按钮范例表单(1)

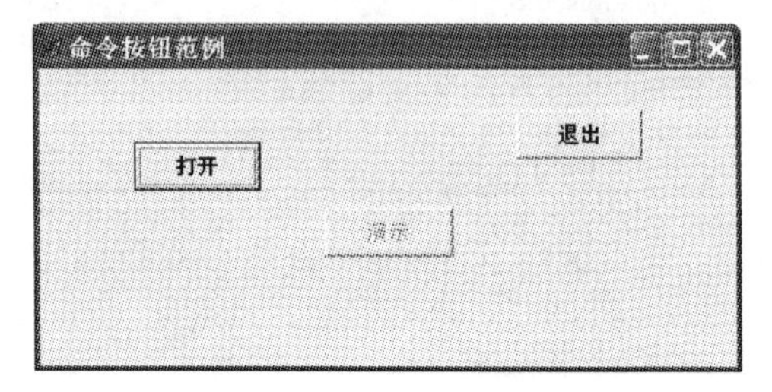

图 8-11　命令按钮范例表单(2)

(3)使用“布局”工具栏的“顶边对齐”按钮将表单中的三个命令按钮控件的顶边对齐，如图 8-12 所示。

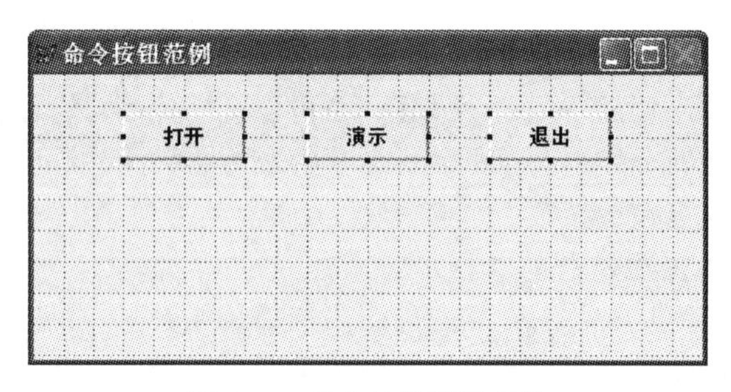

图 8-12　命令按钮范例表单

操作步骤如下：

(1)建立表单：

```
CREATE FORM MyCmd
```

(2)在“表单设计器”中，在属性的 Caption 处输入“命令按钮范例”，在 Name 处输入“MyCmd ”。

(3)在“表单设计器”中，依次添加三个命令按钮 Command1、Command2 和 Command3，分别在其属性的 Caption 处输入“打开”、“演示”和“退出”。

(4)设置三个按钮焦点顺序：选中“打开”按钮，在其 TabIndex 属性处输入“1”；选中“演示”按钮，在其 TabIndex 属性处输入“2”；选中“退出”按钮，在其 TabIndex 属性处输入“3”。

(5)在该表单设计器中，双击“打开”按钮，打开“代码编辑”窗口，为命令按钮 Command1 添加 Click 事件代码：

```
thisform.command2.enabled=.F.
```

注意：如果将代码写成 thisform.command2.Visible=.F.，即单击“打开”按钮时，将使“演示”按钮不可见。

(6) 在该表单设计器中，双击“退出”按钮，打开“代码编辑”窗口，为命令按钮 Command2 添加 Click 事件代码：

```
thisform.release  或者  release thisform
```

注意：两段代码均可关闭表单，注意两种格式的区别，thisform.release 中间是"."，而 release thisform 中间是空格。

(7) 按住 Shift 键，依次单击选中三个命令按钮(也可以按住鼠标左键拖拽选取)，单击“显示”→“布局工具栏”→“顶边对齐”菜单。

(8) 保存并执行表单 MyCmd.scx

8.4.4　选项按钮组(OptionGroup)

选项按钮组(OptionGroup)是包含选项按钮的容器，它允许用户从中选择一个按钮，选项按钮旁边的圆点指示当前的选择，而不用输入数据。选项按钮组是单选的，当新的选项被选中时，以前的选项自动取消。

选项按钮组的 Value 属性表明用户选定了哪一个按钮。例如，Value 属性为 2，表明选中第二个选项按钮，Value 属性为 0，没有选定选项按钮。

选项按钮组控件主要属性如表 8-14 所示。

表 8-14　选项按钮组主要属性

属性	功　　能
ButtonCount	按钮组中按钮的个数
Caption	每个按钮的标题名
Name	选项按钮组控件名
Alignment	按钮的标志和标题的排列方式
Value	表明用户选定的哪一个按钮
ControlSource	设置选项的数据源，或将选项值写入数据源

【例 8.4】在默认文件夹下，打开 Myform1 表单，添加两个命令按钮“确定”(控件名为 Command1)和“退出”(控件名为 Command2)，一个选项按钮组(控件名为 myOption)，选项组控件有“升序”(名称为 Option1)和“降序”(名称为 Option2)两个按钮，用于对文本框中输入的课程名成绩排序，单击“退出”按钮关闭表单，如图 8-13 所示。

操作步骤如下：

(1) 打开 Myform1 表单设计器

```
MODIFY FORM Myform1
```

(2) 在“表单设计器”中，添加两个命令按钮 Command1 和 Command2，分别在其属性的 Caption 处输入“确定”、“退出”。

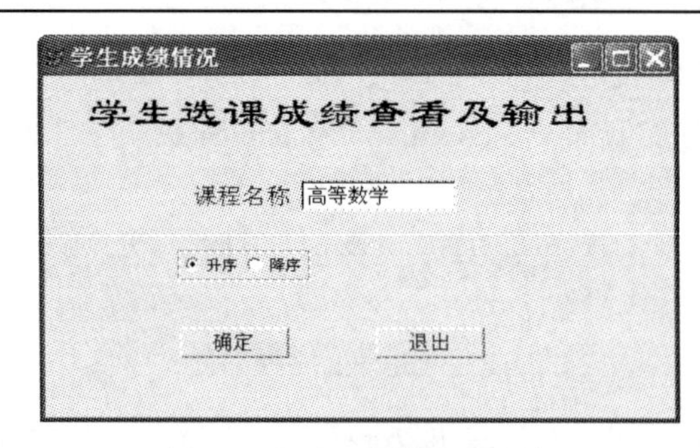

图 8-13　学生成绩情况表单

(3)在“表单设计器”中，添加一个选项按钮组控件，设置其属性 ButtonCount 为 2，并将其 Name 属性修改为 Myoption。

(4)右击选项按钮组，选择“编辑”命令，对两个按钮进行编辑。分别设置按钮的 Caption 属性为“升序”和“降序”(也可通过项按钮组生成器完成设置)。

(5)在该表单设计器中，双击“退出”按钮，打开“代码编辑”窗口，为命令按钮 Command2 添加 Click 事件代码：

```
thisform.release 或者 release thisform
```

(6)保存并执行表单 Myform1.scx。

8.4.5　复选框(Check)

复选框(Check)：与选项按钮组不同，在选项按钮组中只能选择一个选项按钮，而复选框(是指由很多个复选框组成的)可以选择多个项，利用复选框指定或显示一个逻辑状态：真/假，开/关，是/否等。

复选框控件主要属性如表 8-15 所示。

表 8-15　复选框控件主要属性

属性	功　能
Caption	复选框的标题名
ControlSource	设置复选框的数据源，通常是表中的逻辑型字段
Style	指定复选框控件的样式(图形或标准样式)
Name	复选框控件名
Value	指定复选框控件的状态

复选框有三种可能的状态，由 Value 属性决定，分别对应不同的显示外观，如表 8-16 所示。在运行时，如果要输入.NULL.值，可以使用键盘 Ctrl+0。在程序代码中，通过检查 Value 值为 0、1 或非 0、1，可以判断用户选择结果。

表 8-16　复选框的显示状态

状态	Value 值
没选中	0 或.F.
选中	1 或.T.
复选框变为灰色	非 0、1 或.NULL.

【例 8.5】在默认文件夹下，打开 Myform1 表单，为表单添加一个复选框(控件名为 Check1)控件，用来确定选中的升序、降序课程成绩内容是否需要存盘。单击“确定”命令按钮(Command1)，若“存盘”复选框被选中，按照成绩“升序”或“降序”将选修所输课程名的学生学号和成绩分别存入 stu_sort1.dbf 和 stu_sort2.dbf 文件中；若“存盘”复选框未选中，则用 SQL 语句显示该表的内容，如图 8-14 所示。

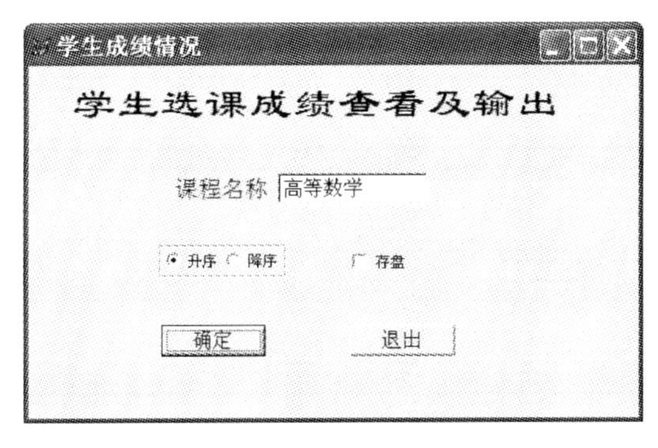

图 8-14　学生成绩情况表单

操作步骤如下：

(1) 打开 Myform1 表单设计器

```
MODIFY FORM Myform1
```

(2) 在“表单设计器”中，添加一个复选框，在其属性的 Caption 处输入“存盘”，其 Name 属性默认为 Check1。

(3) 在该表单设计器中，双击“确定”按钮，打开“代码编辑”窗口，为命令按钮 Command1 添加 Click 事件代码：

```
Cname=alltrim(thisform.text1.value)
Do case
Case thisform.myoption.value=1 and thisform.check1.value=1
     SELECT Score.学号, Score.成绩;
     FROM 学生!course, 学生!score;
         where Course.课程编号 = Score.课程编号 and 课程名称=Cname;
         ORDER BY Score.成绩 ASC;
         INTO TABLE stu_sort1.dbf
Case thisform.myoption.value=1 and thisform.check1.value=0
     SELECT Score.学号, Score.成绩;
     FROM 学生!course, 学生!score;
         where Course.课程编号=Score.课程编号 and 课程名称=Cname;
         ORDER BY Score.成绩 ASC
Case thisform.myoption.value=2 and thisform.check1.value=1
     SELECT Score.学号, Score.成绩;
     FROM 学生!course, 学生!score;
         where Course.课程编号=Score.课程编号 and 课程名称=Cname;
         ORDER BY Score.成绩 DESC;
         INTO TABLE stu_sort2.dbf
```

```
Case thisform.myoption.value=2 and thisform.check1.value=0
    SELECT Score.学号, Score.成绩;
    FROM 学生!course, 学生!score;
        where Course.课程编号=Score.课程编号 and 课程名称=Cname;
        ORDER BY Score.成绩 DESC
Endcase
```

(4)保存并执行表单 Myform1.scx。

8.4.6　微调按钮(Spinner)

微调按钮(Spinner)用于对某些数值型数据的输入与修改，通过单击微调按钮控件的上、下按钮进行修改，或直接在微调框中键入数值。

微调按钮控件主要属性如表 8-17 所示。

表 8-17　微调按钮控件主要属性

属　性	功　能	属　性	功　能
ControlSource	指定与对象建立的数据源	KeyBoardlowValue	键盘接受的最小值
Value	控件的当前值	SpinnerLowValue	按钮接受的最小值
Name	微调按钮控件名	SpinnerHighValue	按钮接受的最大值
KeyBoardhighValue	键盘接受的最大值	Increment	每次微调增量

【例 8.6】在默认文件夹下，设计一个文件名和表单名均为 MySpinner 的表单，表单的标题为“微调按钮范例”，表单界面如图 8-15 所示，完成下列操作：

在该表单中设计两个标签、一个微调按钮和两个命令按钮。

图 8-15　微调按钮范例表单

(1) 两个标签对象标题名分别为“学生基本信息查询”(Label1)、“出生年份”(Label2)；微调按钮控件(Spinner1)用于输入或微调年份，微调增量为 1，键盘输入和微调最大、最小值分别为 1900 年和 2000 年。

(2) 两个命令按钮的功能如下：

“查询”按钮(Command1)：根据表单运行时微调按钮中的年份，查询 Student 表中该年份出生的所有学生记录，存入自由表 stuspi 中，自由表中包含 Student 表全部字段，并按照“学号”升序排列；

“退出”按钮(Command2)：关闭并释放表单。

表单设计完成后，运行该表单，输入出生年份或通过微调按钮修改年份来查询学生基本信息。

操作步骤如下：

(1)建立表单：

```
CREATE  FORMMySpinner
```

(2)“表单设计器”中，在表单属性的 Caption 处输入“微调按钮范例”，在 Name 处输入“MySpinner”。

(3) 在“表单设计器”中，添加两个标签 Label1、Label2，分别在其属性的 Caption 处输入“学生基本信息查询”、“出生年份”。

(4) 在“表单设计器”中，在“出生年份”标签右侧添加一个微调按钮控件(Spinner1)，同时按表 8-18 设置属性值。

表 8-18　Grid1 属性值

属　性	属 性 值	属　性	属 性 值
Name	Spinner1	Name	Spinner1
KeyBoardHighValue	2000	SpinnerHighValue	1900
KeyBoardLowValue	1900	Increment	1
SpinnerLowValue	2000		

(5) 在“表单设计器”中，添加两个命令按钮 Command1、Command2，分别在其属性的 Caption 处输入“查询”、“退出”。

双击“查询”按钮，打开“代码编辑”窗口，为 Command1 添加 Click 事件代码：

```
stunf=thisform.spinner1.value
SELECT *;
      FROM 学生!Student;
         where year(Student.出生日期) =stunf;
         ORDER BY Student.学号 ASC;
         INTO TABLE stuspi.dbf
```

双击“退出”按钮，打开“代码编辑”窗口，为 Command2 添加 Click 事件代码：

```
thisform.release 或者 release thisform
```

(6) 保存并按要求执行表单 MySpinner.scx。

8.4.7　列表框(List)

列表框(List)和下拉列表框(即 Style 属性为 2 的组合框控件)为用户提供了包含一些选项和信息的可滚动列表。列表框中，任何时候都能看到多个项；而在下拉列表框中，只能看到一个项，用户可单击向下按钮来显示可滚动的下拉列表框。

如果表单上有足够的空间，并且想强调可以选择的项，可以使用列表框；要想节省空间，并且想强调当前选定的项，可以使用下拉列表框。

列表框控件主要属性如表 8-19 所示。

表 8-19　列表框控件主要属性

属性	功　能
RowSourceType	列表框数据类型，通常有三种常用选择：值(1)，SQL 语句(3)，字段(6)
RowSource	列表框中的数据(具体的值，字段，SELECT-SQL)
ControlSource	用于指定用户从列表框中选择的值保存在何处(与 BoundColumn 一起使用)
BoundColumn	指定哪一列绑定到 Value 属性上
MutiSelected	确定在列表框中能否进行多行选择
Name	列表框控件名
ListCount	列表框或组合框中元素的个数

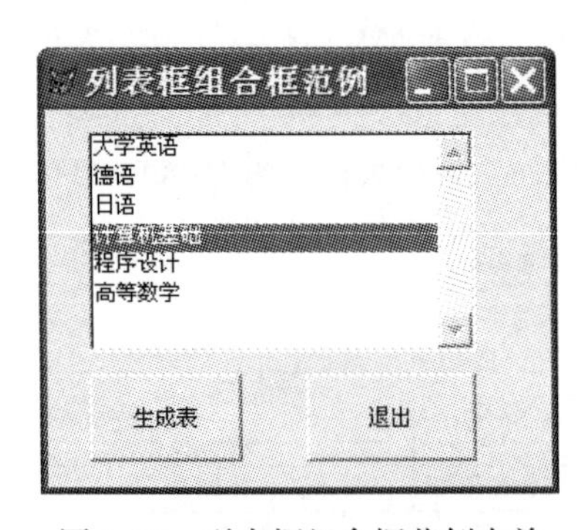

图 8-16　列表框组合框范例表单

【例 8.7】 在默认文件夹下，设计一个文件名和表单名均为 Myform2 的表单，表单的标题为“列表框组合框范例”，表单界面如图 8-16 所示，完成下列操作：

(1) 在 Myform2 表单上建立一个列表框(List1)和两个命令按钮(Command1 和 Command2)，Command1 和 Command2 的标题分别为“生成表”和“退出”。

(2) 在属性窗口中设置列表框的数据源(RowSource)和数据源类型(RowSourceType)两个属性，使用 SQL 语句根据 Course 表的“课程名称”字段的内容在列表框中显示“课程名称”。

(3) 为“生成表”命令按钮的单击事件编写程序。程序的功能是根据表单运行时列表框中选定的“课程名称”，将 Score 表中相应课程的所有记录存入以该课名命名的自由表中，自由表中包含 Score 表全部字段，并按照“学号”降序排列。

(4) 运行表单，分别生成存有“大学英语”、“计算机基础”、“高等数学”课信息的 3 个表。

(5) 单击“退出”按钮关闭表单。

操作步骤如下：

(1) 建立表单：

```
CREATE FORM Myform2
```

(2) 在“表单设计器”中，在属性的 Caption 处输入“列表框组合框范例”，在 Name 处输入“Myform2”。

(3) 在“表单设计器”中，添加一个列表框 List1，在其属性的 Caption 处输入“学生成绩查看及输出”。

(4) 在“表单设计器”中，添加两个命令按钮 Command1 和 Command2，分别在其属性的 Caption 处输入“生成表”、“退出”。

(5) 选中列表框(List1)，在其属性窗口中的 RowsourceType 属性设置框中选择“3—SQL 语句”，在 Rowsource 属性设置框中输入“select 课程名称 from course into cursor mylist”。

(6) 在该表单设计器中，双击“生成表”按钮，打开“代码编辑”窗口，为命令按钮 Command1 添加 Click 事件代码：

```
km=thisform.list1.value
SELECT Score.*;
 FROM 学生!course INNER JOIN 学生!score;
   ON Course.课程编号=Score.课程编号;
  WHERE Course.课程名称=km;
  ORDER BY Score.学号 DESC;
into table &km
```

(7) 在该表单设计器中，双击“退出”按钮，打开“代码编辑”窗口，为命令按钮

Command2 添加 Click 事件代码：

```
thisform.release  或者  release thisform
```

(8) 保存并按要求执行表单 Myform2.scx。

8.4.8　组合框(Combo)

组合框(Combo)有两种形式，即下拉组合框和下拉列表框，当 Style 属性为 0 时为下拉组合框；Style 属性为 2 时为下拉列表框)，其主要属性与“列表框”控件相同。

下拉组合框与下拉列表框的不同在于，下拉组合框允许用户通过键盘直接输入数据，而下拉列表框只能从下拉列表中选取。

组合框的使用也与列表框类似，不同在于，针对允许用户直接输入数据，组合框多了控制数据录入的属性、事件及方法，如 InputMask 属性、Valid 方法等。

【例 8.8】 在默认文件夹下打开 Myform2 表单，完成如下操作：

(1) 在 Myform2 表单右侧添加一组合框(控件名为 Combo1)，并将其设置为下拉列表框。

(2) 在表单 Myform2 中，通过 RowSource 和 RowSourceType 属性手工指定组合框 Combo1 的显示条目为“男”、“女”，显示情况如图 8-17 所示。

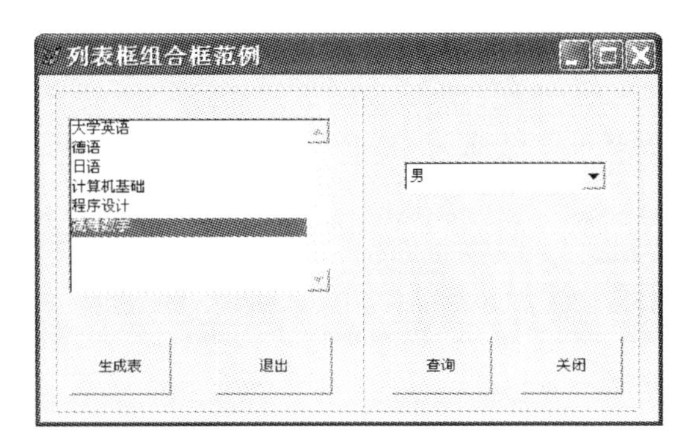

图 8-17　列表框组合框范例表单

(3) 向表单 Myform2 添加两个命令按钮 Command3 和 Command4，其标题分别为“查询”和“关闭”。为“关闭”命令按钮的 Click 事件编写关闭和释放表单的命令。

(4) 为表单 Myform2 中的“查询”命令按钮的 Click 事件写一条 SQL 命令，执行该命令时，将“STUDENT”表中所有与组合框(Combo1)中指定性别的学生全部信息按学号降序存入自由表 stuscore 中。

操作步骤如下：

(1) 打开 Myform2 表单设计器

```
MODIFY FORM Myform2
```

(2) 在“表单设计器”中，添加一个组合框 Combo1，并设置其 Style 属性为“2-下拉列表框”(也可用组合框“生成器”的“样式”选显卡进行设置)。

(3) 在该表单设计器中，选中组合框 Combo1，将其 RowSource 属性设置为“男,女”；RowSourceType 属性设置为“1-值”。

(4)在“表单设计器”中，添加两个命令按钮 Command3 和 Command4，分别在其属性的 Caption 处输入“查询”、“关闭”。

(5)在该表单设计器中，双击“关闭”按钮，打开“代码编辑”窗口，为命令按钮 Command4 添加 Click 事件代码：

```
thisform.release  或者  release thisform
```

(6)在该表单设计器中，双击“查询”按钮，打开“代码编辑”窗口，为命令按钮 Command3 添加 Click 事件代码：

```
select * from STUDENT;
       where  性别=thisform.combo1.value;
       order by 学号 desc;
into table stuscore
```

(7)保存并执行表单 Myform1.scx。

8.4.9 表格(Grid)

表格(Grid)是一种将数据以表格形式表示出来的控件，一个按行和列显示数据的容器对象，表格包括列、列标头、列控件等。

将表格控件添加到表单后，首先需要设置的表格控件属性是列数 ColumnCount 属性。如果 ColumnCount 属性设置为–1(默认值)，在运行时，表格将包含与其链接的表中字段同样数量的列。

在表格中加入列后，如需改变列的宽度和行的高度，可以在属性窗口中手动设置列和行对象的高度和宽度属性，也可以在设计表格时以可视方式对这些属性进行设置。从表格的快捷菜单中选择“编辑”命令可以切换到表格的设计方式。在表格设计方式下，表格周围将显示一个粗框。若要退出表格设计方式，只需选择表单或其他控件。

用户可以为整个表格设置数据源，也可以为每个列单独设置数据源。

表格控件主要属性如表 8-20 所示。

表 8-20　表格属性

属性	功　能
RecordSourceType	数据源类型，=0：数据源为表，=1：数据源为提示；=2：数据源为别名；=3：数据源为查询(.qpr)；=4：数据源为 SQL 说明
RecordSource	数据源
ScrollBars	滚动条
Name	表格控件名
AllowHeaderSizing	表头高度
AllowRowSizing	行高度
ColumnCount	列的数目
DeleteMark	显示删除列

【例 8.9】在默认文件夹下打开学生数据库，完成如下简单应用：

使用一对多表单向导选择 STUDENT 表和 SCORE 表生成一个名为 Yddbd 的表单。要求从父表 STUDENT 中选择所有字段，从子表 SCORE 中选择所有字段，使用“学号”建立两表之间的关系，样式为凹陷式；按钮类型为图片按钮；排序字段为考生号(来自 STUDENT)，降序，表单标题为“学生成绩数据维护”，如图 8-18 所示。

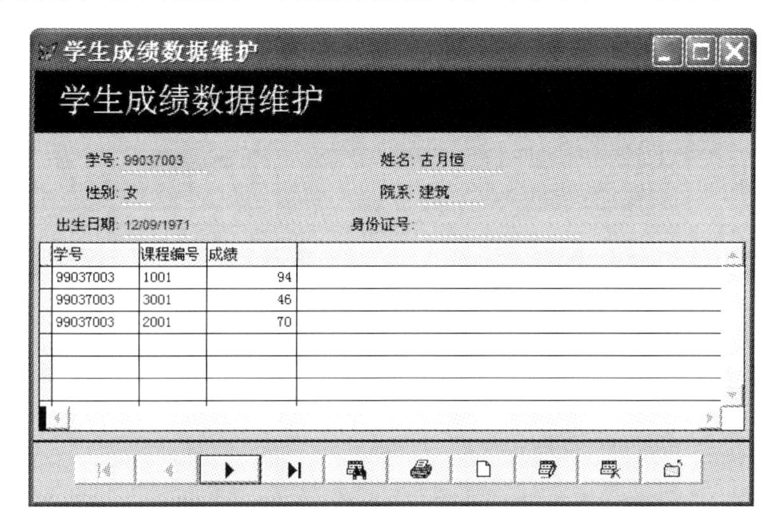

图 8-18　学生成绩数据维护表单

操作步骤如下：

(1) 打开学生数据库

```
MODIFY DATABASE 学生
```

(2) 单击“工具”→“向导”→“表单”菜单，并显示“向导选取”对话框，如图 8-19 所示。在“向导选取”对话框中，选择“一对多表单向导”并单击“确定”按钮，打开“一对多表单向导”对话框。

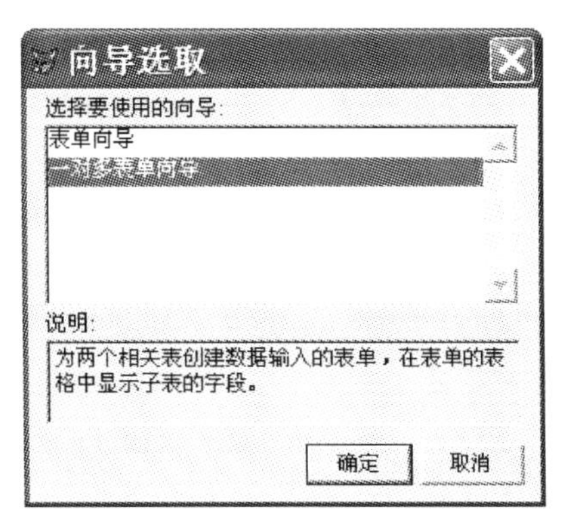

图 8-19　“向导选取”对话框

(3) 在“步骤1-从父表中选定字段”中，首先选取父表“STUDENT”，接着将父表 STUDENT 的所有字段从“可用字段”作为“选定字段”，再单击“下一步”按钮，如图 8-20 所示。

(4) 在“步骤 2-从子表中选定字段”中，选取子表 SCORE，接着将子表 SCORE 的所有字段从“可用字段”作为“选定字段”，再单击“下一步”按钮，如图 8-21 所示。

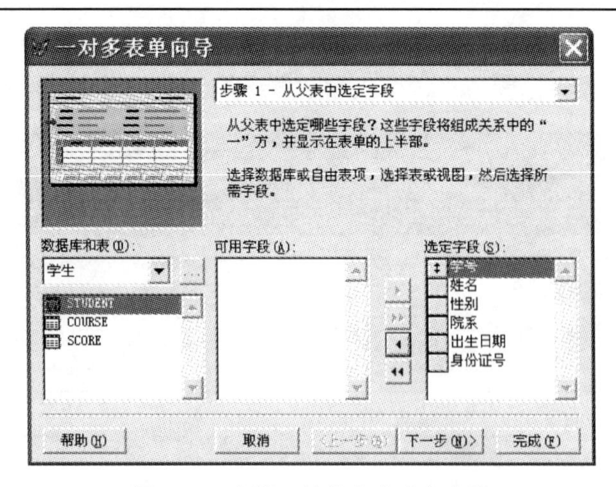

图 8-20　步骤 1-从父表中选定字段

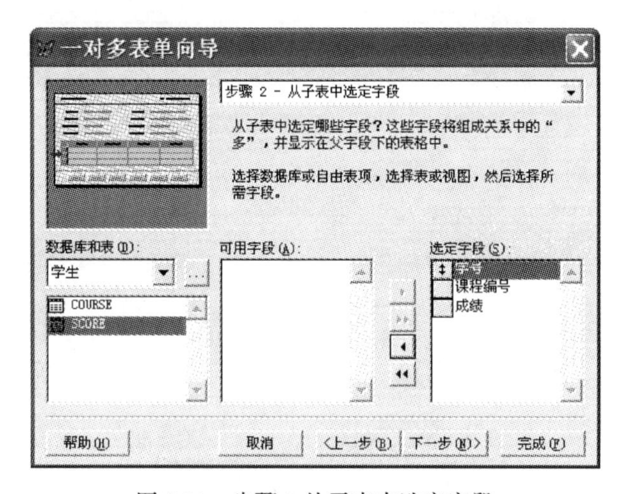

图 8-21　步骤 2-从子表中选定字段

(5)在“步骤 3-建立表之间的关系”中，系统自动建立两个表关系，再单击“下一步”按钮，如图 8-22 所示。

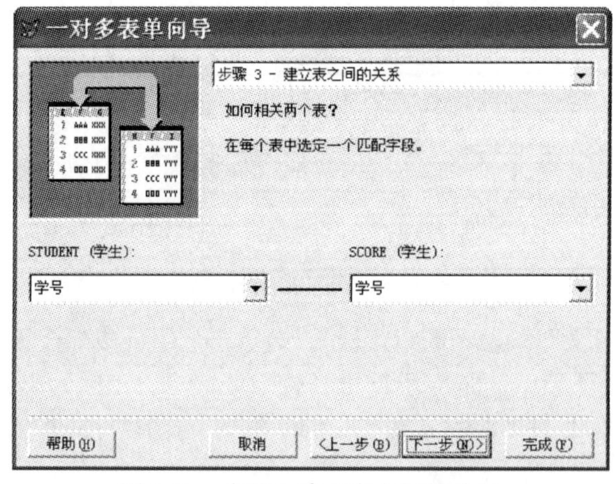

图 8-22　步骤 3-建立表之间的关系

(6) 在“步骤 4-选择表单样式”中，在“样式”中选择“凹陷式”，在“按钮类型”中选择“图片按钮”，再单击“下一步”按钮，如图 8-23 所示。

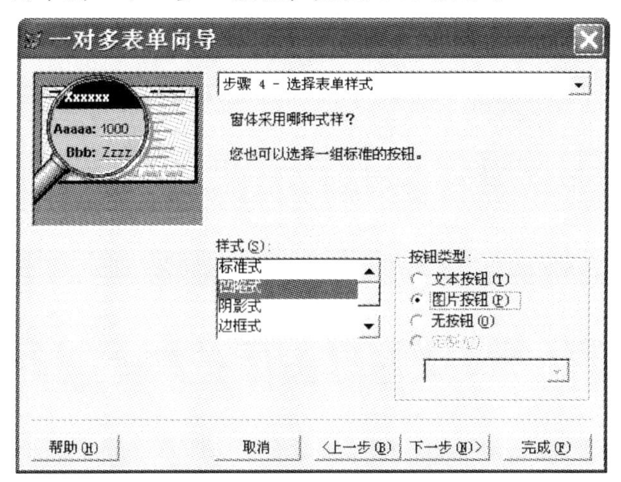

图 8-23　步骤 4-选择表单样式

(7) 在“步骤 5-排序次序”中，选定“学号”字段并选择“降序”，然后单击“添加”按钮，再单击“下一步”按钮，如图 8-24 所示。

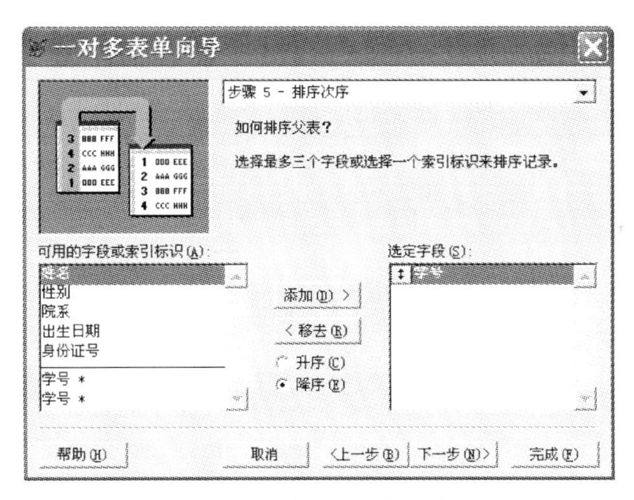

图 8-24　步骤 5-排序次序

(8) 在“步骤 6-完成”中，输入表单标题“学生成绩数据维护”，再单击“完成”按钮，如图 8-25 所示。

(9) 在“另存为”对话框中，输入表单名“Yddbd”，再单击“保存”按钮，即完成一对多表单的建立。

【例 8.10】在默认文件夹下打开学生数据库，完成如下综合应用：

设计一个文件名和表单名均为 Myform3 的表单，表单的标题为“各院系男女生成绩查询”，表单界面如图 8-26 所示，表单要求如下：

在该表单中设计两个标签、两个文本框、一个表格和两个命令按钮。

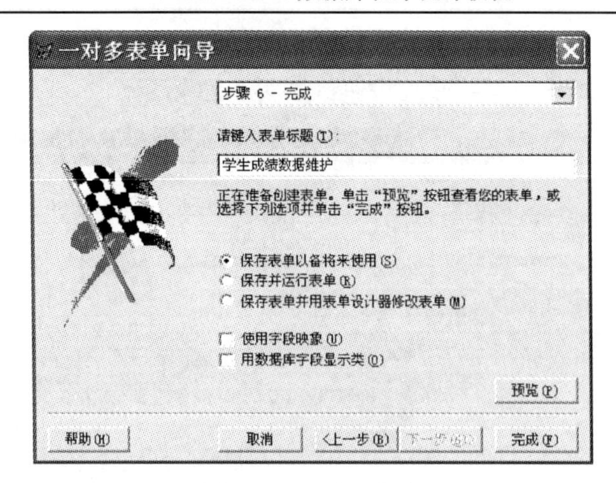

图 8-25　步骤 6-完成

(1)两个标签对象标题名分别为“院系”(Label1)和“性别”(Label2)；两个文本框分别用于输入院系名称(Text1)和性别(Text2)；表格控件用于显示查询结果(Grid1)。

(2)两个命令按钮的功能如下：

①“查询”按钮(Command1)：在该按钮的 Click 事件中编写程序，根据输入的院系和性别，在表格控件中显示：该院系学生的“学号”、“姓名”、“性别”、“院系”、“课程名称”和“成绩”，按“学号”降序排序后，将查询结果存储到以“cx+院系”为名称的表中(如院系为中文，则相应的表名为 cx 中文.dbf)。

②“退出”按钮(Command2)：关闭并释放表单。

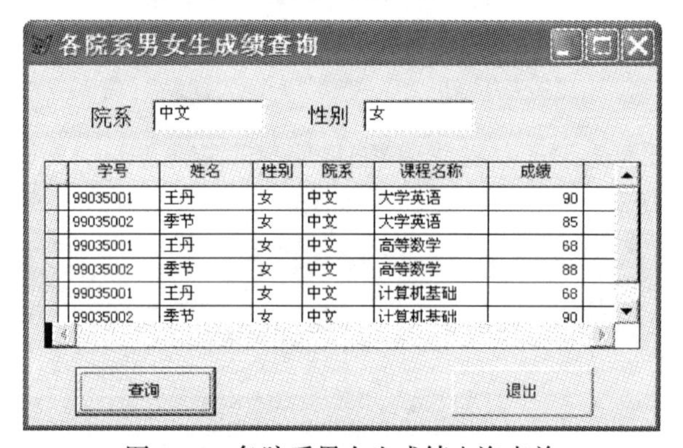

图 8-26　各院系男女生成绩查询表单

注意：表格控件的 RecordSourceType 属性设置为“4-SQL 说明”；表单设计完成后，运行该表单，输入院系“金融”，性别为“男”，单击“查询”按钮进行查询。

操作步骤如下：

(1)建立表单：

```
CREATE FORM Myform3
```

(2)在“表单设计器”中，在属性的 Caption 处输入“各院系男女生成绩查询”，在 Name 处输入“Myform3”。

(3) 在“表单设计器”中，添加两个标签 Label1 和 Label2，分别在其属性的 Caption 处输入“院系”、“性别”。

(4) 在“表单设计器”中，在标签 Label1 和 Label2 右侧依次添加两个文本框 Text1 和 Text2，用于输入院系名称和性别。

(5) 在“表单设计器”中，添加一个表格 Grid1，设置表格的 RecordSourceType 属性为 4-SQL 说明。

(6) 在“表单设计器”中，添加两个命令按钮 Command1 和 Command2，分别在其属性的 Caption 处输入“查询”、“退出”。

(7) 在该表单设计器中，双击“查询”按钮，打开“代码编辑”窗口，为命令按钮 Command1 添加 Click 事件代码：

```
yx=alltrim(Thisform.text1.value)
xb=alltrim(Thisform.text2.value)
thisform.grid1.recordsource=;
[select Student.学号,Student.姓名,Student.性别,Student.院系,
    Course.课程名称,Score.成绩;
from student,score,course;
where Student.学号=Score.学号 and Score.课程编号=Course.课程编号;
and Student.院系=yx and Student.性别=xb;
Into table  cx&yx]
```

(8) 在该表单设计器中，双击“关闭”按钮，打开“代码编辑”窗口，为命令按钮 Command4 添加 Click 事件代码：

```
thisform.release  或者  release thisform
```

(9) 保存并按要求执行表单 Myform3.scx。

8.4.10 页框 (PageFrame)

页框 (PageFrame) 是包含页面的容器对象，页面又可包含控件，可以在页框、页面或控件级上设置属性。在表单运行时，只能显示一个页面的内容，要在各个页面之间切换，可以单击页面上部的选项卡，页框的 PageCount 属性决定了页框中包含的页面数。

页框控件主要属性如表 8-21 所示。

表 8-21 页框控件主要属性

属性	功 能
PageCount	包含的页面数目
Tabs	确定页面的选项卡是否可见
TabStyle	指定选项卡大小均等且页框的宽度相同
BackColor	页面的背景色
Caption	各选项卡的标题名
Name	页框控件名
ActivePage	设置页框中的活动页面

【**例 8.11**】在默认文件夹下打开学生数据库，完成如下综合应用：

设计一个表单名为 MyPage 的表单，表单文件名为 Myform4，表单的标题为“页框范例”。表单上有一个包含三个选项卡的页框（Pageframe1）控件和一个“退出”按钮（Command1），如图 8-27 所示。

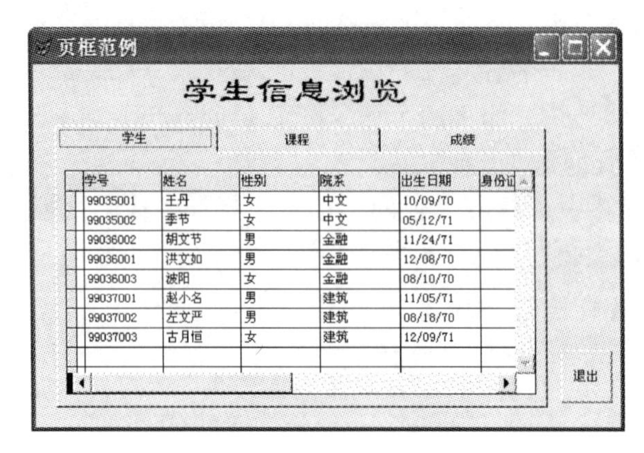

图 8-27　页框范例表单

其他功能要求如下：

(1) 为表单建立数据环境，向数据环境依次添加 Student、Course 和 Score。

(2) 要求表单的高度为 380，宽度为 600，表单显示时自动在主窗口内居中。

(3) 三个选项卡的标签的名称分别为“学生”(Page1)、“课程”(Page2) 和“成绩”(Page3)，每个选项卡分别以表格形式浏览 Student、Course 和 Score 的信息。选项卡位于表单的左边距为 20，顶边距为 75，选项卡的高度为 300，宽度为 500。

(4) 单击“退出”按钮时关闭表单。

操作步骤如下：

(1) 建立表单：

```
CREATE FORM Myform4
```

(2) 在“表单设计器”中，在属性的 Caption 处输入“页框范例”，在 Name 处输入“MyPage”，在 Height 处输入“380”，在 Width 处输入“600”，在 AutoCenter 处选择.T.。

(3) 在“表单设计器”中右击，在弹出的快捷菜单中选择“数据环境”命令，依次添加 Student、Score、Course。

(4) 在“表单设计器”中，向表单上方添加一个标签 Label1，在其属性的 Caption 处输入“学生课程信息浏览”。

(5) 在“表单设计器”中，添加一个页框 Pageframe1，在其属性的 PageCount 处输入“3”，在 Left 处输入“20”，在 Top 处输入“75”，在 Height 处输入“300”，在 Width 处输入“500”。选中 Page1，在其属性的 Caption 处输入“学生”；选中 Page2，在其属性的 Caption 处输入“课程”；选中 Page3，在其属性的 Caption 处输入“成绩”。

(6) 在页框 Pageframe1 编辑状态下选中“学生表”页，打开“数据环境”，按住 Student 不放，拖至“学生”页左上角处松开鼠标，适当调整表格控件位置及大小。

(7) 在页框 Pageframe1 编辑状态下选中“课程表”页，打开“数据环境”，按住 Course 不放，拖至“课程”页的左上角处松开鼠标，适当调整表格控件位置及大小。

(8) 在页框 Pageframe1 编辑状态下选中“教师表”页，打开“数据环境”，按住 Score 不放，拖至“成绩”页的左上角处松开鼠标，适当调整表格控件位置及大小。

(9) 在“表单设计器”中，向表单右下角添加一个命令按钮 Command1，在其属性的 Caption 处输入“退出”，双击“退出”按钮，打开“代码编辑”窗口，为命令按钮 Command1 添加 Click 事件代码：

```
thisform.release  或者  release thisform
```

(10) 保存并执行表单 Myform4.scx。

注意：要使页框呈现编辑状态，可右击页框，在弹出的快捷菜单中选择“编辑”命令即可。

8.4.11　计时器(Timer)

计时器(Timer)能够在应用程序中以一定的间隔时间重复执行某种操作，该控件在运行时不可见，用于后台处理。

每个计时器都有一个 Interval 属性，它指定了事件之间时间间隔毫秒数。如果计时器有效，它将以近似等间隔的时间接收一个事件(命名为 Timer 事件)。

计时器控件主要属性如表 8-22 所示。

表 8-22　计时器控件主要属性

属性	功　能
Timer 事件	经过 Interval 时间间隔发生的事件
Enabled	可以通过该属性在外部事件来启用计时器
Interval	指定计时器控件的 Timer 事件之间的时间间隔(毫秒)

【例 8.12】在默认文件夹下完成如下简单应用：

建立表单，表单文件名和表单控件名均为 Tform，表单标题为“计时器范例”，其他要求如下：

(1) 表单上有“欢迎使用教务系统”(Label1) 8 个字，字体为隶书，字号为 36；当表单运行时，“欢迎使用教务系统”8 个字向表单左侧移动，移动由计时器控件 Timer1 控制，间隔(Interval 属性)是每 100 毫秒左移 10 个点(提示：在 Timer1 控件的 Timer 事件中写语句)：

```
THISFORM.LABEL1.LEFT= THISFORM.LABEL1.LEFT-10
```

当完全移出表单后，又会从表单右侧移入。

(2) 表单有三个命令按钮(Command1、Command2、Command3，按钮标题依次为“停止”、“继续”、“关闭”，当表单运行时，显示系统时间，当单击“停止”按钮时，“欢迎使用教务系统”停止移动；当单击“继续”按钮时，“欢迎使用教务系统”恢复移动；当单击“关闭”按钮时，关闭表单。表单界面如图 8-28 所示。

操作步骤如下：

(1) 建立表单：

```
CREATE FORM Tform
```

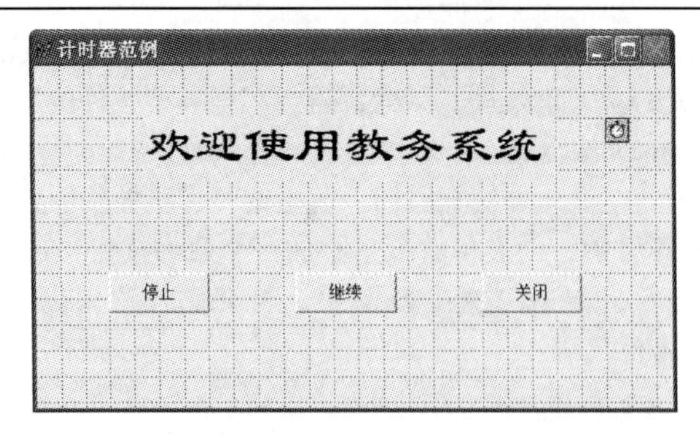

图 8-28　计时器范例表单

(2)“表单设计器”中，在 Tform 表单属性的 Caption 处输入“计时器范例”，在 Name 处输入“Tform”。

(3)在“表单设计器”中，添加一个标签 Label1，在属性的 Caption 处输入“欢迎使用教务系统”，FontName 处选择“隶书”，在 FontSize 处输入“36”。

(4)在“表单设计器”中，添加一个计时器控件 Timer1，在属性的 Interval 处输入“100”，再双击此计时器控件，在 Timer1.Timer 编辑窗口中输入下列代码：

```
THISFORM.Label1.Left=THISFORM.Label1.Left-10
    IF  THISFORM.Label1.Left+THISFORM.Label1.WIDTH<=0 Then
       THISFORM.Label1.Left=THISFORM.WIDTH
    ENDIF
```

(5)在“表单设计器”中，依次添加三个命令按钮 Command1、Command2 和 Command3，分别在其属性的 Caption 处输入“停止”、“继续”和“关闭”。

(6)在该表单设计器中，双击“停止”按钮，打开“代码编辑”窗口，为命令按钮 Command1 添加 Click 事件代码：

```
THISFORM.Timer1.interval=0
```

(7)在该表单设计器中，双击“继续”按钮，打开“代码编辑”窗口，为命令按钮 Command1 添加 Click 事件代码：

```
THISFORM.Timer1.interval=100
```

(8)在该表单设计器中，双击“关闭”按钮，打开“代码编辑”窗口，为命令按钮 Command1 添加 Click 事件代码：

```
thisform.release  或者  release thisform
```

(9)保存并执行表单 Tform.scx。

第 9 章　菜单设计与应用

9.1　菜 单 概 述

在一个应用程序中，用户在查找信息之前，首先接触的是菜单。利用系统菜单是用户调用 Visual FoxPro 系统功能的一种方式或途径，如果菜单设计效果很好，只需根据其组织形式与内容全面理解应用程序。

9.1.1　菜单的结构

一个常用的菜单结构如图 9-1 所示。

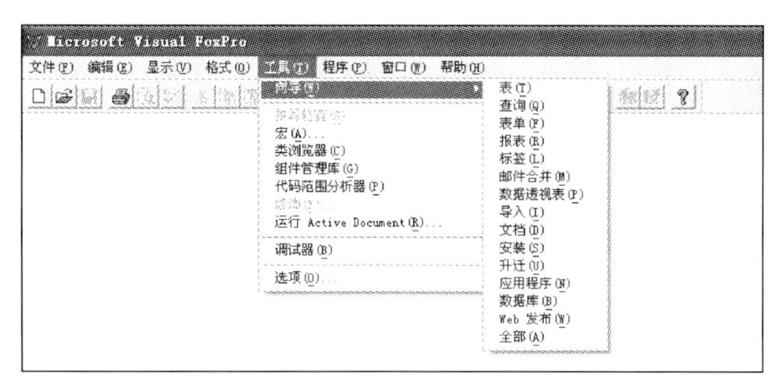

图 9-1　菜单结构

9.1.2　菜单的类型

1．菜单栏

菜单栏(或主菜单)是指菜单以条形水平放置在屏幕顶部或顶层表单的上部所构成的菜单条，常称为主菜单。每个菜单栏都有一个内部名字。菜单栏通常由若干菜单项组成，每一个菜单项都有一个显示标题和内部名字。显示标题用于供用户查看，内部名字用于程序代码中。菜单项一般有一个访问键，如图 9-1 所示，用括号中带下划线的字母表示。当菜单激活时，可通过访问键快速选择该菜单项。无论菜单是否激活，均可通过快捷键(Ctrl 键和访问键的组合键)选择相应的菜单项。

2．弹出式菜单

弹出式菜单是指一个具有封闭边框，并由若干垂直排列的菜单项组成的菜单。弹出式菜单的特点是：需要时就弹出来，不需要时就隐藏起来。在 Windows 应用程序中，往往右击某个对象，就会弹出一个弹出式菜单，称为快捷菜单。

3. 下拉式菜单

下拉式菜单是由一个主菜单和弹出式菜单的组合，是一种能从菜单栏的选项中弹出的菜单。例如，Visual FoxPro 本身的菜单就是一种下拉式菜单。

9.2 下拉式菜单设计

9.2.1 菜单设计的一般步骤

设计菜单的基本步骤：

(1) 打开菜单设计器窗口；

(2) 定义和保存菜单(菜单格式文件.mnx)；

(3) 生成菜单程序(菜单程序文件.mpr)；

(4) 运行菜单程序。

1. 打开“菜单设计器”窗口

建立或修改菜单都需要打开“菜单设计器”窗口，可使用下面几种方法打开菜单设计器。

1) 通过系统菜单建立或打开

选择“文件”→“新建”命令，在“新建”对话框中选择“菜单”单选按钮。然后单击“新建文件”按钮，打开“新建菜单”对话框，如图 9-2 所示，如选择“菜单”按钮可以设计下拉式菜单，选择“快捷菜单”可以设计快捷菜单。

图 9-2 “新建菜单”对话框

2)用命令来建立或打开

```
MODIFY  MENU <文件名>
```

命令中的<文件名>指菜单格式文件，默认扩展名.mnx 允许缺省。若<文件名>为新文件，则为建立菜单，否则为打开菜单。

3) 通过项目管理器建立或打开

利用“项目管理器”窗口中的“其他”选项卡可以管理菜单，如新建菜单、修改菜单、运行菜单、将菜单加入或移出项目管理器等。

2. 定义和保存菜单

定义菜单就是在“菜单设计器”窗口中定义菜单栏、子菜单、菜单项的名称和执行的命令等内容。指定完菜单的各项内容后，单击“文件”→“保存”命令，或按 Ctrl+W 组合键将菜单定义保存到.mnx 格式文件中。

3. 生成菜单程序

菜单格式文件存放着菜单的各项定义，但其本身是一个表文件，不能运行。通过它可以生成菜单程序文件，程序文件主名和格式文件主名相同，程序文件扩展名为.mpr。

生成菜单程序文件方法：在“菜单设计器”窗口中，选择“菜单”→“生成”命令，然后在“生成菜单”对话框中输入菜单程序文件名，最后单击“生成”按钮。

4. 运行菜单程序

可使用命令

```
DO <菜单程序文件名.mpr>
```

其中，菜单程序文件名的扩展名.mpr 不可省略。

9.2.2 “菜单设计器”窗口

“菜单设计器”窗口(图 9-3)用来定义菜单。窗口左侧有一个列表框，其中的每一行定义当前菜单的一个菜单项，包括“菜单名称”、“结果”和“选项”三列内容。窗口右侧有一个组合框和四个按钮，其中的菜单级组合框用于从下级菜单页切换到上级菜单页；插入、插入栏、删除、预览等按钮分别用于插入菜单项、删除菜单项和预览菜单。

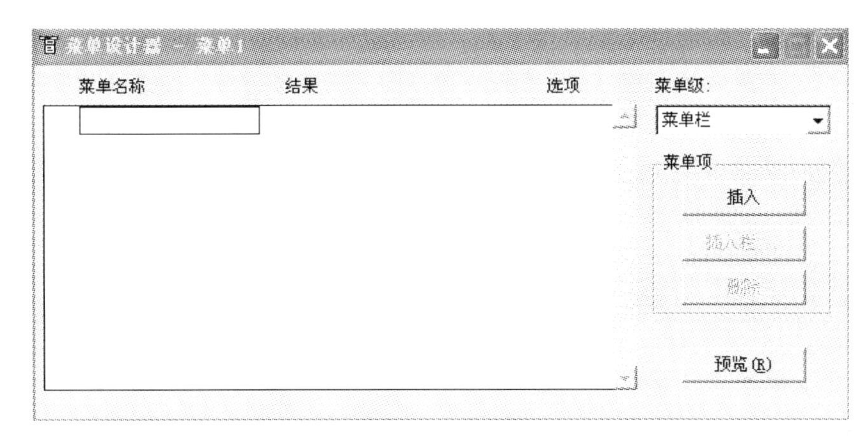

图 9-3　“菜单设计器”窗口

1. “菜单名称”列

“菜单名称”列用于输入菜单项的名称，也称为标题，该名称只用于显示，并非内部菜单名。

1) 访问键

Visual FoxPro 允许用户为访问某菜单项定义一个访问键(也称热键)，菜单显示时，访问键用加有下划线的字符表示；菜单打开后，只要按下访问键，该菜单就被执行。方法是在要定义的字符前面加上“\<”两个字符。例如，菜单名称为“文件(\<F)”，字母 F 即为该菜单项的访问键。

2) 水平分组线

根据菜单项功能的相似性或相近性，可以将弹出式菜单中各项菜单分组，不同组之间用一条水平线分隔开来。方法是在不同组间插入一个菜单项，其菜单名称为“\-”。

2. “结果”列

“结果”列用于定义该菜单项被选择后的动作，有四类动作供选择：命令、填充名称、子菜单和过程。

1) 命令

该选项用于为菜单定义一条命令，菜单项的动作即是执行用户定义的命令。选择此项，下拉列表框右边会出现一个命令文本框，在里面输入需要的命令即可(只能写一条命令)。

2) 填充名称

该选项供用户定义第一级菜单的内部名字或子菜单的菜单项序号。若当前定义的菜单是主菜单，该选项为“填充名称”，应指定菜单项的内部名字；若当前定义的菜单是子菜单，该选项为“菜单项#”，应输入菜单项序号。

3) 子菜单

该选项供用户定义当前菜单的子菜单。运行时，选择该菜单项将激活指定的子菜单。选择此项时，组合框的右边会出现一个“创建”按钮或“编辑”按钮(建立时显示“创建”，修改时显示“编辑”)。选定后，用户就可以建立或修改子菜单。此时，“菜单设计器”窗口右侧的“菜单级”组合框可用于切换上下级菜单页。组合框中的“菜单栏”选项表示第一级菜单(主菜单)。

4) 过程

该选项为菜单项定义一个过程(由一条或多条命令组成)，菜单项的动作即是执行用户定义的过程。选择此项时，组合框的右边就会出现一个“创建”按钮或“编辑”按钮(建立菜单项时显示“创建”，修改菜单时显示“编辑”)，选定相应的按钮，将出现文本编辑窗口，供用户输入所需的过程。

【例 9.1】新建菜单文件 my_menu，该菜单文件中有“文件”和“编辑”两个菜单项，其中“文件”菜单项下有子菜单项“新建”、“打开”、“关闭”和“退出”，“关闭”和“退出”之间有一条水平的分组线，子菜单“新建”的访问键为 N，并为“退出”菜单项设置一条返回到系统菜单的命令。

操作步骤如下：

(1) 单击“文件”→“新建”→“菜单”→“新建文件”→“菜单”命令。在弹出的菜单设计器中的“菜单名称”处分别输入“文件”和“编辑”两个菜单项，将“文件”的“结果”列设置为子菜单，单击“创建”按钮，依次创建“新建”、“打开”、“关闭”和“退出”四个子菜单。

(2) 选中“文件”菜单后面的“编辑”按钮，进入“文件”子菜单，选中“退出”子菜单，单击“插入”按钮，在“关闭”和“退出”间插入“新菜单项”，选中“新菜单项”，将其名称改为“\-”。

(3) 选择子菜单“新建”并修改其菜单项名称为“新建\<N”。

(4) 选中“退出”菜单，在“结果”下拉框中选择“命令”，在“选项”文本框中输入“set sysmenu to default”。设置效果如图 9-4 所示。

(5) 保存文件以 my_menu 命名菜单，生成菜单程序文件 my_menu.mpr，并运行，如图 9-5 所示。

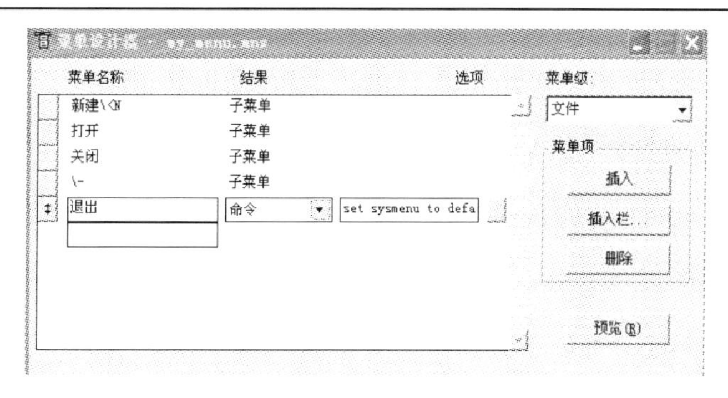

图 9-4　菜单设计器—访问键，水平分组线

注意：返回系统菜单命令： set sysmenu to default。

3. “选项”列

每个菜单项的“选项”列都有一个无符号按钮，单击该按钮就会出现如图 9-6 所示的“提示选项”对话框，供用户定义菜单项的其他属性，一旦定义过菜单项属性，按钮面板上就会显示√。

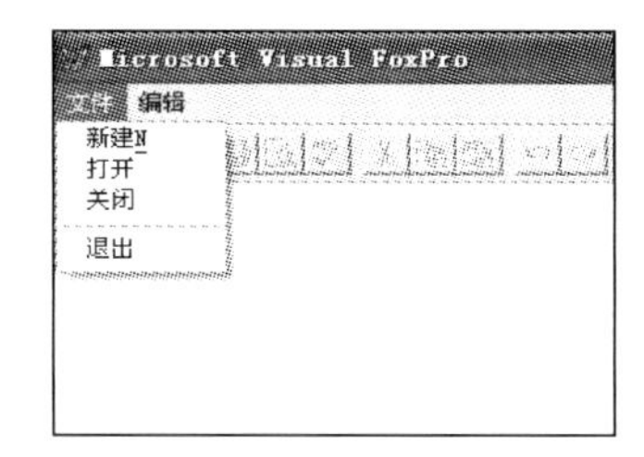

图 9-5　访问键、水平分组线的设置效果

图 9-6　“提示选项”对话框

1) 快捷方式

用于定义该菜单项的快捷键。方法是把光标定位在“键标签”文本框中，然后在键盘上按快捷键(通常是 Ctrl 键或 Alt 键与另一个字符组合)。比如，按下 Ctrl+C，则“键标签”文本框中就会出现 Ctrl+C，同时，“键说明”文本框内也会出现相同的内容，并可以修改。当菜单被激活时，“键说明”文本框的内容将显示在菜单项标题的右侧，作为对快捷键的说明。若要取消已定义的快捷键，只需按空格键即可。

2) 跳过

用于设置菜单项的跳过条件。一旦条件满足，该菜单不可选，以灰色显示。

3) 信息

用于设置菜单项的说明信息，形式为一个字符串或字符表达式，该说明将出现在状态栏中。

4) 主菜单名

用于指定该菜单项的内部名字，如果是子菜单，则显示“菜单项#”，表示弹出式菜单项的序号。一般不需要指定，系统会自动设定。

4. 其他按钮

1) “插入”按钮

选定该按钮，系统会在当前菜单行之前插入一个新菜单行。

2) “插入栏”按钮

该按钮仅在定义子菜单时有效。在当前菜单项行之前插入一个 Visual FoxPro 系统菜单命令。单击“插入栏”按钮将显示“插入系统栏”对话框，然后在对话框中选择所需的菜单命令，单击“插入”按钮即可。

3) “删除”按钮

选定该按钮，系统即删除当前的菜单项行。

4) “预览”按钮

选定该按钮，可预览菜单效果。

【例 9.2】利用菜单设计器建立一个菜单 TJ_MENU3，要求如下：

(1) 主菜单(条形菜单)的菜单项包括“统计”和“退出”两项。

(2) 统计“菜单下只有一个菜单项”平均值，该菜单项的功能是统计各门课程的平均成绩，统计结果包含“课程名”和“平均成绩”两个字段，并将统计结果按“课程名”升序保存在表 NEW_TABLE32 中。

(3) “退出”菜单项的功能是返回 Visual FoxPro 系统菜单(在命令框写相应的命令)。

(4) 菜单建立后，运行该菜单中各个菜单项。

操作步骤如下：

(1) 单击“文件”→“新建”→“菜单”→“新建文件”→“菜单”命令。在弹出的菜单设计器中的“菜单名称”处分别输入“统计”和“退出”两个菜单项，统计的“结果”列设置为子菜单；子菜单下再创建一个菜单项“平均”，其“结果”列设置为“过程”。在过程中编写如下语句：

```
Select 课程名称,avg(成绩) as 平均成绩;
    from score,course where score.课程编号=course.课程编号;
    Group by course.课程编号;
    order by 课程名称 asc;
    into dbf new_table32
```

返回到菜单栏，将“退出”菜单的“结果”列设置为“命令”，并在其命令框中输入：

```
set sysmenu to default
```

(2) 以文件名 tj_menu3 保存菜单文件。单击“菜单”→“生成”命令。生成菜单后，在命令窗口中输入“do tj_menu3.mpr”运行菜单并运行该菜单中各个菜单项，确认结果正确。New_table32 表结果如图 9-7 所示。

New_table32

课程名称	平均成绩
大学英语	77
德语	60
高等数学	72
计算机基础	78

图 9-7　表结果

9.2.3　“显示”菜单

打开“菜单设计器”窗口时，Visual FoxPro 的“显示”菜单中包括“常规选项”和“菜单选项”两个命令。

1．“常规选项”命令

选择“显示”→“常规选项”命令，将弹出“常规选项”对话框，如图 9-8 所示。

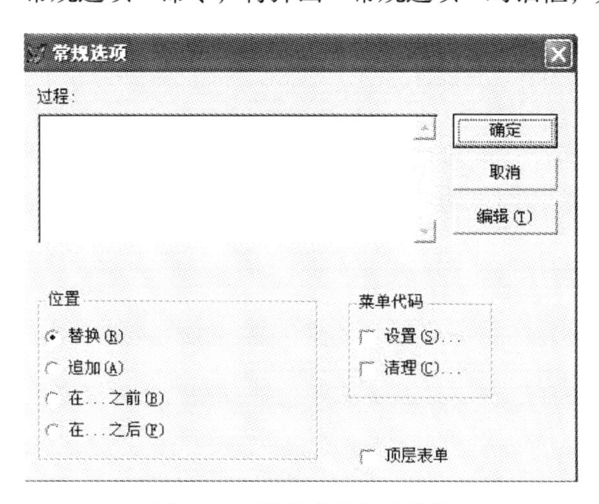

图 9-8　“常规选项”对话框

1）“过程”编辑框

“过程”编辑框用来为整个菜单指定一个公用的过程。若有些菜单尚未设置任何命令或过程，就执行该公用过程。编写的公用过程代码可直接在编辑框中进行编辑，也可单击“编辑”按钮，在出现的编辑窗口中写入过程代码。

2）“位置”选项组

“位置”选项组有 4 个选项按钮，用来指定用户定义的菜单与系统菜单的关系。

①“替换”选项：如不做其他设置，系统默认为“替换”，运行菜单时将用户定义的菜单替换系统菜单。

②“追加”选项：将用户定义的菜单添加到系统菜单的右边。

③“在...之前”选项：表示用户定义的菜单将插在某菜单项前面，选定该按钮后右侧将会出现一个用来指定菜单项的下拉列表框。

④“在...之后”选项：表示用户定义的菜单将插在某菜单项后面，选定该按钮后右侧将会出现一个用来指定菜单项的下拉列表框。

3)“菜单代码”选项组

该选项组有“设置”和“清理”两个复选框，无论选择哪一个，都会出现一个编辑窗口，供用户键入代码。

①“设置”复选框：供用户设置菜单程序的初始化代码，该代码段位于菜单程序的首部，主要用来进行全局性设置。常用于设置数据环境、定义全局变量和数组等。

②“清理”复选框：供用户设置菜单程序的清理代码，清理代码在菜单显示出来后执行。

4)“顶层表单”复选框

如果选中该复选框，则表示将定义的菜单添加到一个顶层表单里；未选中时，则定义的菜单作为一个定制的系统菜单。为顶层表单添加菜单的设计方法在 9.4 节中介绍。

2. “菜单选项”命令

选择“显示”→“菜单选项”命令，弹出“菜单选项”对话框，如图 9-9 所示。在该对话框中，可以定义当前菜单项的公共过程代码。

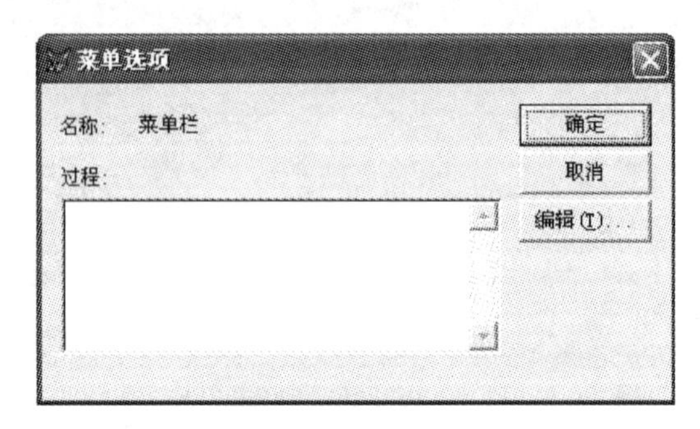

图 9-9 “菜单选项”对话框

【例 9.3】 创建一个下拉式菜单 mymenu.mnx，并生成菜单程序 mymenu.mpr。运行该菜单程序时会在当前 Visual FoxPro 系统菜单的帮助子菜单之前插入一个“考试”子菜单，如图 9-10 所示。

图 9-10 题目菜单效果

菜单命令“统计”和“返回”的功能都通过执行过程完成。

菜单命令“统计”的功能是统计每个学生选修课程门数，结果包括“姓名”、“人数”两个字段，并按“姓名”降序排序。

菜单命令“返回”的功能是返回标准的系统菜单。

菜单程序生成后，运行菜单程序并依次执行“统计”和“返回”菜单命令。

操作步骤如下：

(1) 单击“文件”→“新建”→“菜单”→“新建文件”→“菜单”命令。打开“显示”菜单下的“常规选项”对话框，在“位置”选项组选择“在...之前”，在右侧出现的下拉列表框中选择“帮助”后单击“确定”按钮。

(2) 在菜单设计器中，在“菜单名称”处输入“考试”，“结果”列为“子菜单”，单击“创建”按钮后，新建两个子菜单，分别是“统计”和“返回”。

(3) “返回”子菜单结果为“命令”，并在其命令框中输入“set sysmenu to default”；“统计”子菜单的“结果”列为“过程”，在过程中输入以下命令：

```
select 姓名,count(score.学号) as 人数;
from student,score;
   where student.学号=score.学号;
   group by score.学号;
   order by 姓名 desc
```

(4) 以文件名 mymenu 保存菜单文件。单击“菜单”→“生成”命令。生成菜单后，在命令窗口中输入“do mymenu.mpr”运行菜单，并运行该菜单中各个菜单项，确认结果正确。菜单结构如图 9-10 所示，“统计”结果如图 9-11 所示。

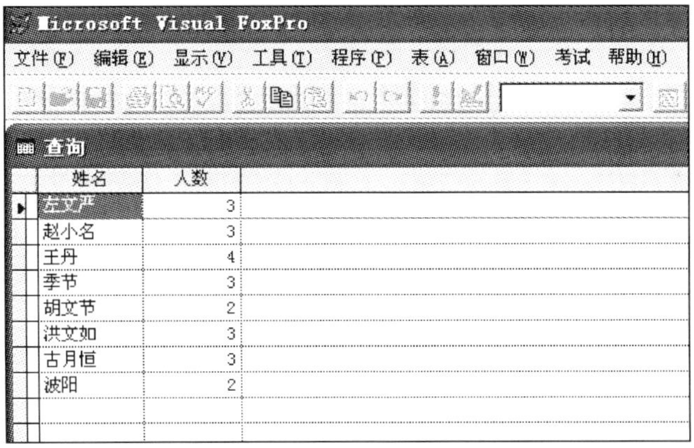

图 9-11　“统计”结果

9.3　快捷菜单设计

快捷菜单是一种单击右键才出现的弹出式菜单，用系统提供的快捷菜单设计器可以方便地定义与设计快捷菜单。快捷菜单一般从属于某个界面对象，如一个表单。当在界面对象上右击时，就会弹出快捷菜单。

建立快捷菜单的方法和过程如下：

(1) 用于设计下拉式菜单相似的方法，如图 9-2 所示，在“新建菜单”对话框下选择“快捷菜单”，进入快捷菜单设计器。

(2) 在“快捷菜单设计器”窗口中设计快捷菜单，并保存生成菜单程序文件。

(3) 在表单设计器环境下，选定需要添加快捷菜单的对象。

(4) 在选定对象的 RightClick 事件代码中添加调用快捷菜单程序的命令：

```
DO <快捷菜单程序文件名>
```

注意：其中文件名的扩展名.mpr 不能省略。

【例 9.4】建立表单，表单文件名和表单控件名均为 myform_da。为表单建立快捷菜单 scmenu_d，快捷菜单有“时间”和“日期”选项；运行表单时，在表单上右击鼠标弹出快捷菜单，选择快捷菜单的“时间”命令；表单标题将显示当前系统时间，选择快捷菜单“日期”命令，表单标题将显示当前系统日期。

要求：显示时间和日期用过程实现。

操作步骤如下：

(1) 单击“文件”→“新建”→“菜单”→“新建文件”→“快捷菜单”命令，调用快捷菜单设计器。在“菜单名称”处输入“日期”和“时间”两个菜单项，将它们的“结果”列都设置为“过程”。选中“时间”菜单项，单击后面的“创建”，在过程中输入“myform_da.caption= time()”，然后选中“日期”菜单项，单击后面的“创建”，在过程中输入“myform_da.caption= dtoc(date())”，单击“保存”，在“保存菜单为”处输入“scmenu_d”，再单击“保存”，单击“菜单”→“生成”→“生成”命令，完成菜单设计。

注意：在菜单程序中指定表单对象(属性)时，要用“表单文件名.表单对象(属性)”来表达，不可以用 thisform，如本例中的 myform_da.caption 不能写成 thisform.caption。

(2) 单击“文件”→“新建”→“表单”→“新建文件”命令，进入到表单设计器，以文件名 myform_da 保存；或在命令窗口中输入命令：

```
Create form myform_da
```

直接进入表单设计器。设置表单的 Name 属性为 myform_da。

(3) 双击表单，选择 RightClick 事件，在其中编写如下代码：

```
do scmenu_d.mpr
```

后单击“保存”按钮，保存所作操作。

(4) 运行表单，在表单上右击后，分别选择“时间”和“日期”查看执行效果(表单标题应分别显示系统当前时间和日期)。执行效果如图 9-12～图 9-14 所示。

图 9-12　快捷菜单设计

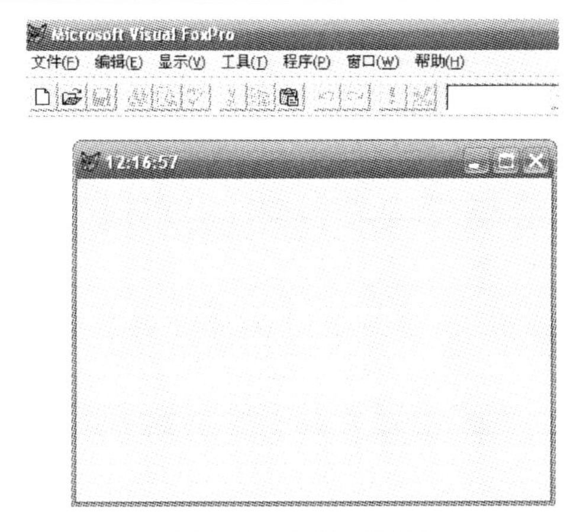

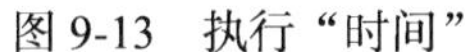
图 9-13　执行“时间”

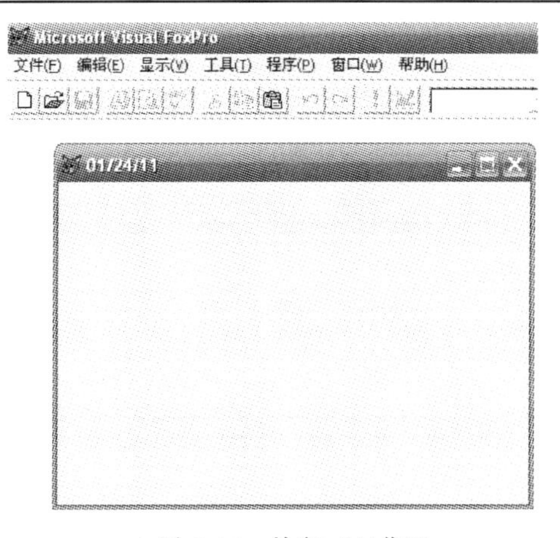

图 9-14　执行“日期”

【例 9.5】建立如图 9-15 所示的表单调用快捷菜单应用文件。

(1) 建立表单，文件名和表单名均为 myform_kj。

(2) 再建立一个如图 9-15 所示的快捷菜单 mymenu_kj，该快捷菜单有两个选项：“取前 3 名”和“取前 5 名”。分别为它们建立过程，使得程序运行时，单击“取前 3 名”选项的功能是：根据 score 表和 student 表统计查询平均成绩前 3 名的学生信息并存入表 sa_three 中，sa_three 中包含 student 表的全部字段以及“平均分”字段，结果按“平均分”降序排列；单击“取前 5 名”选项的功能与“取前 3 名”类似，统计查询平均分最高的前 5 名的学生信息，结果存入 sa_five 中，sa_five 表中的字段和排序方法与 sa_three 相同。

图 9-15　在表单中执行快捷菜单

(3) 在表单myform_kj 中设置相应的事件代码，使得右击表单内部区域时，能调出快捷菜单，并能执行菜单中的选项。

(4) 运行表单，调出快捷菜单，分别执行“取前 3 名”和“取前 5 名”两个选项。

操作步骤如下：

(1) 单击“文件”→“新建”→“表单”→“新建文件”命令，进入到表单设计器，以文件名 myform_kj 保存；或在命令窗口中输入命令：

```
Create form myform_kj
```

直接进入表单设计器。修改表单 Name 属性为 myform_kj。

(2) 单击“文件”→“新建”→“菜单”→“新建文件”→“快捷菜单”命令，调用快捷菜单设计器。在“菜单名称”处输入“取前 3 名”和“取前 5 名”，将它们的“结果”列都设置为“过程”。选中“取前 3 名”菜单项，单击后面的“创建”，在过程中输入下列语句：

```
Select top 3 student.*,avg(成绩) as 平均分;
```

```
      From student join score;
      on student.学号=score.学号;
      group by score.学号;
      order by 平均分 desc;
    into table sa_three
```

然后选中“取前 5 名”菜单项，单击后面的“创建”，在过程中输入下列语句：

```
    Select top 5 student.*,avg(成绩) as 平均分;
      From student join score;
      on student.学号=score.学号;
      group by score.学号;
      order by 平均分 desc;
    into table sa_five
```

单击“保存”，在“保存菜单为”处输入“mymenu_kj”，再单击“保存”，单击“菜单”→“生成”→“生成”命令，完成菜单设计。

(3) 双击表单，选择 RightClick 事件，在其中编写如下代码：

```
    do mymenu_kj.mpr
```

后单击“保存”按钮，保存所作操作。

(4) 运行表单，在表单上右击后，分别选择“取前 3 名”和“取前 5 名”查看执行效果。执行效果如图 9-16 和图 9-17 所示。

Form1

学号	姓名	性别	院系	出生日期	身份证号	平均分
99035002	季节	女	中文	05/12/71		87
99037001	赵小名	男	建筑	11/05/71		80
99036001	洪文如	男	金融	12/08/70		77

图 9-16　前 3 名

Form1

学号	姓名	性别	院系	出生日期	身份证号	平均分
99035002	季节	女	中文	05/12/71		87
99037001	赵小名	男	建筑	11/05/71		80
99036001	洪文如	男	金融	12/08/70		77
99037002	左文严	男	建筑	08/18/70		73
99035001	王丹	女	中文	10/09/70		71

图 9-17　前 5 名

9.4　为顶层表单添加菜单

顶层表单是指一个表单程序与一个菜单程序的配合，即运行表单时，将菜单项放在表单的菜单栏上显示。

为顶层表单添加下拉式菜单的步骤如下：

(1) 在“菜单设计器”窗口中设计下拉式菜单。

(2) 在“常规选项”对话框中选中“顶层表单”复选框，并生成菜单。

(3) 将表单的 ShowWindow 属性值设置为 2，使其成为顶层表单。

(4) 在表单的 Init 或 Load 事件代码中添加调用菜单程序的命令：

```
Do <菜单程序文件名> With This [,"<菜单名>"]
```

其中，<菜单程序文件名>是指被调用的菜单程序文件，扩展名.mpr 不能省略；This 表示当前表单对象的引用；<菜单名>表示该下拉式菜单的菜单栏指定的一个内部名字。

(5) 在表单的 Destroy 事件代码中添加清除菜单的命令，使得调用的菜单在关闭表单时能一并被清除，释放其占用的内存空间。

```
Release Menu <菜单名> [Extented]
```

其中，Extented 表示在清除菜单时一起清除下属的所有子菜单。

【例 9.6】建立如图 9-18 所示顶层表单，表单文件名为 myform1.scx，表单控件名为 myform1，表单标题为“顶层表单”。为顶层表单建立菜单 mymenu1。菜单栏如图 9-18 所示(无下拉菜单)，单击“退出”菜单，关闭释放此顶层表单，并返回到系统菜单(在过程中完成)。

图 9-18　顶层表单设计实例 1

操作步骤如下：

1) 建立菜单

(1) 单击“文件”→“新建”命令。

(2) 在“新建”对话框中选择“菜单”单选按钮，再单击“新建文件”按钮。

(3) 在“新建菜单”对话框中选择“菜单”按钮，在菜单设计器中的“菜单名称”中依次输入“文件”、“编辑”和“退出”这三个主菜单项。

(4) 在“退出”菜单项的“结果”列选择“过程”并输入下列语句：

```
Myform1.release
set sysmenu to default
```

注意：此处在菜单中关闭退出表单的命令 Myform1.release 也不能写成 Thisform.release。

(5) 单击“显示”→“常规选项”命令，在“常规选项”对话框中选中“顶层表单”复选框。

(6) 单击工具栏上“保存”按钮，在弹出“保存”对话框中输入“mymenu1”。

(7) 在“菜单设计器”窗口中，单击“菜单”菜单栏，选择“生成”菜单项，生成 mymenu1.mpr 文件。

2) 建立表单

(1) 输入建立表单命令

```
Create form myform1
```

(2) “表单设计器”窗口中，在表单属性窗口中的 ShowWindow 处选择“2—作为顶层表单”，在 Name 处输入“myform1”，在 Caption 处输入“顶层表单”。

(3) 在表单属性窗口中，双击 Init Event，在 myform1.Init 编辑窗口中输入

```
Do mymenu1.mpr With This,' mymenu1 '
```

注意：这条命令也可在 Load Event 中完成。

(4) 在表单属性窗口中，双击 Destroy Event，在 myform1.Destroy 编辑窗口中输入

```
Release Menu mymenu1 Extended
```

在表单退出时释放菜单。

【例 9.7】 在学生数据库下创建一个顶层表单 myform_dc.scx，表单的标题为考试，然后创建并在表单添加名为 mymenu_dc 的菜单，效果图如图 9-19 所示。

图 9-19　顶层表单设计实例 2

(1) 菜单项“统计”和“退出”的访问键分别为 T 和 R，功能都通过执行过程实现。

(2) 菜单项“统计”的功能是统计每门课程的选课人数，结果包括“课程编号”、“课程名称”、“选课人数”三项内容，并将结果存放在表 tabletwo 中。

(3) 菜单项“退出”的功能是释放并关闭表单。

(4) 运行表单并执行各项菜单命令。

操作步骤如下：

1) 建立菜单

(1) 单击“文件”→“新建”命令。

(2) 在“新建”对话框中选择“菜单”单选按钮，再单击“新建文件”按钮；

(3) 在“新建菜单”对话框中选择“菜单”按钮，在菜单设计器中的“菜单名称”中依次输入“统计\<T”和“退出\R”两个主菜单项。

(4) 在“统计\<T”菜单项的“结果”列选择“过程”并输入以下语句：

```
select course.课程编号,课程名称,count(score.学号) as 选课人数;
   from course join score;
   on course.课程编号=score.课程编号;
   group by score.课程编号;
   into table tabletwo
```

(5) 在“退出\R”菜单项的“结果”列选择“过程”并输入下列语句：

```
Myform_dc.release
set sysmenu to default
```

(6) 单击“显示”→“常规选项”命令，在“常规选项”对话框中选中“顶层表单”复选框。

(7) 单击工具栏上“保存”按钮，在弹出“保存”对话框中输入“mymenu_dc”。

(8) 在“菜单设计器”窗口下，单击“菜单”菜单栏，选择“生成”菜单项，生成 mymenu_dc.mpr 文件。

2) 建立表单

(1) 输入建立表单命令

```
Create form myform_dc
```

(2)“表单设计器”中，在属性的 ShowWindow 处选择“2—作为顶层表单”，在 Name 处输入“myform_dc”，在 Caption 处输入“考试”。

(3) 在属性中，双击 Load Event，在 myform_dc.Load 编辑窗口中输入

```
Do mymenu_dc.mpr With This,'mymenu_dc'
```

启动菜单命令。

(4) 在属性中，双击 Destroy Event，在 myform_dc.Destroy 编辑窗口中输入

```
Release Menu mymenu_dc Extended
```

在表单退出时释放菜单。

(5) 执行表单，运行结果如图 9-20 所示。

考试

课程编号	课程名称	选课人数
1001	大学英语	8
1002	德语	1
2001	计算机基础	6
3001	高等数学	8

图 9-20　tabletwo 表结果

参 考 文 献

陈林，等. 2005. Visual FoxPro 数据库开发实例精粹. 北京：电子工业出版社

杜小丹，刘容. 2010. Visual FoxPro 数据库应用教程. 北京：高等教育出版社

郭胜，夏邦贵. 2004. Visual FoxPro 数据库开发入门与范例解析. 北京：机械工业出版社

郭玉芝，刘文静. 2012. Visual FoxPro 数据库程序设计实验指导. 北京：电子工业出版社

教育部考试中心. 2013. 全国计算机等级考试二级教程——Visual FoxPro 数据库程序设计. 北京：高等教育出版社

刘容，杜小丹. 2012. Visual FoxPro 数据库程序设计实践与题解. 北京：科学出版社

刘瑞新，等. 2005. Visual FoxPro 程序设计教程. 北京：机械工业出版社

求是科技，郑刚. 2004. Visual FoxPro 实效编程百例. 2 版. 北京：人民邮电出版社

王凤领. 2012. Visual FoxPro 数据库程序设计习题解答与实验指导. 3 版. 北京：中国水利水电出版社

NCRE 研究组. 2010. 全国计算机等级考试考点解析、例题精解与实战练习——二级公共基础知识. 北京：高等教育出版社